Deutsche Kriegslokomotiven 1939–1945

Die Eisenbahn im Zweiten Weltkrieg __2

Abb. 1: Am 7. Juli 1943 wurde im Rangierbahnhof Seddin für Wochenschau und Presse eine große Parade der Kriegslokomotiven abgehalten. 51 Maschinen, die höchste erreichte Tagesleistung aller deutschen Lokfabriken, setzten sich auf ein Kommando gleichzeitig in Fahrt.

(Foto: Ullstein Bilderdienst)

Deutsche Kriegslokomotiven 1939 - 1945

Alfred B. Gottwaldt

Lokomotiven, Wagen,
Panzerzüge
und Geschütze -
Entwurf, Bau
und Verwendung

Mit 171 Abbildungen

FRANCKH'SCHE VERLAGSHANDLUNG · STUTTGART

Die Konstrukteure hocken
Gekrümmt in den Zeichensälen:
Eine falsche Ziffer, und die Städte des Feindes
Bleiben unzerstört.
(Brecht)

Schutzumschlag gestaltet von Edgar Dambacher

Franckh'sche Verlagshandlung, W. Keller & Co., Stuttgart 1973
Alle Rechte, auch die des auszugsweisen Nachdrucks und der fotomechanischen Wiedergabe
und der Übertragung in Bildstreifen, vorbehalten
© Franckh'sche Verlagshandlung, W. Keller & Co., Stuttgart 1973 / Printed in Germany /
Imprimé en Allemagne / ISBN 3-440-04044-5 LH 19 hä
Druck: J. Illig, Buch- und Offsetdruck, Göppingen

Deutsche Kriegslokomotiven 1939—1945

Zahlen in eckigen Klammern verweisen auf das Quellen- und Literaturverzeichnis am Schluß des Buches. Bezeichnungen nach den Beschlüssen des Technischen Ausschusses beim Verein Mitteleuropäischer Eisenbahnverwaltungen vom 27. Mai 1936 (UIC-Kodex 612); DIN 30 051 gemäß Abschnitt A II des Merkbuchs für Dampflokomotiven und Tender [7].

Vorbemerkung

Seitdem Albert Speer aus alliierter Haft in Berlin-Spandau entlassen ist, wird die Arbeit seines Ministeriums in den letzten Kriegsjahren von der Öffentlichkeit wie von der Forschung mit neuer Aufmerksamkeit betrachtet. Dazu haben die Herausgabe seiner Erinnerungen und der Druck einer Anzahl von Einzelstudien beigetragen.

Die wohlwollende Aufnahme, welche meine im Jahre 1970 erschienene Schrift über den Kriegslokomotivbau unter seiner Leitung gefunden hat, ermöglichte es, das Thema im größeren Rahmen nochmals zu behandeln. Diese Erweiterung konnte sich sowohl auf den historisch-politischen Hintergrund der Technik wie auch auf solche Gebiete der Konstruktion erstrecken, die in der ersten Auflage übergangen werden mußten, weil dem Umfang des Bandes engere Grenzen gesetzt waren. Die Arbeit wurde fast vollständig neu geschrieben, um die inzwischen gewonnenen weiteren Erkenntnisse jeweils an der richtigen Stelle einordnen zu können. Es handelt sich dabei überwiegend um Ergebnisse jüngerer eigener Forschungen an den Originaldokumenten, zum Teil auch um die Berücksichtigung der neueren Literatur. So konnte der Text über die Kriegslokomotiven der Deutschen Reichsbahn im Umfang nahezu verdoppelt werden. Trotz der durch Geheimhaltung und spätere Verluste recht ungünstigen Quellenlage ist es gelungen, die kriegswirtschaftliche Organisation der Lokomotivindustrie sowie Technik und Produktion der Schienenfahrzeuge in den Jahren 1939 bis 1945 abschließend zu behandeln. Daneben trat der Versuch einer Beschreibung der wichtigsten Lokomotiv- und Waggonbauarten, welche die Deutsche Wehrmacht für militärische Zwecke selbst beschafft hat. Deutlicher noch als bei den Reichsbahn-Kriegslokomotiven offenbart sich bei diesen Maschinen die Rolle, die der Schienenverkehr im Fall eines Konflikts als Waffe einnimmt. Angesichts dieses Umfangs und dieser Fülle des Themas mußte während der Bearbeitung immer wieder gegen die Gefahr angegangen werden, der Verfasser und Leser gleichermaßen ausgesetzt sind, nämlich im betrachtenden Erfassen aller Typen durch einen Katalog bereits das Ziel dieser Schrift zu erblicken. Vielmehr sollte bei aller Genauigkeit im Detail versucht werden, Friedlosigkeit allgemein stets als Folge realer Herrschafts- und Machtinteressen bemerkbar zu machen, wie sie in ähnlicher Weise heute noch bestehen.

Ohne die kontinuierliche Hilfe der Herren Karl-Heinz Buchholz, Werner Fricke, Adolph Giesl-Gieslingen, Walter Kramer, Karl-Ernst Maedel, Bernhard Schreiber und Friedrich Witte wären viele Daten und Unterlagen verborgen geblieben, die sich nun im Buch befinden. Kurt Ewald (†) verdanke ich den einleitenden Abschnit über den Lokomotivbau im Ersten Weltkrieg, den er nicht mehr abschließen konnte. Weitere Unterstützung wurde mir von Mitarbeitern der Firmen Arn. Jung, Krauss-Maffei, Fried. Krupp, Orenstein & Koppel, Rheinstahl, Schoeller-Bleckmann, Simmering-Graz-Pauker und Voith sowie der Vereinigung Deutscher Lokomotivfabriken zuteil, ebenso vom Bundesarchiv, Koblenz und Freiburg, und dem Imperial War Museum, London. Zahlreiche Dienststellen der Deutschen Bundesbahn sowie die Generaldirektionen fast aller europäischen Eisenbahnen machten vielfältiges Material zugänglich, das im folgenden seinen Niederschlag gefunden hat. Ihnen allen gehört mein Dank.

A. G.

Einleitung: Vom deutschen Lokomotivbau im Ersten Weltkrieg

Von Kurt Ewald †

Im Kriegsjahr 1918 erreichten die Lieferungen der deutschen Lokomotivindustrie mit rund 220 000 t Leergewicht ihren bis dahin höchsten Stand[1]). Diese Tatsache läßt einen Rückschluß auf die außerordentlichen Belastungen zu, denen Eisenbahn und Lokomotive damals im allgemeinen ausgesetzt waren, über die spezifische Lage des Lokomotivbaues sagt sie nichts aus. Dieser konnte sich unter fast friedensmäßigen — sagen wir: „friedensähnlichen" — Bedingungen entwickeln, wie sich bei rückschauender Betrachtung überraschenderweise feststellen läßt. Es gab keine nennenswerten Eingriffe übergeordneter Stellen, wie wir sie vom Weltkrieg II her kennen. Am allerwenigsten dachte man daran, das Fertigungsprogramm auf einige für die Kriegsführung unerläßliche Lokomotivgattungen zu beschränken. So durften und konnten Neukonstruktionen durchgeführt und verwirklicht werden, die keineswegs von kriegswichtiger Bedeutung waren. Hierfür zwei Beispiele: Die meterspurige 1'D1'-Heißdampflokomotive für Nordhausen — Wernigerode vom Jahre 1915, Henschel-Fabriknummer 13 569/70 (Nr. 13570 ging später nach Umbau auf Regelspur in den Besitz der Eisenbahn Lüneburg — Soltau über), und die 1'C1'-Heißdampf-Schnellzuglokomotiven „Berlin", „München" und „Dresden" der Großherzoglich Oldenburgischen Staatsbahn von 1917 (mit Lentz-Ventilsteuerung und Speisewasservorwärmer, Hanomag-Fabriknummern 8000 bis 8002, spätere Gattung „old S 10" DR-Betriebsnummern 16 001—003)[2]).

Diese relativ große Bewegungsfreiheit der deutschen Lokomotivindustrie war in der Organisation der Kriegswirtschaft begründet und wurde selbst vom „Hindenburg-Programm" des Jahres 1916 nicht wesentlich eingeschränkt, das eine gewaltige Steigerung eben dieser Kriegswirtschaft bezweckte. „Während das Hindenburg-Programm diese Kriegswirtschaft bis ins kleinste und feinste organisiert und für Arbeitskräfte und Material sorgt, bleiben die heimatlichen Eisenbahnen außerhalb dieser Organisation, müssen in jedem Einzelfall um die Anerkennung ihrer Kriegswichtigkeit kämpfen und gleichzeitig ihre Aufgaben als Hilfsquellen für die militärischen Eisenbahnen der besetzten Gebiete erfüllen"[3]).

Der zunehmende Mangel an wertvollen Rohstoffen führte — ebenfalls ohne obrigkeitliche Anordnung — zu dem allerdings etwas zaghaften Bemühen, diese Materialien, insbesondere Kupfer, Zinn und Blei, durch sogenannte Heim- und Austauschstoffe zu ersetzen. Betroffen waren vornehmlich die Stangen- wie auch die Achslager[4]) und die Feuerbüchsen einschließlich der Stehbolzen. Die Stahlfeuerbüchsen scheinen sich bei uns anfänglich nicht bewährt zu haben, obwohl solche in den USA schon seit etwa dreißig Jahren üblich waren[5]). Kurz nach dem Kriege ordnete das Reichsverkehrsministerium an, wieder zur Verwendung der kupfernen Feuerbüchse zurückzukehren[6]). Erst die Deutsche Bundesbahn hat die Stahlfeuerbüchse zum Erfolg gebracht.

Eine erfreuliche und zugleich die wohl markanteste Auswirkung des Krieges auf den Lokomotivbau war die Entwicklung der sogenannten „Ersten deutschen Einheitslokomotive". Diese ergab sich folgerichtig aus den Unannehmlichkeiten und den Unzweckmäßigkeiten, welche die gleichzeitige Bedienung und Unterhaltung der verschiedenen Länderbahnlokomotiven mit sich brachte. Insbesondere stieß die Beschaffung der verschiedenen Ersatzteile auf außerordentliche Schwierigkeiten. Vielfach mußten Lokomotiven wegen fehlender Ersatzteile als betriebsuntauglich abgestellt werden. Um diesem unhaltbaren Zustand zu begegnen, regten der Preußische Minister der Öffentlichen Arbeiten und

---

[1]) Vgl. unten Abbildung 38. Bei den folgenden Verweisen bedeuten:
Brückmann — „Heißdampflokomotiven", Kreidels Verlag, Berlin 1920.
Entwicklung — „Die Entwicklung der Lokomotive im Gebiet des Vereins Mitteleuropäischer Eisenbahnverwaltungen, II. Band: 1880—1920". Verlag Oldenbourg, München und Berlin 1937.
Garbe 1920 — „Die Dampflokomotiven der Gegenwart", Verlag Springer, Berlin 1920.
Garbe 1924 — „Die zeitgemäße Heißdampflokomotive", Verlag Springer, Berlin 1924.
Igel — „Handbuch des Dampflokomotivbaues", Verlag M. Krayn, Berlin 1923.

[2]) Siehe u. a.: Hanomag-Nachr. 1917, S. 30—33, sowie 1925, S. 72; Glas. Ann. 1917—I, S. 106; The Locomotive 1936, S. 252; Entwicklung, S. 248; Lok-Magazin 29 (1968), S. 51.

[3]) „100 Jahre deutsche Eisenbahnen", herausgegeben von der Hauptverwaltung der Deutschen Reichsbahn, Berlin 1935, S. 32.

[4]) Siehe u. a.: *Erkens*, „Lagergestaltung unter Verwendung von Heimstoffen", Maschinenbau 1936—II, 675; *Widdecke*, „Erfahrungen mit Austauschwerkstoffen für Gleitlager", Lokomotive 1940, S. 55.

[5]) *Müller*, „Flußeiserne Feuerbüchsen", Glas. Ann. 1922—II, S. 17.

[6]) Glas. Ann. 1920—II, S. 57.

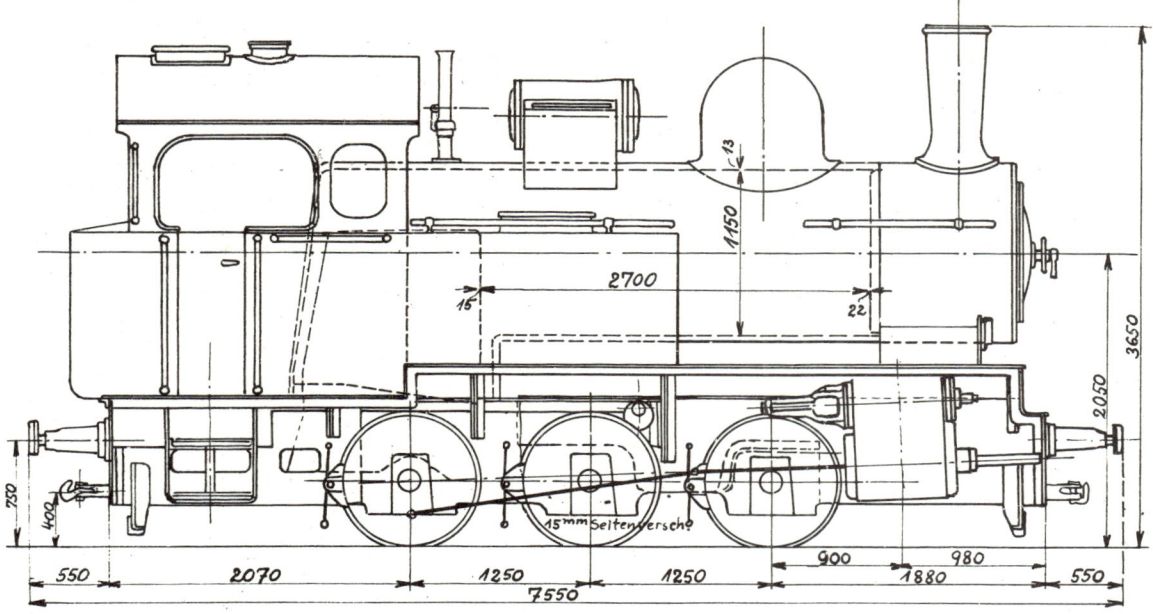

Abb. 2: Meterspurige Heißdampflokomotive für die Verkehrstechnische Prüfungskommission des Heeres, 1917 in zehn Exemplaren von Henschel & Sohn gebaut.

(Sammlung Dr. Ewald)

der Chef des Feldeisenbahnwesens den Bau einer einheitlichen Lokomotive an, die für alle Länderbahnen geeignet sein sollte. Anfang 1916 erklärten sich die einzelnen deutschen Eisenbahnverwaltungen damit einverstanden, eine solche Lokomotive zu beschaffen. Diese sollte nicht nur den heimatlichen Ansprüchen, sondern auch den Anforderungen des Feldeisenbahnwesens entsprechen, darüber hinaus aber nicht nur für die Dauer des Krieges, sondern ebenfalls im späteren Friedensbetrieb zweckmäßig und wirtschaftlich sein.

Als Ergebnis dieses Planes entstand die 1'E-Heißdampf-Drillings-Güterzuglokomotive, Gattung G 12 der Preußischen Staatsbahnen, die dann auch von Bayern, Sachsen, Württemberg und den damaligen Reichseisenbahnen in Elsaß-Lothringen beschafft wurde. Die Lokomotive entsprach den Forderungen, die der Chef des Feldeisenbahnwesens gestellt hatte: 16 t Achslast, größte Geschwindigkeit 60 km/h, 20 km/h Geschwindigkeit auf Steigung 10‰ mit einer Schlepplast von 700 bis 750 t. Kennzeichnende Merkmale: Breite, über der letzten Achse liegende flußeiserne Feuerbüchse, Barrenrahmen (erstmalig in Preußen!), Speisewasservorwärmer Knorr, vorderes Bisselgestell, alle drei Zylinder wirken auf die 3. Kuppelachse als Treibachse. Eine ausführliche Beschreibung der Lokomotive erübrigt sich an dieser Stelle, diese ist im Schrifttum hinreichend behandelt worden[7].

Mit der Ausführung des Neuentwurfes war die Lokomotivfabrik Henschel & Sohn in Cassel betraut worden. Die erste G 12 wurde im August 1917 abgeliefert. Insgesamt sind 1519 dieser Type gebaut worden, davon 433 bei Henschel. Der dieser Firma im Jahre 1918 erteilte vorletzte G 12-Auftrag betraf 145 Stück und stellte den größten deutschen Lokomotivauftrag dar, der bis dahin in einem Los für eine Lokomotivgattung ungeteilt vergeben worden war. Für den Ablauf des Kriegsgeschehens kam die G 12 zu spät. Sie konnte trotz ihrer zahlenmäßig großen Verbreitung im Feldeisenbahnwesen keine besondere Bedeutung mehr erlangen.

Im Gegensatz hierzu hat die preußische D-Heißdampf-Güterzuglokomotive Gattung G 8[1] einen außergewöhnlich hohen Anteil an den Transportleistungen jener Jahre gehabt, sie wird deshalb als die „Kriegslokomotive des Ersten Weltkriegs" bezeichnet[8]. Die G 8[1] — von der F. Schichau AG in Elbing in Zusammenarbeit mit dem Eisenbahn-Zentralamt zu Berlin entworfen — hat in den

[7]) *Hammer*, „Die deutsche 1 E-Heißdampfgüterzuglokomo-

tive", Glas. Ann. 1920—II, S. 57. Ferner u. a.: Lokomotive 1919, S. 149; Hanomag-Nachr. 1919, S. 110 und 1922, S. 62; Kruppsche Monatshefte 1920, S. 200; Garbe 1920, S. 421; Igel, S. 457; Garbe 1924, S. 19; Entwicklung, S. 75; Schrader, „50 Jahre G 12. — Zum Jubiläum der ersten deutschen Einheitslokomotive", Lok-Magazin 28 (1968), S. 5.

[8]) Siehe u. a.: Hanomag-Nachr. 1914, Heft 7/8, S. 38, und 1919, S. 146 (999. Hanomag-G 8.1); Glas. Ann. 1916; Lokomotive 1914, S. 252, und 1916, S. 1 und 185; Brückmann, S. 1056; Garbe 1920, S. 414; Igel, S. 446; Henschel-Hefte 1937, Heft 13, S. 56; Entwicklung, S. 70.

9

Jahren 1913—1921 mit einer Stückzahl von 5620 Lokomotiven die höchste Auflage erreicht, die bis dahin jemals von einer Lokomotivgattung erzielt worden ist. Allein die Hanomag hat nicht weniger als 999 dieser Lokomotiven gebaut, die letzte 1919 unter Fabriknummer 9085. Schweden, Polen und Rumänien beschafften sich insgesamt 156 Stück von dieser Lokomotivtype oder bauten sie selbst nach. Die G 8¹ war mit Schichau-Speisewasservorwärmer ausgerüstet. Ein Speisewasser-Reiniger (Schlammabscheider) wurde für die Lieferungen etwa ab 1919 angeordnet, ist also für den Kriegsbetrieb ohne Einfluß geblieben.

Die ständig steigenden Anforderungen zwangen dazu, auch in den besetzten Gebieten alle Möglichkeiten auszunutzen. Selbstverständlich wurden die „Beute"-Lokomotiven ebenfalls herangezogen, soweit sie einsatzfähig erschienen. In einigen Fällen mußten weitere Lokomotivtypen entwickelt werden, die auf den vorgesehenen Dienst besonders abgestimmt waren. So bauten im Jahre 1917 Henschel & Sohn eine Anzahl meterspuriger Tenderlokomotiven, die von der sogenannten „Heerestechnischen Prüfungskommission" und „Verkehrstechnischen Prüfungskommission" für den Dienst auf Zufuhrbahnen im besetzten nordfranzösischen Gebiet bestellt waren. Es wurden beschafft: Eine Ch2 t in 10 Stück (F.-Nr. 15 140—149) und eine C'Ch4 t in 20 Stück (F.-Nr. 15 150—169). Beide Ausführungen zeigen viel gemeinsames. Sie haben einen für Schmalspur ziemlich hoch liegenden Kessel mit Schmidt-Großrohrüberhitzer und großem Dampfdom. Die schwach geneigt liegenden Dampfzylinder treiben jeweils die dritte Achse. Sie besitzen Kolbenschieber mit innerer Einströmung und Heusingersteuerung mit Kuhnscher Schleife der Bauart Winterthur. Plattenrahmen, seitliche Wasserkästen, Kohlenbunker hinter dem geräumigen Führerstand. Runder Knorr-Vorwärmer auf dem Kessel, sein Auflager ist mit dem Sandkasten vereinigt, Luftdruckbremse und Läutewerk. Auf den seitlichen Wasserkästen waren die Buchstaben HK und die Betriebsnummer in weißer Farbe aufgemalt. Der größte Teil dieser Lokomotiven blieb nach dem Rückzug der deutschen Truppen in Frankreich zurück, unter anderem bei den Chemins de Fer Economiques du Département de la Meuse. Von den C-Lokomotiven gelangte eine auf die Euskirchener Kreisbahnen, von den Mallet-Maschinen eine auf die Ruhr-Lippe-Kleinbahn AG, die andere auf die Strecke Eichstätt Bahnhof — Eichstätt Stadt der Bayerischen Staatsbahn und der Reichsbahn. Die zuerst als Gattung Gts 2x3/3 bezeichnete Lokomotive erhielt später die Betriebsnummer 99 201 und wurde beim Umbau der

Strecke auf Normalspur schließlich ausgemustert. Die Schweizer Bahn Yverdon — Ste. Croix kaufte im Jahre 1929 von der oben erwähnten französischen Bahn eine solche Mallet-Maschine und stellte sie als Betriebsnummer 5, Klasse 2×3/3 in Dienst. Der Vorwärmer und die Luftdruckbremse wurden entfernt. Die Lokomotive wurde mit der Luftsaugebremse ausgerüstet, auch wurden runde Sandkästen von einer ausgemusterten Lokomotive der SBB aufgebaut.

Schon 1914 hatte die VPK eine meterspurige D-Heißdampf-Tenderlokomotive übernommen (Henschel F.-Nr. 13 304), die aber bald wieder ausschied und noch ein sehr bewegtes Schicksal haben sollte[9]. 1918 beschaffte die Heeresbahn für die Strecken mit 750 mm Spur — vorzugsweise in den Ostgebieten (Militär-Generaldirektion Warschau) — fünfzehn E-Heißdampf-Tenderlokomotiven, die von Henschel & Sohn entwickelt und gebaut waren (F.-Nr. 16 122—136). Die Lokomotiven konnten Gleisbögen mit 40 m Halbmesser durchfahren (je 30 mm Seitenspiel der 1. und der 5. Achse, 20 mm Seitenspiel der Mittelachse, die 4. Achse diente als Treibachse) und waren mit Handbremse, Dampfbremse und Einrichtung für die Luftsaugebremse des Wagenzuges ausgerüstet, auch waren sie mit Haspel und Führungsrollen für die Heberleinbremse versehen. Nach dem Kriege gingen sie als Gattung VI K[10] in den Besitz der Sächsischen Staatsbahn über (Betriebsnummern 210 bis 224) und kamen schließlich in den Lokomotivbestand der damaligen Deutschen Reichsbahn (K 55.8, Nr. 99 641—655). In den Jahren 1923—1926 wurden von den Firmen Henschel, Hartmann und Maschinenbau-Gesellschaft Karlsruhe weitere 47 Stück der Gattung VI K an die Deutsche Reichsbahn geliefert. Bei diesen Nachbauten war das Gewicht um etwa 2 t erhöht worden. Schließlich erhielt die Reichsbahndirektion Stuttgart für die Strecke Nagold — Altensteig noch 4 Lokomotiven, die auf Meterspur umgestellt waren. Insgesamt sind somit auf der Grundlage der ursprünglichen E-Heeresbahntype 66 Lokomotiven gebaut worden.

---

[9]) Die Lokfabriken haben verschiedentlich Probeloks für die HPK geliefert, die nicht immer übernommen wurden. Die hier in Rede stehende Lok wurde 1916 in eine 1'D1'-Maschine umgewandelt. Friedrich Schadow, Berlin, vermutet, daß dieser Umbau zusammen mit einer zweiten Lok von Henschel unter den F.-Nr. 13 569—570 ausgeführt wurde. Die Maschinen sind dann von der Nordhausen-Wernigeroder Eisenbahn (Nr. 41 und 42) übernommen und — nach Umbau auf Regelspur — bei der Eisenbahn Lüneburg — Soltau und auf der Lübeck-Büchener Eisenbahn eingesetzt worden, ehe sie zum Eisenwerk Lauchhammer kamen. Ihre Geschichte darf jedoch noch nicht als endgültig geklärt betrachtet werden.

[10]) Wohllebe, „Die sächsischen Schmalspur-Lokomotiven", Lok-Magazin 22 (1967), S. 6—14; Entwicklung, S. 278.

Im Gefolge des deutschen Vormarsches im Osten 1915 wurden die dortigen Gleise von 1524-mm-Spur auf Regelspur umgenagelt. Es entstand also ein verhältnismäßig schwacher und schlecht liegender Oberbau, der nur eine geringe Achslast zuließ. 1916/17 wurden für diese Strecken von den Firmen Maffei, Krauss und Esslingen 70 Lokomotiven mit rund 13 t Achslast beschafft. Es waren dies 1'D-Naßdampf-Zweizylinder-Verbundlokomotiven — eine Neuauflage der preußischen Gattung G 7³ der Jahre 1893—1895. Gegenüber der Ursprungstype brachte der Neubau eine Erhöhung des Kesseldrucks von 12 auf 14 atü, des Reibungsgewichts von 50,0 auf 52,5 t, ferner Druckluftbremse Knorr anstelle der Dampfbremse, Speisewasservorwärmer Knorr und Preßgasbeleuchtung. Die führende Adamsachse wurde beibehalten. Nach Kriegsende verblieb der größte Teil dieser Lokomotiven in Polen, die übrigen wurden der Mecklenburgischen Friedrich-Franz-Bahn und der Lübeck-Büchener Eisenbahn zugeteilt[11]).

Das von der österreichischen „k. u. k. Heeresbahn" betriebene und verwaltete Streckennetz dehnte sich in den ersten Kriegsjahren weit aus. Der Bedarf an Lokomotiven konnte von der einheimischen österreichischen und ungarischen Industrie nicht gedeckt werden, denn diese waren mit Inlandsaufträgen vollauf beschäftigt. Die k. u. k. Herresbahn mußte daher auf deutsche Lokomotivfabriken zurückgreifen, die unter anderem schnell lieferbare Lokomotiven aus in Arbeit befindlichen Auslandsaufträgen zur Verfügung stellen konnten. Aus diesem Umstand erklärt sich zum Teil die Vielfalt der beschafften Typen. Es waren dies:
I) für Regelspur[12])
a) 20 Stück 1'C-Heißdampf-Zwillings-Güterzuglokomotiven mit dreiachsigem Tender, 1916, Henschel-F.-Nr. 14 083—14 102, Reihe 860 der Heeresbahn, ursprünglich für die Serbische Staatsbahn bestimmt. Weitere 68 Lokomotiven mit vierachsigem Tender wurden nach dem Kriege von verschiedenen deutschen Firmen (u. a. Borsig, Hanomag, Henschel) für die Jugoslawischen Staatsbahnen geliefert. Urheberfirma war Borsig 1910 mit einer Lieferung für die Eisenbahn Saloniki — Monastir[13]).

b) 20 Stück 1'C-Heißdampf-Zwillings-Personenzuglokomotiven, Schwartzkopff 1916, Reihe 328 der österreichischen Heeresbahn[14]). Bauform der Rumänischen Staatsbahn, schon vor dem Kriege von Schwartzkopff geliefert.
c) 20 Stück E-Heißdampf-Zwillings-Güterzuglokomotiven, Gattung G 10 der Preußischen Staatsbahn, Henschel 1917, Reihe 680 der österreichischen Heeresbahn[15]).
d) 22 Stück D-Naßdampf-Zwillings-Tenderlokomotiven, 1916/17, Henschel-Fabriknummern 14 103—112, 14 663—668, 14 919—920, Henschel-Vorrats-Type „Frankfurt", Reihe 578 der Heeresbahn[16]).
e) 31 Stück 1'D-Heißdampf-Zwillings-Güterzuglokomotiven, Linke-Hofmann-Lauchhammer AG, Breslau 1914—1917, Reihe 370 der österreichischen Heeresbahn[17]). Ursprünglich waren fünf dieser Lokomotiven von der Serbischen Staatsbahn in Auftrag gegeben, die 1914 geliefert werden sollten, nach Ausbruch des Krieges aber von der österreichischen Heeresbahn übernommen wurden. Diese bestellte 1916 weitere 16 Lokomotiven der gleichen Bauart. Anfang 1923 erhielten die Jugoslawischen Staatsbahnen ihre 1913 bestellten Lokomotiven, deren Anzahl gleichzeitig auf 40 erhöht wurde.
f) 35 Stück D-Naßdampf-Zwillings-Güterzuglokomotiven, Gattung G 7 der Preußischen Staatsbahn, 1916/17, Henschel-Fabriknummer 14 113—147, Reihe 680 der k. u. k. Heeresbahn[18]).
g) Schließlich wurden noch 11 ausgemusterte C-Naßdampf-Zwillings-Güterzuglokomotiven der Schweizerischen Bundesbahn aus den Jahren 1873 bis 1889 wieder hergerichtet und in den Lokomotivpark der österreichischen Heeresbahn eingereiht.

[11]) Organ f. d. Fortschritte des Eisenbahnwesens 1918, S. 33; Lokomotive 1919, S. 38.

[12]) Nach *Rihosek*, „Die normalspurigen Lokomotiven der k. u. k. Heeresbahn im Ersten Wetkrieg", Eisenbahn 1953, S. 191.

[13]) Lokomotive 1924, S. 163, und 1932, S. 42; Eisenbahn 1953, S. 192.

[14]) Kurzbeschreibung bei Brückmann, S. 1110; Eisenbahn 1953, S. 192.

[15]) Über die G 10 siehe u. a.: Lokomotive 1910, S. 219; Glas. Ann. 1912—I, S. 68, und 1916—I; Kruppsche Monatshefte 1920, S. 13; Hanomag-Nachr. 1914, Heft 7/8, S. 39, und 1922, S. 59; Garbe 1920, S. 417; Brückmann, S. 1058; Igel, S. 454; Entwicklung, S. 72; Henschel-Hefte 1937, Heft 13, S. 59; Lokomotivtechnik 1970, S. 73 und 96.

[16]) Kurzbeschreibung in Eisenbahn 1953, S. 192; Lokomotive 1930, S. 203.

[17]) *Franke* in Glas. Ann. 1924—II, S. 51.

[18]) Über die G 7 siehe u. a.: Lokomotive 1904, S. 193, und 1922, S. 20; Glas. Ann. 1912—I, S. 65; „Eisenbahntechnik der Gegenwart", 1. Band, Kreidels Verlag, Wien 1912, S. 57; Hanomag-Nachr. 1914, Heft 7/8, S. 27; Lokomotive 1922, S. 20; Entwicklung, S. 63; Henschel-Hefte 1937, Heft 13, S. 54.

II) für Schmalspur

a) 46 Stück 1'C + C-Naßdampf-Vierzylinder-verbund-Mallet-Tenderlokomotiven für 760 mm Spur, 1916, Henschel-Fabriknummern 14 183—288, für die österreichische Heeresbahn Südost. — Speisewasservorwärmer und -reiniger, Luftsauge-bremse, Dampfheizung, Azetylen-Kopflaterne mit Scheinwerfer, Krauss-Helmholtz-Gestell der führenden Laufachse und der ersten Kuppelachse. Diese Henschel-Lieferung lehnte sich vermutlich an Vorarbeiten von Borsig an, die aber erst im Jahre 1921 zu einer Borsig-Lieferung von 5 geringfügig abweichenden Lokomotiven für die Strecke Paraschin — Saitschar der Serbischen Staatsbahnen führte[19]).

b) 20 Stück 1'C + C-Heißdampf-Vierzylinder-verbund-Schlepptenderlokomotiven Bauart Mallet für 760 mm Spur, 1918, Henschel-Fabriknummern 15 581—600, gleichfalls für die Heeresbahn Südost. Weiterentwicklung der angeführten Mallet-Tenderlokomotive, Leistung 800 bis 1000 PS. Die Jugoslawischen Staatsbahnen beschafften weitere 30 Lokomotiven dieser Bauart von Henschel[20]).

In diesem Zusammenhang darf ein weiterer bemerkenswerter Beitrag der deutschen Lokomotivindustrie für die Kriegswirtschaft der damaligen Mittelmächte nicht übergangen werden; Entwicklung und Bau der türkischen 1'E-Heißdampf-Dreizylinder-Güterzuglokomotive[21]). Zehn dieser Lokomotiven lieferten Henschel & Sohn unter den Fabriknummern 14 515—524 im Jahre 1916 an das Kaiserlich Ottomanische Kriegsministerium in Konstantinopel, fünf weitere (F.-Nr. 15 937—941) folgten 1918. Die Bauart kennzeichnete sich durch Barrenrahmen und eine über dem Rahmen liegende Feuerbüchse. Im Gegensatz hierzu wies die ebenfalls mitten im Kriege (1915) entstandene preußische G 12[1] den Blechrahmen und eine schmale, zwischen dem Rahmen liegende Feuerbüchse auf[22]). Aus einer Verbindung der türkischen 1'E mit der G 12[1] ging die oben erläuterte deutsche Einheitslokomotive G 12 hervor[23]).

Die von uns bisher besprochenen Lokomotiven waren vorzugsweise für den Betrieb auf fest verlegtem Oberbau bestimmt. Im Gegensatz hierzu waren und sind sie dem wechselnden Frontverlauf folgenden Heeres-Feldbahnen zum großen Teil auf

provisorische Gleise angewiesen; die Gleisjoche müssen daher ebenso leicht transportiert wie auch verlegt und wieder abgebaut werden können. Voraussetzung hierfür ist wiederum ein möglichst geringes Eigengewicht, und damit eine möglichst kleine Spurweite. Die deutsche Heeresfeldbahn hatte sich auf 600 mm Spur festgelegt, wie dies auch auf Frankreich und Japan zutraf. Rußland und Italien hatten sich schon damals für die breitere Spurweite von 750 mm entschieden, die später auch von der Deutschen Wehrmacht im Weltkrieg II übernommen wurde.

Die deutsche Heeres-Feldbahn verfügte bei Ausbruch des Ersten Weltkriegs über drei Lokomotiv-Bauarten für 600-mm-Spur, die sich durch geringe Achslast auszeichneten und Gleisbögen von 20 m Halbmesser durchfahren konnten. An den Lieferungen waren verschiedene Firmen beteiligt. Es handelte sich um:

a) C-Naßdampf-Tenderlokomotiven mit nur etwa 2,5 t Achslast, erstmals beschafft um 1894, letzte Lieferung 1914;

b) C + C-Naßdampf-Doppel-Tenderlokomotiven, bestehend aus zwei mit ihren Führerständen verbundenen C-Loks wie unter a). Erstlieferung 1894, vermutlich von Orenstein & Koppel, letzte Lieferung um 1901. Vielfach erhielten sie zusätzlich vierachsige Drehgestelltender, fuhren also als sogenannte Halbtenderlokomotiven. — Zur Zeit des Krieges gegen Rußland beschaffte die Japanische Militärverwaltung eine größere Anzahl dieser Doppellokomotiven.

c) D-Heißdampf-Tenderlokomotiven mit Klien-Lindner-Endachsen und Schmidt-Rauchkammer-überhitzer, vielfach als Halbtenderlokomotive mit vierachsigem Drehgestelltender eingesetzt. Diese Lokomotivbauart wurde von Henschel entwickelt — Erstlieferung 1903 unter Fabriknummer 6375/6376 — und ist bis 1918 von verschiedenen Firmen in sehr großer Anzahl geliefert worden. Sie kann mit Recht als „die" Kriegslokomotive der deutschen Heeres-Feldbahn bezeichnet werden. Dieser Umstand und die Tatsache, daß es sich hier um eine der sehr frühen Heißdampflokomotiven handelt, räumen der D-Feldbahnlok einen bemerkenswerten Platz ein. Um so mehr überrascht und verwundert es, daß ihr dieser in der Literatur versagt geblieben ist. Zum Ausgleich dieses Versäumnisses bringen wir im Wortlaut ihre Beschreibung aus der kleinen Henschel-Werbeschrift, die aus Anlaß der „Deutschen Armee-, Marine- und Kolonial-Ausstellung Berlin 1907" herausgegeben war:

„4/4 gekuppelte Feldbahn-Tender-Lokomotive mit vorderer und hinterer Klien-Lindner-Hohl-

[19]) Lokomotive 1921, S. 21, und 1923, S. 43.

[20]) Lokomotive 1932, S. 44; Lok-Magazin 53 (1972), S. 118.

[21]) Heise in VDI-Zeitschrift 1918, S. 781.

[22]) Über die G 12.1 siehe u. a.: Lokomotive 1916, S. 205; Glas. Ann. 1916; Brückmann, S. 1058; Garbe 1924, S. 17; Henschel-Hefte 1937, Heft 13, S. 41; Entwicklung, S. 73.

[23]) Sinngemäß nach Entwicklung, S. 74.

Abb. 3: Während des Ersten Weltkriegs wurde der größte Teil des Güterverkehrs auf den deutschen Eisenbahnstrecken von der preußischen Lokomotivgattung G 8^1 bewältigt, von der zwischen 1913 und 1921 über 5600 Stück hergestellt wurden. Es handelte sich damals um die höchste Auflage einer Dampflok in der ganzen Welt. Die abgebildete Maschine wurde von Henschel & Sohn geliefert, am Bau dieses Typs waren jedoch fast alle Lokfabriken beteiligt.
(Werkfoto)

Abb. 4: Blick auf ein typisches Feldeisenbahn-Betriebswerk des Ersten Weltkriegs.
(Foto: Günther, Sammlung Bellingrodt)

Abb. 5: Wegen der großen Schwierigkeiten, die bei der Ersatzteilversorgung der Lokomotiven von den einzelnen Länderbahnen auftraten, wurde ab August 1917 die preußische Baureihe G 12 als erste deutsche Einheitslok geliefert. Die Hanomag lieferte ihre neuntausendste Maschine mit der Nummer Elberfeld 5578 an die Preußischen Staatsbahnen ab, hinter ihr befindet sich eine Rangierlok der Gattung T 3 zum Größenvergleich.
(Werkfoto)

Abb. 6: Diese Heißdampf-Tenderlokomotive für Meterspurstrecken wurde 1914 von Henschel an die Verkehrstechnische Prüfungskommission des preußischen Heeres geliefert. Sie war unter der Fabriknummer 13 304 gebaut worden, soll jedoch von der Armee nicht übernommen worden sein. (Werkfoto)

Abb. 7: Gleichfalls für Meterspur bestellte die Prüfungskommission im Jahre 1916 zwanzig dieser C' C' Heißdampf-Verbundlokomotiven der Bauart Mallet bei Henschel. Die 1917 ausgelieferte HK 28 besaß die Fabriknummer 15 167 und wurde in Nordfrankreich eingesetzt. (Werkfoto)

Abb. 8: Für Strecken im Bereich der Militär-Generaldirektion Warschau beschaffte die Heeresbahn fünffach gekuppelte Lokomotiven für 750-mm-Spur. Sie kamen nach dem Kriege als Gattung VI K zur Sächsischen Staatsbahn und wurden auch noch mehrfach nachgebaut. (Foto: Sammlung Dr. Ewald)

Abb. 9: Für umgenagelte Breitspurstrecken im Osten, die nur von leichten Lokomotiven befahren werden durften, baute die Maschinenfabrik Esslingen eine Neuauflage der preußischen Gattung G 7³ mit Naßdampf-Zweizylinder-Verbundtriebwerk. Die hier abgebildete Lokomotive trug die Betriebsnummer „Warschau 66" und das Eigentumsmerkmal „Deutsches Reich". (Werkfoto)

Abb. 10: Bei den Linke-Hofmann-Lauchhammer-Werken in Breslau wurden zu Beginn des Ersten Weltkrieges Lokomotiven dieses Typs für die Serbische Staatsbahn geliefert. Die österreichische Heeresbahn übernahm die Maschinen und ließ noch einige Exemplare nachbauen, die als Reihe 370 bezeichnet wurden. (Werkfoto)

Abb. 11: Diese vierachsige Feldbahnlokomotive für 600-mm-Spur ist unter dem Namen „Brigadelok" bekannt geworden. Von ihr wurden über 2500 Exemplare gebaut, die zum Teil den vierachsigen Feldbahntender erhielten. Die abgebildete Maschine trägt die Fabriknummer 8293 und stammt aus einer Hanomag-Serie des Jahres 1917. (Werkfoto)

Abb. 12: Die Brigade-lok war eine Ent-wicklung der Loko-motivfabrik Hen-schel & Sohn; sie wurde allein von die-sem Werk in 798 Einheiten gebaut. 1916 entstand die abgebildete Maschi-ne mit der Betriebs-nummer 526, Fabrik-nummer 14 019.

(Werkfoto)

Abb. 13: Als im letzten Kriegsjahr stärkere Feldbahnlokomotiven angeschafft werden sollten, lieferte Schwartz-kopff den Prototyp Nr. 2087 mit fünf Kuppelachsen.

(Werkfoto)

Abb. 14: Auch Borsig in Berlin-Tegel kon-struierte einen Fünf-kuppler für Feld-bahnstrecken, der die kleinen Krüm-mungen mit ge-wöhnlichen Göls-dorf-Achsen durch-fahren sollte.

(Werkfoto)

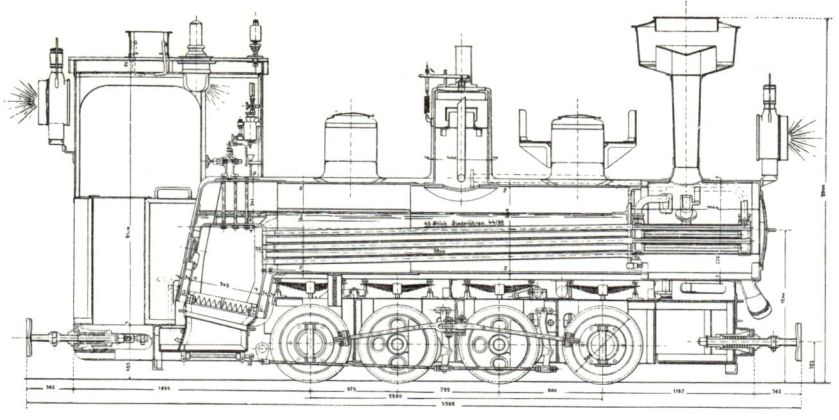
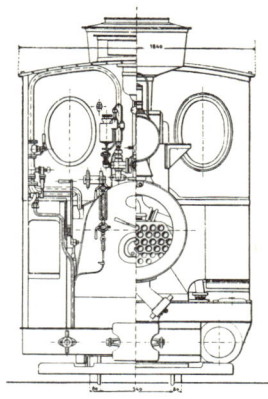

Abb. 15: Die Brigadelokomotive der Heeresfeldbahn für 600 mm Spurweite.

(Henschel & Sohn)

achse und Dampfüberhitzer nach W. Schmidt. Entworfen und ausgeführt von Henschel & Sohn, Cassel, für die Versuchsabteilung der Verkehrstruppen zu Berlin.

Die Lokomotive wurde nach den seitens der Versuchsabteilung der Verkehrstruppen zu Berlin für den Bau neuer Feldbahn-Betriebsmittel aufgestellten Gesichtspunkten entworfen und zur Ausführung gebracht. Sie besitzt 4 gekuppelte Achsen, von denen die vordere und hintere als Hohlachsen nach der Bauart Klien-Lindner kurvenbeweglich eingerichtet sind. Die Räder liegen innerhalb, alle übrigen Triebwerksteile außerhalb der beiden kastenförmig zu einem Ganzen verbundenen Rahmenplatten, deren Abschluß vorn und hinten die Bufferbohlen mit den Zentral-Kupplungen bilden. Die Lokomotive ruht auf 8 Blattfedern, die paarweise durch Ausgleichhebel verbunden sind. Für die Dampfverteilung ist eine Stephenson-Steuerung mit Flachschiebern vorgesehen; die Umsteuerung geschieht durch ein Händel. Zur Schmierung der Kolben und Schieber ist im Führerhaus ein Lokomotiv-Sicht-Schmierapparat angebracht. Alle Lager des Triebwerks bestehen aus Bronze und sind nachstellbar eingerichtet; ihre Schmierung erfolgt mittels Stauferbüchsen. Der Dampfkessel hat die gewöhnliche Form der Lokomotivkessel und ist aus Flußeisen hergestellt; die Feuerbüchse und die Stehbolzen sind aus Kupfer. Die flußeisernen Siederöhren sind am hinteren Ende mit Kupfervorschuhen versehen.

Zwei Sicherheitsventile, ein Reflexions-Wasserstandszeiger nach Klinger, zwei Probierhähne, zwei Speiseventile, zwei Injektor-Dampfventile, ein Manometer nebst Kontrollhahn, ein Feuerkastenablaßhahn, ein Bläserventil, zwei saugende Restarting-Injektoren und ein Regler nach Strnad

bilden die Armatur des Kessels. Zum Signalgeben dienen eine Dampfpfeife und eine Handglocke. Der Schornstein ist als Funkenfängerschornstein ausgebildet.

In der Rauchkammer ist ein kleiner Überhitzer nach W. Schmidt angeordnet, durch den eine mäßige Überhitzung des Naßdampfes, etwa bis zu 260 °C, erreicht wird.

Die Kästen für Speisewasser und Brennmaterial sind seitlich des Kessels angeordnet. Zum Wassernehmen auf der Strecke dient ein auf dem linken Wasserkasten angebrachter Elevator. Auf der Rundkesselbekleidung befinden sich zwei Sandkästen, von denen der vordere gleichzeitig zur Aufnahme des Elevatorschlauches dient. Das Führerhaus besitzt einen Lüftungsaufsatz und eine Deckenlaterne. Zur Bremsung dienen eine Wurfhebelhandbremse und eine Dampfbremse.

Die Injektor-Saugleitung ist so eingerichtet, daß gegebenenfalls das Speisewasser auch einem angehängten Tender entnommen werden kann. Außer den oberhalb der Rauchkammer und an der oberen Schutzdachhinterwand angebrachten beiden großen Signallaternen ist die Lokomotive mit allen erforderlichen Geräten und Werkzeugen ausgerüstet.

Der Feldbahn-Tender besteht aus dem Wasserkasten, der durch ein aus U-Eisen zusammengesetztes Rahmengestell getragen wird. Das Ganze ruht auf zwei abgefederten Drehgestellen, und zwar auf dem einen mittels Kugelzapfens, auf dem anderen, das durch einen Zapfen in der Mitte geführt wird, mittels zweier seitlichen Rollen. Der Wasserkasten ist zwischen den Drehgestellen vertieft, oben trägt er drei Füllöffnungen, von denen die mittlere als Mannloch und Schlauchträger ausgebildet ist. Die ebene Decke des Wasserkastens dient als Kohlenraum; an den beiden Enden sind Werkzeugkästen angeordnet. Über diesen Kästen befinden sich die Bremsersitze, von denen aus mittels einer Spindelbremse je ein Drehgestell gebremst werden kann. Zum Anschluß an die Lokomotive führen nach den Enden des Tenders durch Hähne absperrbare Saugleitungen."

Naturgemäß hat die Lokomotive im Laufe der Jahre mancherlei kleine Veränderungen erfahren. Beispielsweise waren die Henschel-Fabriknummern 14 006 bis 14 015 mit Einrichtung für „abdampf-loses Betrieb" versehen. Zahlreiche dieser D-Lokomotiven sind nach dem Kriege in Rußland, Polen und den Balkanländern verblieben, daneben wohl auch in den ehemaligen Kolonien.

Die ständig steigenden Anforderungen des Betriebes veranlaßten die zuständigen Stellen der Heeres-Feldbahn, die Beschaffung stärkerer Lokomotiven in Erwägung zu ziehen. Als solche kamen E-Heißdampf-Tenderlokomotiven in Betracht. Die Geschichte dieser Lokomotiven läßt noch manche Frage offen. Vorerst sind einige Probelokomotiven beschafft worden. Als solche sind bekannt[24]):

Feldbahn-Nr. 2085 Lieferfirma unbekannt

            2086 Borsig 10 235/1918

            2087 Schwartzkopff 6744/1918

            2088 Lieferfirma unbekannt

Eine der beiden fraglichen Betriebsnummern war vermutlich der Probelokomotive von Orenstein & Koppel zugeteilt, die mit zahnradgekuppelten Endachsen der Bauart Luttermöller versehen war. Über diese Lokomotive heißt es bei Heinrich Papst[25]): „Zum ersten Male wurde die neue Achse bei den E-Lokomotiven der Feldeisenbahnen angewandt . . . Die Lokomotiven sollten an Stelle

der bekannten Klien-Lindner-Lokomotiven dieser Behörde treten. Eine Probeausführung lieferte bei den Versuchsfahrten auf den Gleisen in Klausdorf und später im Felde so gute Ergebnisse, daß 35 Stück bei der ausführenden Firma (Orenstein & Koppel AG) in Auftrag gegeben wurden. Das Kriegsende fand die Lokomotiven fertig vor, verhinderte aber die Ablieferung. Diese Lokomotiven sind ein Beispiel für den Einbau der Luttermöller-Achsen im Außenrahmen. Die Mittelachse ist ohne Spurkranz ausgeführt."

Nach anderen Angaben scheinen nur 15 der bestellten 35 Lokomotiven übernommen worden zu sein: Heeresbahn-Nummern 2636—2650, Orenstein & Koppel 1918, Fabriknummern 8711—8725. Eine Serienausführung der Schwartzkopff-Type (F.-Nr. 6804—6824) erhielt die Heeresbahn-Nummern 2651—2671. Bei Henschel sind für Feldbahnloks verschiedener Bauarten im Jahre 1918 noch die Fabriknummern 16 078—122 und 16 145—152 ausgewiesen, für 1919 die Fabriknummern 16 153—183 und 18 398—442. Aus der letzten Serie sollen aber nicht alle Lokomotiven gebaut worden sein, denn die Fabriknummern sind zum Teil für andere Lieferungen verwendet worden.

Abb. 16: Der Prototyp des Heeresfeldbahn-Fünfkupplers von Orenstein & Koppel war mit zahnradgekuppelten Endachsen nach Luttermöller ausgestattet, besaß also vorn und hinten keine Kuppelstangen.
(VDI-Zeitschrift 1920, S. 600)

---

[24]) Herrn Friedrich Schadow, Berlin, dankt der Verfasser für wertvolle Mitteilungen zu diesem Fragenbereich.

[25]) *Papst,* „Bogenläufige Lokomotiven mit Luttermöllers Radialachsen", VDI-Zeitschrift 1920, S. 599—602.

Ausgewählte Literatur:

[1916] *Willigens:* Kriegsmaßnahmen im deutschen Lokomotivbau. — In: Zeitschrift des Vereins Deutscher Eisenbahn-Verwaltungen 1916, S. 49.

[1920] *Bode:* Das Feldeisenbahnwesen. In: Glas. Ann. 1920—I, S. 88.

[1925] *Hubert:* Die Lokomotiven der vorm. Kgl. Preußischen Militäreisenbahn. — In: Lokomotive 1925, S. 125.

[1927] *Baur:* Deutsche Eisenbahner im Weltkrieg. Stuttgart (Chr. Belser AG) 1927.

[1928] *Reichsarchiv (Hrsg.):* Das deutsche Feldeisenbahnwesen. 2 Bde. — In: Der Weltkrieg 1914/18. Berlin 1928.

[1939] *Marquardt:* Eisenbahnen im Dienste der Strategie. Eine geschichtliche Studie aus dem Weltkrieg. — In: Archiv für Eisenbahnwesen 1939, S. 911.

[1942] *Jänecke:* Eisenbahnbetrieb auf den Bahnen in Belgien und Frankreich während des Weltkrieges 1914/18. — In: Archiv für Eisenbahnwesen 1942, S. 505.

[1943] *Dost:* Feldbahn-Lokomotiven. — In: Lokomotive 1943, S. 186.

[1943] *Born:* Kriegslokomotiven. — In Lokomotive 1943, S. 105.

[1943] *o. Verf.:* Moltke und die Eisenbahn. — In: Großdeutscher Verkehr 1943, S. 370.

[1966] *Pierson:* Die Preußische Militär-Eisenbahn. — In: Lok-Magazin 18 (1966), S. 47.

Entwicklungsgeschichte der Kriegslokomotiven

Die Deutsche Reichsbahn während der Aufrüstung von 1935 bis 1939

„Die ersten Gedanken zur Schaffung einer Kriegslokomotive, die bei äußerster konstruktiver und fertigungstechnischer Vereinfachung allen Anforderungen eines harten Winters, einer schlechten Gleislage im Osten und der Bedienung durch wenig geschultes Personal gewachsen ist, gehen bis in den Frühherbst 1941 zurück." Mit diesem Satz beginnt das uns in Teilen erhaltene Kriegstagebuch des Hauses Henschel & Sohn. Auch wenn dieses Tagebuchzitat das Bauprogramm der hier zu verfolgenden Dampflokreihen umreißt, so ist es doch zum Verständnis der gesamten Entwicklung bis zum Kriegsende unerläßlich, zuvor die Entwicklung der Reichsbahn seit der nationalsozialistischen Machtergreifung näher zu betrachten. Ihre Rolle im Rahmen der Aufrüstung wird in den meisten historischen Darstellungen übergangen oder zumindest unterbewertet[1]. Die Ursache hierfür ist einerseits darin zu sehen, daß die Eisenbahn in den dreißiger Jahren nicht mehr das einzige Transportmittel für militärische Aufgaben war wie noch 1914, und andererseits in dem großen Geschick, mit dem die Mehrzahl der Eisenbahner und die Öffentlichkeit über die wirklichen Gründe von Leistungssteigerungen bei der Bahn getäuscht werden konnten und sich täuschen ließen.

Mit der Proklamation der Reichsregierung an das deutsche Volk vom 16. März 1935 und dem Gesetz über den Aufbau der Wehrmacht vom selben Tage hob Hitler die militärischen Bestimmungen des Versailler Vertrages einseitig auf und führte die allgemeine Wehrpflicht ein, nachdem schon in den zwei Jahren vorher eine heimliche Aufrüstung begonnen hatte. Deren Schwergewicht lag lange Zeit beim Automobil- und Flugzeugbau sowie der chemischen Industrie; im Verhältnis zu Luft und Straße blieben alle anderen Verkehrsträger zurück, weil sie als ungeeignet für den „schnellen Krieg"

angesehen wurden. Damit war Hitler bereits wieder von seiner in früheren Schriften und Reden geäußerten Meinung abgerückt, daß im Rahmen von Wirtschaftsbelebung und Aufrüstung besonders Aufträge zur Verbesserung des Reichsbahn-Verkehrswesens vergeben werden sollten[2]. Die Ursache dieses Wandels war mit dem Wunsch nach Bevorzugung jener Industriellen verknüpft, welche seine Partei schon vor 1933 unterstützt hatten[3]. Außerdem sollte, wie auf dem Schlachtfeld der Panzer den Trupp einzelner Infanteristen zu verdrängen begann, auch beim Nachschub der beweglichere Lastwagen die Eisenbahn ablösen. Adolf Hitler hing hier, indem er seine Lehren aus dem Ersten Weltkrieg zog, der Strategie des Blitzkriegs[4] an, weil sie allein es Deutschland mit seinen geringen Reserven erlaubte, noch Krieg zu führen wie eine Großmacht. Beim Aufbau der Wehrmacht wurde deshalb Breitenrüstung statt Tiefenrüstung betrieben, also nach und nach ein relativ hoher Stand verfügbaren Kriegsmaterials statt eines umfangreichen Rüstungspotentials für eine längere Kriegsdauer hergestellt. So glaubte man, der Zivilbevölkerung das Elend ersparen zu können, das aus dem langen Krieg 1914—1918 noch in Erinnerung war, und hoffte, den neuen Krieg ohne Einschränkung der Konsumgüterproduktion durchstehen zu können. Hitlers Ziel hieß „Kanonen und Butter"[5].

Selbst der Vierjahresplan, in dem die Einsatzfähigkeit der deutschen Armee und die Kriegsfähigkeit der deutschen Wirtschaft binnen vier Jahren, gerechnet vom August 1936 an, verlangt wurde[6], rückte die Reichsbahn nicht in den Vordergrund. Der Satz Moltkes, daß militärische Operationen Nachschubprobleme haben, wenn sie weiter als 100 Kilometer vom Endpunkt der Eisenbahn entfernt sind, schien in der politischen Spitze unbekannt und bei der Generalität als überholt abge-

---

[1] Fast die gesamte in der Bundesrepublik erschienene Eisenbahnliteratur nimmt allzu leichtgläubig den technischen Fortschritt und einen gewissen Nationalismus als Triebkräfte für die Entwicklung bei der Deutschen Reichsbahn-Gesellschaft und der früheren Deutschen Reichsbahn an, ohne zu erkennen, daß diese Kräfte von den nationalsozialistischen Machthabern und ihren Vertretern an der Spitze der Reichsbahnverwaltung nur dazu mobilisiert wurden, um vor den Eisenbahnbeamten ihre Angriffspläne verbergen zu können und trotzdem die dazu erforderlichen Leistungen zu erhalten. In der DDR hat Heinz Wehner [45] diese Zusammenhänge wesentlich deutlicher herausgearbeitet.

[2] Vgl. Eberhard Czichon: Wer verhalf Hitler zur Macht? — In: Blätter für deutsche und internationale Politik 11 (1966), S. 873—908 (907).

[3] Vgl. George F. W. Hallgarten: Hitler und die deutsche Schwerindustrie. Zur Geschichte der Jahre 1918—1933. — In: Hitler, Reichswehr und Industrie. Band 13 der Sammlung „res novae", Frankfurt a. M. 1962, S. 79—126.

[4] Dieser Begriff stammt von Alan S. Milward [23].

[5] Milward [23] wandelt bewußt den von Heß geprägten Satz ab, weil er in der Originalfassung einen Versuch der Propaganda sieht, das Deutsche Reich als besser gerüstet darzustellen, als den Tatsachen entsprach.

[6] Milward [24], S. 29; Wagenführ [44], S. 16—24.

tan zu sein. Als die Leitung der Reichsbahn über ihre Aufgaben im Kriege unterrichtet wurde, versuchte sie indes sehr wohl, nach dieser Regel zu handeln[7]). Ihr Staatssekretär Wilhelm Kleinmann drängte ab 1936 stets auf den Ausbau des Fahrzeugparks und erhob die entsprechenden Stahlkontingent-Forderungen. Es zeigt nochmals die einseitige Orientierung der nationalsozialistischen Machthaber an Kraftfahrzeug und Flugzeug, daß sie zunächst sämtlich abgelehnt wurden. Die Industrie, der an den profitablen Aufträgen der direkten Rüstung weitaus mehr gelegen war, behandelte selbst die spärlichen Vergaben der Reichsbahn mit erheblichen Verzögerungen.

Es wäre jedoch falsch, angesichts dieser allgemeinen Vernachlässigung anzunehmen, die Aufrüstung sei vollkommen spurlos an der Eisenbahn vorübergegangen. Richtig ist vielmehr, daß dort gespart wurde, wo beträchtliche Zusatzausgaben notwendig gewesen wären, während der Einsatz der vorhandenen Mittel sich durchaus nach den neuen Aufgaben richtete. So wurde die Ausrüstung der Strecken mit dem schwereren Gleis K 49 so vorgenommen, daß die Ost-West-Magistralen und der Anschluß des Ruhrgebiets zuerst an die Reihe kamen. Da moderne Lokomotiven in nennenswerter Zahl nicht beschafft werden konnten, wurde die Produktivität durch Beschleunigung des Wagenumlaufs auf den Rangierbahnhöfen und bei den Kunden gesteigert[8]). Die Nachrichtenanlagen zur Übermittlung der Betriebssituation nach Berlin wurden ausgebaut.

Am 2. November 1937 wurde als Verschlußsache die Dienstanweisung zur Durchführung der Mili-

tärtransporte im Höchstleistungsfahrplan ausgegeben, aus der sich ergab, wie im Fall einer Mobilmachung aus dem Stammfahrplan — der auf der Grundlage des Jahresplans 1937/38 erstellt war — und dem Militärfahrplan der Höchstleistungsplan entstehen sollte. Zur gleichen Zeit berieten die Maschinentechniker der Reichsbahn über die Durchbildung der letzten Lokomotivgattungen aus dem Typenprogramm von 1925, darunter über die als Ersatz der preußischen Güterzuglok G 10 gedachte Baureihe (BR) 50. In dem einschlägigen Schriftwechsel zwischen den Eisenbahnabteilungen des Reichsverkehrsministeriums und dem Fachausschuß Lokomotiven[9]) befindet sich kein direkter Hinweis auf eine beabsichtigte militärische Verwendung. Die neue Type soll jedoch einfach und wenig empfindlich sein, soll auf schlecht unterhaltenen Gleisen verkehren können und auf die gelegentliche Befeuerung mit Braunkohlenbriketts eingerichtet werden. Man kam dieser Forderung durch einen aufgrund jüngerer Versuchsergebnisse etwas vergrößerten Stehkessel nach[10]), schuf aber insgesamt mit der BR 50 eine vollkommen friedensmäßig ausgestattete Einheitslokomotive der üblichen Qualität, von der im April 1939 die ersten Exemplare in den Betrieb kamen. Es handelte sich um die erste Lokgattung der Reichsbahn, die von Anfang an mit Stahlfeuerbüchsen geliefert wurde, um Kupfer einzusparen.

Inzwischen war jedoch, ausgelöst durch die Rüstungstransporte im Altreich sowie durch die Abgabe von Reichsbahnloks in die Betriebswerke des annektierten Österreich und des Sudetengebiets, eine erhebliche Verkehrskrise aufgetreten, die Göring am 14. Oktober 1938 zu dem Appell veranlaßte, auf dem Verkehrsgebiet müsse sofort viel geschehen. Dabei waren noch Anfang 1938 rund 400 Lokomotiven und 82 500 der 571 000 Waggons betriebsbereit abgestellt gewesen, weil es an Verkehr fehlte. Minister Dorpmüller[11]) fordert von der Industrie die Einhaltung ihrer Lieferfristen und läßt beim Reichsbahn-Zentralamt Berlin einen neuen Beschaffungsplan für Lokomotiven in der Hoffnung aufstellen, nun die erforderlichen Stahlkontingente zu erhalten. Der Jahresfahrplan 1939/40 wird gegenüber dem Vorjahr wieder ent-

[7]) Wehner [45], S. 25. Als Leitung der Reichsbahn gelten hier der Generaldirektor, sein Stellvertreter und der Vorstand; ab 1937 der Verkehrsminister, der Staatssekretär sowie die Ministerialdirektoren der Eisenbahnabteilungen des Reichsverkehrsministeriums. Auf die Verantwortung, welche die höheren technischen Reichsbahnbeamten unterhalb dieser Ebene für die Durchführung der Aufrüstung und der Kriegsproduktion möglicherweise zu tragen haben, wird noch später einzugehen sein.
Beispiele dafür, wie sich auch die Wissenschaft dieser Aufgaben annahm, gibt es in großer Zahl: Otto Blum: Trassierungs-Grundsätze für Eisenbahnen außerhalb der hoch-industrialisierten Gebiete. — In: Verkehrstechn. Woche 27 (1933), S. 537 u. 567; ders.: Die Bedeutung der Eisenbahn für die Kriegführung mit Ableitung der besonderen Forderungen, die sich hieraus an die Privat- und Kleinbahnen ergeben. — In: Die Reichsbahn 13 (1939), S. 897; Karl Förster: Verkehrswirtschaft und Krieg, Hamburg 1938 (mit einer Rezension in: Die Reichsbahn 11 [1937], S. 858); Karl Justrow: Der technische Krieg im Spiegelbild der Kriegserfahrungen und der Weltpresse, Berlin 1938 (mit einer Rezension in: Die Reichsbahn 12 [1938], S. 770); Vogel und Geitmann: Reichsbahn und Luftschutz. — In: Die Reichsbahn 11 (1937), S. 1035; Zissel: Die Reichsbahn und die Westbefestigungen. — In: Die Reichsbahn 13 (1939), S. 628.

[8]) Wehner [45], S. 30—45.

[9]) Abgedruckt und besprochen bei Witte [46], S. 20.

[10]) S. unten Abschnitt „Der Kessel der Baureihe 52".

[11]) Julius Heinrich Dorpmüller (geb. 24. Juli 1869, gest. 5. Juli 1945), nach Bauingenieurstudium an der TH Aachen 1893 als Regierungs-Bauführer bei der Preußischen Staatsbahn, 1898 als Regierungs-Baumeister bei der Eisenbahndirektion Saarbrücken. 1907 übernahm er die Leitung des technischen Büros der Schantungbahn in der ostasiatischen Kolonie Kiautschou, bald darauf wurde er Chefingenieur der

spannt, um den Fahrzeugpark nicht zu überanstrengen, und um genügend Spielraum für die als Sonderzüge geführten Aufmarschbewegungen zu erhalten.

Im zweiten Vierjahresplan sollten bei der Reichsbahn Fahrzeug-Investitionen in Höhe von 3¹/₂ Milliarden Mark vorgenommen werden. Zwischen 1940 und 1943 waren 6000 Loks, 10 000 Personenwagen sowie 112 000 Güter- und Gepäckwagen zur Beschaffung vorgesehen. Allein zu Lasten des Haushalts 1940 sollten 1400 Dampfloks, 170 elektrische Lokomotiven, 400 Schnellzugwagen, 1600 Eilzugwagen, 27 500 Güterwagen und etwa 5000 Straßenfahrzeuge im Gesamtwert von 800 Millionen Reichsmark neu in den Fahrzeugpark eingestellt werden[12]).

Dieses Beschaffungsprogramm wurde den Fabriken im März 1939 mitgeteilt[13]). In seine Bearbeitung waren seitens der Reichsbahn folgende Überlegungen eingegangen: Bei einem Bestand von 25 000 Stück und einer durchschnittlichen Lebensdauer der Loks von etwa dreißig Jahren müssen jährlich 800 Maschinen beschafft werden, um diesen Abgang zu ersetzen. Da in den letzten Jahren ein solcher Ersatz nicht beschafft werden konnte, steht noch ein zurückgestauter Bedarf in Höhe von rund 5000 Einheiten zur Erfüllung an. Die vermehrten Transportaufgaben im Großdeutschen Reich verlangten nach weiteren 2000 Lokomotiven. Beide Posten sollten in den bevorstehenden zehn Jahren neben den zur planmäßigen Erneuerung benötigten Maschinen beschafft werden, so daß sich eine jährliche Quote von 800 + 500 + 200 = 1500 Stück ergab[14]).

Vorläufig war der Plan mit 1300 bis 1400 Maschinen pro Jahr eher knapp bemessen. Bis 1943 war er bereits näher bestimmt; von der leichten

Kaiserlich Chinesischen Staatsbahnlinie Tientsin — Pukow. Nach Internierung und abenteuerlicher Flucht 1917/18 Feldeisenbahner, 1919 Baurat und Regierungsrat bei der Direktion Stettin, später in Essen Oberbaurat und Dezernent für Oberbau. 1922 zum Präsidenten der Reichsbahndirektion Oppeln ernannt, 1924 zum Präsidenten in Essen. Im Juli 1925 rückte er zum stellvertretenden Generaldirektor der Deutschen Reichsbahn-Gesellschaft, 1926 zum Generaldirektor auf. Nach der Eingliederung der Bahn in die Reichsverwaltung im Februar 1937 zum Reichsverkehrsminister berufen, nahm Dorpmüller dieses Amt bis zum Kriegsende ein, ebenso in der Regierung Dönitz. Aufgrund seiner Integrität und seiner fachlichen Autorität wurde er im Mai 1945 von den Alliierten mit dem Wiederaufbau der Eisenbahnen betraut. Bevor er sich dieser Aufgabe zuwenden konnte, starb er am 5. Juli 1945.

[12]) Nach: Die Fahrzeugbeschaffungen der Deutschen Reichsbahn für 1940 bis 1943. — In: Organ f. d. Fortschritte des Eisenbahnwesens 94 (1939), S. 206.

[13]) Ausführlich dargestellt bei Stockklausner/Weinstötter [38], S. 126—128; Griebl/Wenzel [15], S. 8.

[14]) Philipp: Die Leistungssteigerung der deutschen Lokomotiv-Industrie. — In: Die Lokomotive 36 (1939), S. 97.

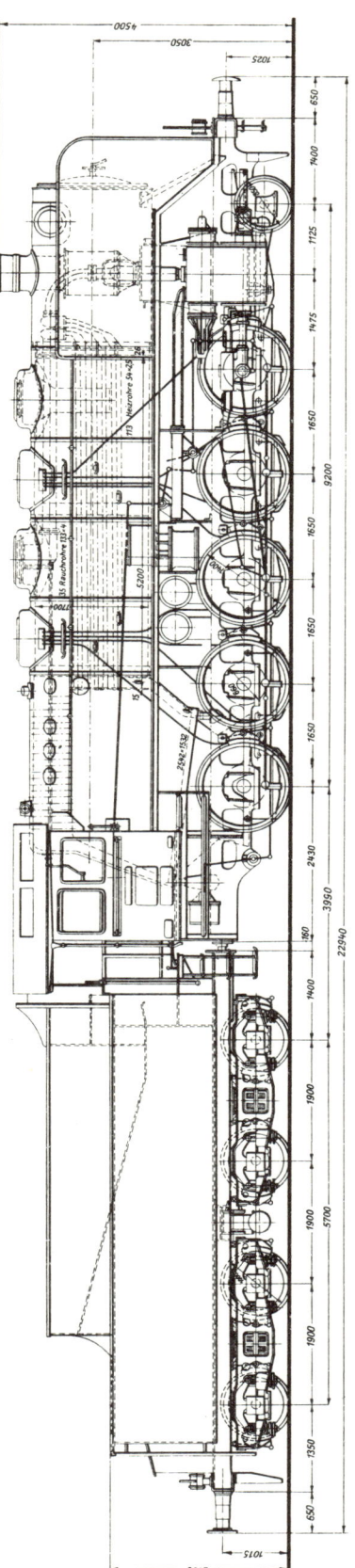

(Deutsche Reichsbahn)

Abb. 17: Regelausführung der leichten Güterzug-Baureihe 50 der Deutschen Reichsbahn, entstanden 1938.

Güterzug-Baureihe 50 waren darin für 1940 — 600 Stück, für 1941 — 500 Stück, für 1942 — 100 Stück und für 1943 keine Lieferung mehr ausgewiesen. Unter den übrigen Gattungen befanden sich auch schwere Schnellzugmaschinen, Personenzugloks und Nebenbahnfahrzeuge, also für den Kriegseinsatz relativ unbrauchbare Typen, so daß der Plan als Indiz für die Unkenntnis der leitenden Reichsbahnbeamten von den deutschen Expansionsabsichten gelten könnte. Er muß jedoch als Dokument der Bereitschaft gesehen werden, auch in einem sich weiter vergrößernden Betriebsbereich den regulären Eisenbahnverkehr einzurichten, ist also noch Ausdruck der Blitzkriegstrategie mit der Hoffnung auf eine kurze Dauer der Feindseligkeiten.

Als am 1. September 1939 die Wehrmacht ohne deutsche Kriegserklärung Polen überfällt, hat die Reichsbahn am vorangegangenen Aufmarsch entscheidenden Anteil. Für den unmittelbaren militärischen Einsatz stehen 120 000 Lastkraftwagen im Feld. Schon die ersten Wochen des Zweiten Weltkriegs, in denen deutsche Sturzkampfbomber die polnischen Bahnhöfe und Eisenbahnbrücken zerstören, zeigen die scheinbare Richtigkeit der Bevorzugung des Lastwagens. Sie zeigen aber auch, daß ein Land mit einem verwüsteten oder aus anderen Gründen unzureichenden Eisenbahnsystem in diesem Krieg keine Chance mehr hat. Der Verkehr tritt neben den Fragen der Rohstoffversorgung und der Arbeitskräfte als dritte Säule der Kriegswirtschaft in Erscheinung[15].

Schon wenige Wochen nach dem Beginn des Polenfeldzugs, im Winter 1939/40, spürte auch das Deutsche Reich die ungenügende Vorbereitung des Verkehrswesens auf den Krieg, als der dadurch bedingte Rückgang der Leistung im Bergbau auch Auswirkungen auf die Energieversorgung der ganzen Industrie gewann. Dieser neuerliche Engpaß wurde auch von der Bevölkerung wahrgenommen und in den Lageberichten des Sicherheitsdienstes registriert[16].

Weil hiervon auch die Heeresrüstung betroffen war, wurde Anfang Dezember 1939 ein Vertreter des neuen Wehrwirtschafts- und Rüstungsamtes beim Chef OKW vorstellig, um größere Rohstoffkontingente für das Neubauprogramm der Eisenbahn zu verlangen. Der Antrag wurde jedoch abgelehnt, weil man nur mit einem kurzen Krieg zu rechnen habe, so daß der Lok- und Wagenbestand bis zu dessen Ende ausreichen müsse[17].

Lokomotivbau in den ersten beiden Kriegsjahren

Eine tiefergehende Krise ließ sich aber vermeiden. Auch beim Einmarsch deutscher Truppen in Dänemark und Norwegen sowie beim Westfeldzug 1940 war die Beanspruchung der Reichsbahn noch kaum größer als bei dem Angriff auf Polen. Wenn bis Anfang 1941 die im Beschaffungsprogramm vom März 1939 vergebenen Aufträge über 526 Loks[18] der Baureihen 01[10], 03[10], 24, 41, 45, 64 und 81 wieder storniert und an ihrer Stelle die Quoten der Baureihen 44, 50 und 86 vergrößert wurden, dann geschah dies weniger als Maßnahme zum Aufbau eines Parks an Kriegslokomotiven für künftige Ziele der Armee denn als Reaktion auf die inzwischen eingetretene neue Lage. Der Fernreiseverkehr war durch Zulassungsbeschränkungen geschrumpft, während der Güterverkehr mit Material der Breitenrüstung und mit den Beutetransporten aus den besetzten Gebieten stark expandierte. Im Rahmen dieser neuen Lage kam es lediglich zu einem veränderten Einsatz der vorhandenen Mittel, wie wir ihn bereits für die Vorkriegszeit festgestellt haben. Die Güterzuglokomotiv-Typen 41 und 45 waren wegen ihrer schon zu hohen Fahrgeschwindigkeit (90 km/h), ihrer 20-atü-Kessel und ihrer dadurch höheren Preise in dem neuen Programm nicht mehr vertreten.

Mit dem Überfall auf die Sowjetunion und dem raschen Vormarsch der deutschen Truppen im Sommer 1941 kamen auf die Reichsbahn vollkommen andere Probleme zu als in den ersten beiden Kriegsjahren. Hatte man in Polen und im Westen noch ein vergleichsweise intaktes Eisenbahnnetz vorgefunden, das mit gewissen Aufwendungen den deutschen Zwecken zunutze gemacht werden konnte, so war man nun mit der russischen Breitspur und den von der Roten Armee selbst zerstörten Anlagen und Fahrzeugen darauf angewiesen, ein ganz neues Bahnsystem aufzubauen. Dazu wurden die wichtigsten Gleise der Hauptnachschubstrecken auf Regelspurweite umgenagelt und rollendes Material aus dem Netz der Reichsbahn

---

[15] Janssen [20], S. 103, sieht in dieser Rolle des Verkehrswesens ein kriegswichtiges Moment, dessen Bedeutung erst Speer 1942 erkannte.

[16] Heinz Boberach (Hrsg.): Meldungen aus dem Reich. Aus den geheimen Lageberichten des Sicherheitsdienstes der SS 1939—1944. — Neuwied 1965, S. 24—25; Thomas [42], S. 147.

[17] Thomas [42], S. 198.

[18] Vgl. für die Einzelheiten Griebl/Schadow [14], passim. Bei Stockklausner/Weinstötter [38], S. 216, sind daneben die Schnellzuglokomotiven 01 1206—1210 angegeben.

zu den drei Feldeisenbahn-Direktionen abgegeben[19]). Der Betrieb kam jedoch nur sehr langsam
in Gang, weil die Front inzwischen fast tausend
Kilometer von der alten Reichsgrenze entfernt und
man auf die Reparatur einer solchen Distanz
nicht vorbereitet war. Demgegenüber wuchsen aber
die Anforderungen an die Bahn, noch gefördert
von der Festsetzung allzu optimistischer Transportleistungen in der Zeit der deutschen Siegesge-
gewißheit, im Herbst 1941 sprunghaft an, als die
beginnende Schlammperiode den Lastwagenver-
kehr einschränkte[20]).

Der Konflikt zwischen dem Reichsbahn-Zentralamt und der Industrie, Ende 1941

Als deutlich wurde, daß die Reichsbahn mit ihrem
damaligen Fahrzeugpark die verlangten Bewegun-
gen nicht würde ausführen können, erhob das Oberkommando der Wehrmacht gegenüber allen Beteiligten die Forderung nach überhöhten Lieferzahlen von Lokomotiven und Wagen, um den
Rückstand wieder aufzuholen. Unter diesen Beteiligten — Verkehrsministerium, Reichsbahn und
Industrie — begann sogleich ein erbitterter Streit
darum, wer die Verantwortung für die Mängel
zu tragen habe. Das Reichsbahn-Zentralamt konnte
wohl darauf verweisen, es habe sich über Jahre
hinweg immer wieder um Stahlkontingente be-
müht und sei bewußt übergangen worden, doch
die Industrie ging wesentlich geschickter und zunächst erfolgreicher vor.
Der Vorsitzende ihres Interessenverbandes, der
Deutschen Lokomotivbau-Vereinigung (DLV), Dr.-
Ing. E. h. Oscar R. Henschel[21]), brachte am 20. Ok-

tober 1941 bei einer Besprechung von Industrie-
führern mit der Leitung des Vierjahresplans ohne
direkten Auftrag seitens der von ihm vertretenen
Fabriken seine — bald sehr umstrittene — Meinung zum Ausdruck, daß die Werke bis zu 20 Prozent mehr Maschinen liefern könnten, wenn eine
geeignete Konstruktion vorläge. Das RZA Berlin
konstruiere zu teuer und zu aufwendig, es trage
den Gesichtspunkten einer einfachen Fertigung
nicht genügend Rechnung[22]). Rein formell betrachtet, war diese Angabe unrichtig, denn seit 1923
waren — auf der Grundlage allgemein gehaltener
Firmenprojekte — die detaillierten Konstruktionsarbeiten für sämtliche Dampfloks der Reichsbahn
in dem zentralen Vereinheitlichungsbüro (VB) unter Dipl.-Ing. Alfons Meckel[23]) ausgeführt worden,
das seine Entstehung auch dem Wunsch nach Einsparung dieser Abteilungen bei den einzelnen Unternehmen zu verdanken hatte. Es war bereits am
1. Oktober 1922 unter der Leitung von August
Meister eröffnet worden. Dem Büro wurden die
Bedingungen der Bahnverwaltung durch den Bauartdezernenten im Reichsbahn-Zentralamt, R. P.
Wagner, vermittelt. Tatsächlich waren diese Bedingungen aber so bestimmt, daß sich das VB
streng nach ihnen richten mußte, wenn nicht die
Herstellung der Zeichnungen auf das RZA über-
gehen sollte[24]). Die Reichsbahn war hierbei der
Auffassung, daß sie die Entscheidung über ihre
Betriebsmittel nicht deren Produzenten überlassen
könne, und mußte sich insofern auch die Verantwortung für die Konstruktion anlasten lassen.
Hiervon streng zu trennen ist jedoch die Frage,
ob die Lieferzahlen wirklich eher von der konstruktiven Qualität einer Lokomotive als von der
Rationalisierung im Fertigungsprozeß und der
Kontingentierung mit Stahl und anderen Metallen

[19]) Dem Bau der russischen Eisenbahnen im 19. Jahrhundert
mit der abweichenden Spurweite von 1524 mm lag schon
die strategische Erwägung zugrunde, fremde Fahrzeuge
an der Benutzung der Strecken zu hindern. Für die Leistungsfähigkeit ist weniger die Spurweite, sondern eher
das Lichtraumprofil einer Bahn ausschlaggebend. Die Organisation und die Tätigkeit der Feldeisenbahn in der
Sowjetunion beschreibt Pottgießer [30], S. 21—33.

[20]) Müller-Hillebrand [25], S. 18 und 55.

[21]) Oscar R. Henschel (geb. 1. September 1899) trat Ende 1924
als Nachfolger seines Vaters Karl Anton Th. F. Henschel
an die Spitze der Kasseler Fabrik. Wegen der fehlenden
Inlandsaufträge wandte er sich zunächst dem Export-
geschäft zu, richtete sich jedoch während der Weltwirtschaftskrise durch den Verkauf seiner Bergwerks- und
Hüttenanlagen sowie durch den Erwerb von Lokomotiv-
abteilungen und Quoten der Firmen R. Wolf (Hagans),
Linke-Hofmann-Busch (gemeinsam mit Krupp) und Hanomag als wichtigster Maschinenlieferant der Reichsbahn mit
30 bis 40 Prozent Marktanteil ein. Daneben begann er
mit dem Bau von Lastkraftwagen, Omnibussen, Baumaschi-
nen und Flugzeugen. Ende der dreißiger Jahre sicherte
er sich die Kontrolle über die Wiener Lokomotivfabrik AG
und die Oberschlesischen Lokomotivwerke Kattowitz AG in
den vom Deutschen Reich annektierten Gebieten. Nach

dem Zweiten Weltkrieg eröffnete er außerdem die Produktion von Turbinen und Plantagenmaschinen, mußte das
Unternehmen jedoch 1957 wegen wirtschaftlicher Schwierigkeiten verlassen. Er lebt seitdem in der Schweiz.

[22]) Witte [46], S. 8.

[23]) Dipl.-Ing. Alfons Meckel war bereits im September 1923
von der Maschinenbaugesellschaft Karlsruhe kurz zum VB
gekommen, hatte dann im Normenbüro bei der Schaffung
der Normenwerkzeichnungen mitgearbeitet und war 1930
als Nachfolger Metzeltins Geschäftsführer des Lokomotiv-
Normenausschusses geworden. Gleichzeitig leitete er von
1930 bis 1939 gemeinsam mit Oberingenieur Ludwig das
VB, dem er ab 1940 allein vorstand. Zwischen 1947 und
1958 führte er wiederum die Geschäfte des Normenausschusses. Vgl. Pfeifer/Zickler [27], passim.

[24]) Wie wenig die Industrie oftmals in konstruktiven Grund-
fragen auszurichten vermochte, läßt sich auch an dem
Streit um die Einführung der Verbrennungskammer erkennen, den Henschel und die Borsig Lokomotiv-Werke
über ein Jahrzehnt lang ohne Erfolg führten. Die Baugrundsätze von 1925 waren inzwischen zu Fesseln der Entwicklung geworden.

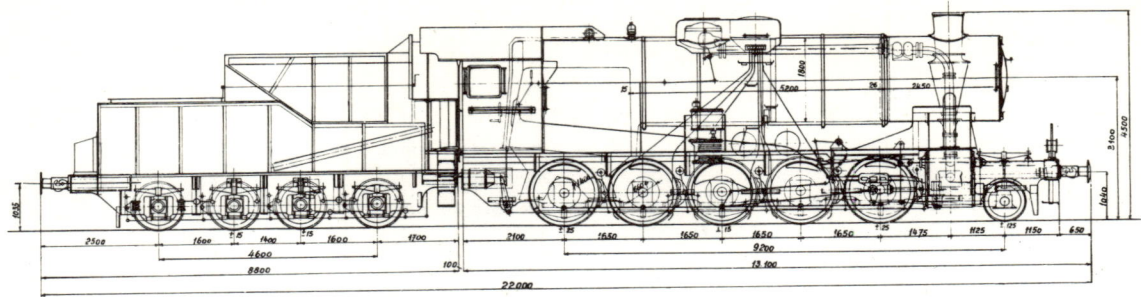

Abb. 18: Entwurf der Wiener Lokomotivfabrik zur vereinfachten Güterzuglokomotive für Kriegszwecke;
Ausführung mit Laufgestell. (WLF-Zeichnung Nr. 1836 vom 24. Januar 1942)

abhängig sind. Der DLV-Vorsitzer Henschel und die Reichsbahn bezogen hier vollkommen gegensätzliche Standpunkte, obwohl allgemeine wirtschaftstheoretische Erhebungen inzwischen ergeben hatten, daß durch gewisse konstruktive Maßnahmen aufgrund verringerter Ansprüche die Massenproduktion von Rüstungsgütern in unverhältnismäßiger Weise zu steigern war. Während zur Erfüllung einer bestimmten Spezifikation zu 100 Prozent ein Aufwand von gleichfalls 100 Prozent betrieben werden mußte, erforderte die Erfüllung zu 90 Prozent häufig nur 60 Prozent an Aufwand in den Fabriken.

Diese Überlegungen bestimmen auch die Anregungen, die auf der Sitzung des technischen Ausschusses der Lokomotivbau-Vereinigung am 7. November 1941 besprochen werden. Dort schlägt man vor, die BR 44 und 86 zugunsten der BR 50 aufzugeben. In der anschließenden Diskussion um eine vereinfachte BR 50, als Henschel ausführt (erneut nicht ganz unwidersprochen), daß sich mit 1 000 000 produktiven Lohnstunden zum Beispiel 81 Loks der alten preußischen Type G 10, aber nur 56 Loks der BR 50 bauen lassen, erklärt sich Borsig demonstrativ bereit, sofort die G 10 zu bauen (obwohl, wie sich bald herausstellte, das Werk keine einzige Vorrichtung, kein Kümpelgesenk usw. mehr dafür besaß).

Am 14. November 1941 teilt Oscar R. Henschel dem Verkehrsminister Julius Dorpmüller zur Erhöhung der jährlichen Lokomotivproduktion um 20 Prozent von 1500 auf 1800 Stück mit, daß dazu die Vergebung 1942/II durch ein Lieferprogramm ersetzt werden müsse, nach dem jede Firma nur noch eine der Reihen 44 und 50 produzieren dürfe, die sie nach Vergebung 1942/I schon in Auftrag hatte. Ab 1943 dürfte nur noch ein Typ im Leistungsprogramm der BR 50 gefertigt werden, dessen Baupläne die DLV bis zum Jahresende 1941 vorlegen wolle.

Entwürfe einfacher Lokomotiven für Kriegszwecke

In den folgenden Tagen konzentrieren sich die Besprechungen in der DLV auf das Ziel, der Industrie künftig wieder einen größeren Einfluß bei der Planung von Reichsbahnlokomotiven zu erstreiten. Landesbaurat H. G. Krauss aus München erklärt, daß der Weg zu einer Kriegslok die seltene Gelegenheit biete, in der bisherigen Handhabung der Entwurfsarbeiten eine grundsätzliche Wandlung zu schaffen. In der Mobilisierung des Vierjahresplans als einer der Partei nahestehenden Institution besitzt man ein Mittel, die bei den Nationalsozialisten wegen ihrer Beamtentradition relativ wenig geschätzten Techniker in die Enge zu treiben.

Am 24. November 1941 wird zur Deckung des inzwischen auf 3000 Lokomotiven pro Jahr (!) festgesetzten künftigen DR-Bedarfs die Entwicklung einer vereinfachten BR 50 festgelegt, die zur Ermöglichung von Großserien dann auf Jahre hinaus nicht mehr verändert werden dürfe. Dieser Entschluß berücksichtigt bereits den Führererlaß zu Rationalisierung und Massenproduktion, der am 3. Dezember 1941 verkündet wurde. Er verdankt seine Entstehung der Erkenntnis Hitlers, daß mit der Dauer des Rußlandfeldzuges über den Winteranfang hinaus das Konzept des Blitzkrieges ausgedient hatte und es höchste Zeit war, von der Breiten- auf eine Tiefenrüstung überzugehen. Mit großer Hektik mußte der bereits seit dem 17. März 1940 amtierende Reichminister für Bewaffnung und Munition, Fritz Todt, nun den Aufbau eines größeren Rüstungspotentials betreiben[25]).

[25]) Milward [24], S. 28, sieht eine allmähliche Ablösung vom Blitzkriegskonzept zwischen dem Beginn des Zweifrontenkrieges und der Wiedereroberung von Rostow durch die Rote Armee am 26. November 1941. Wagenführ [44], S. 34, nennt als Ursachen hierfür die nicht gelungene Einkesselung Moskaus, den früh einsetzenden Winter und die erheblichen Frontzurücknahmen.

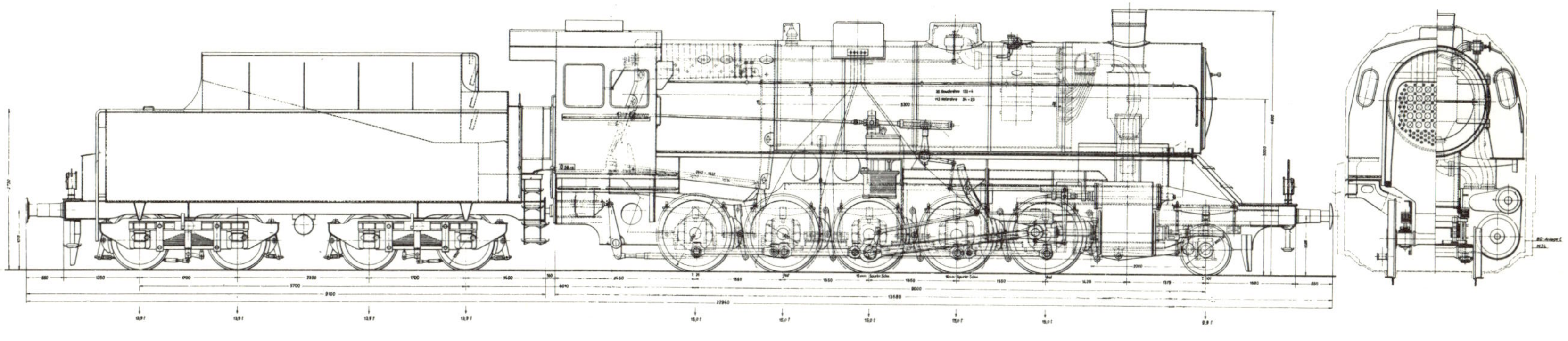

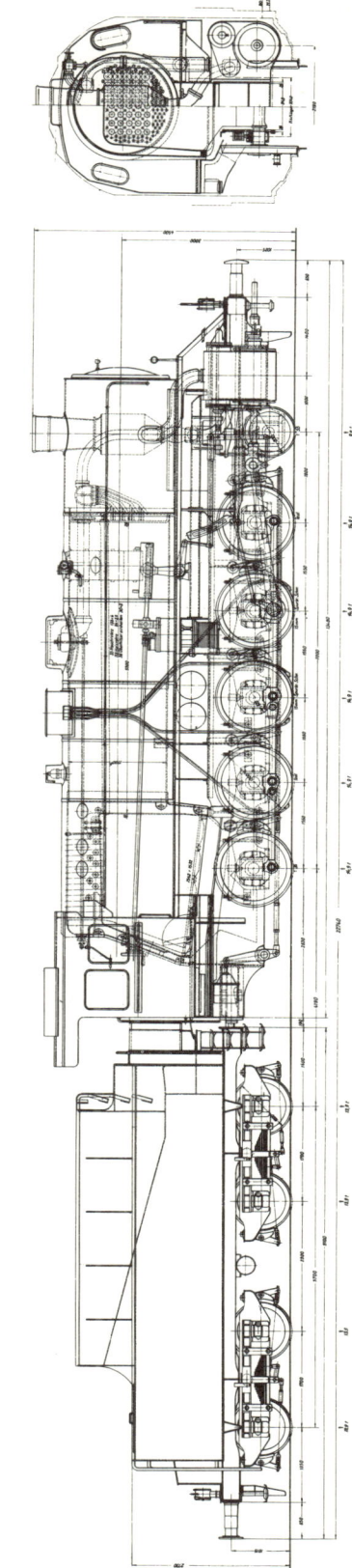

Abb. 19: Einen ähnlichen Entwurf mit führendem Bissel-Laufgestell fertigte die Lokomotivfabrik Jung an.

(Jung-Zeichnung Nr. 2459 vom 15. Januar 1942)

Abb. 20: Daneben legte Jung auch ein Projekt mit kurveneinstellbarer Laufachse (Adams-Achse) vor.

(Jung-Zeichnung Nr. 2460 vom 16. Januar 1942)

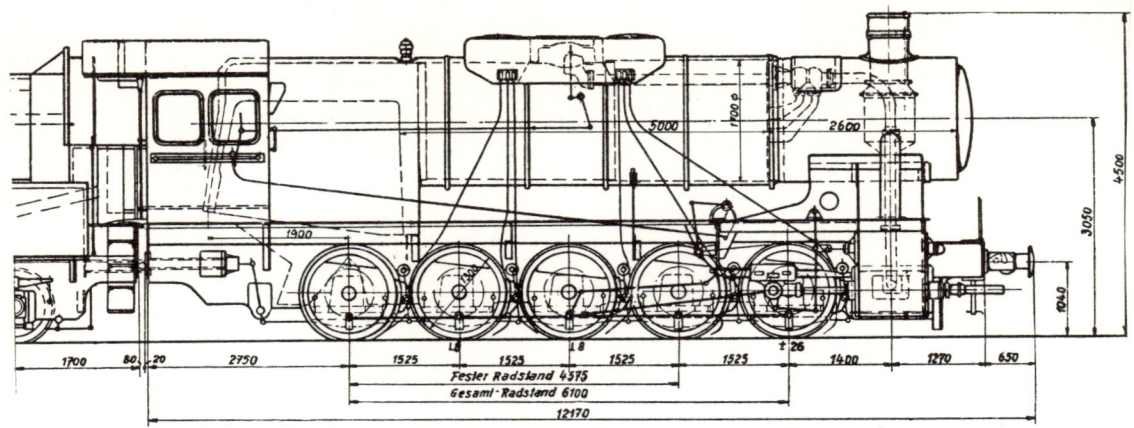

Abb. 21: Der erste Entwurf zur laufachslosen Kriegslokomotive der Wiener Lokfabrik ist bereits im Oktober 1941 entstanden. Aus diesem Grund weist er kaum besondere Frostschutzmaßnahmen auf.

(Aus Stockklausner/Weinstötter [38], S.162)

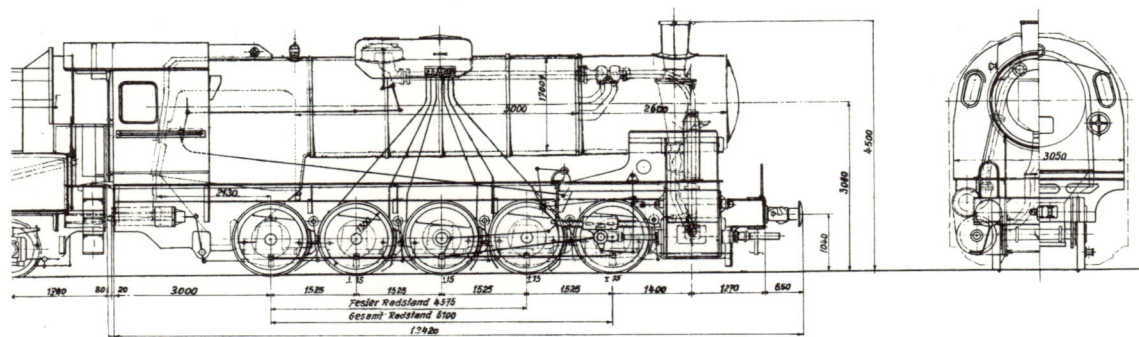

Abb. 22: Im Gegensatz zur vorstehenden Zeichnung ist bei der nächsten Version der Wiener Kriegslokomotive der Kessel etwas nach hinten verschoben, außerdem der Dampfdom nach hinten gerückt und ein Sandkasten entfallen.

(WLF-Zeichnung Nr. 1834b vom 5. Dezember 1941)

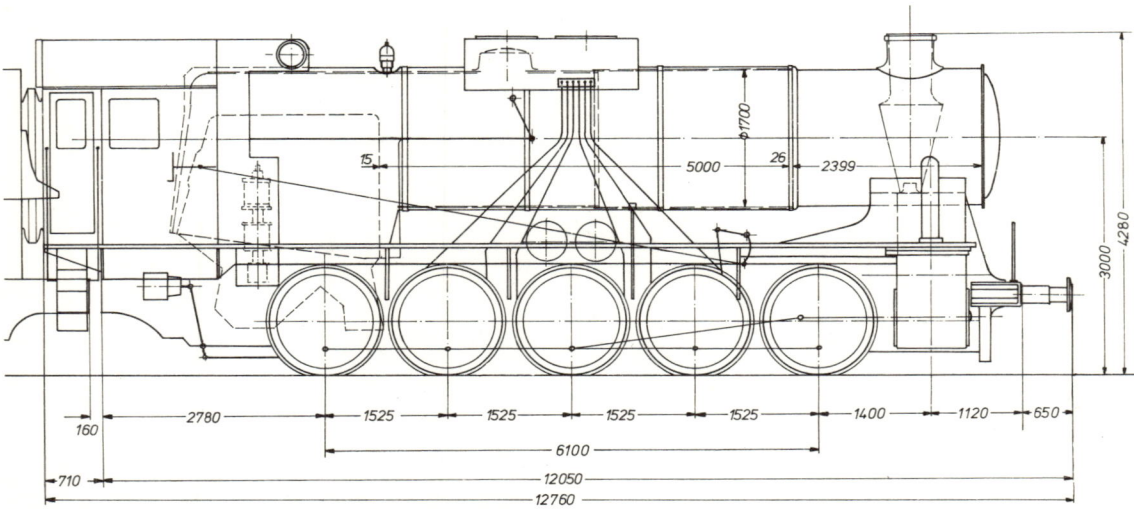

Abb. 23: Als der Bauauftrag über drei Prototypen der Wiener Kriegslokomotive abgeschlossen wurde, lag diese frostgeschützte Ausführung zugrunde: Pumpen und Lichtmaschine vor dem Führerhaus sind verkleidet, der Führerstand selbst ist hinten abgeschlossen. Bei allen drei Versionen war der Tender ähnlich Abb.18 vorgesehen.

(WLF-Zeichnung Nr. 1865 vom 11. April 1942, neu gezeichnet)

Im Reichsverkehrsministerium hatte man inzwischen angeordnet, daß das in Fragen der neuen Lokomotivkonstruktion befangene Zentralamt die Firmenprojekte nicht bearbeiten dürfe. Zur Überprüfung der von den Lokfabriken aufzustellenden Vereinfachungsvorschläge wurden vielmehr Ausschüsse verschiedener Zusammensetzung aus Betrieb und Werkstatt ernannt. Dort wird das Modell, für das die Deutsche Lokomotivbau-Vereinigung 276 Vereinfachungen und eine Arbeitszeit-Ersparnis von 13,2 Prozent errechnet, am 6. Dezember 1941 eingereicht. Ein Bericht des Ausschusses der Reichsbahn-Oberräte Rünzi, Stutterheim und Witte vom 10. Dezember 1941, der nur 477 Stunden Ersparnis feststellt (also bei weitem nicht die 20 Prozent), wird von der Industrie wiederum zwiespältig aufgenommen und hat die Suche nach weiteren Vereinfachungsvorschlägen zur Folge. Inzwischen regte die DR eine Arbeitsgemeinschaft aus Firmenvertretern und RAW-Direktoren zu Kriegslokfragen an, die in der gemeinsamen Sitzung des RVM und der Lokwerke vom 17. Dezember 1941 (wegen der Umgehung des RZA?) sehr begrüßt wird. Am selben Tag wird das voraussichtliche Programm für 1943 bekanntgegeben: BR 44 = 360, BR 50 = 1440, BR 86 = 100 Einheiten; daneben BR 42 = 100 und BR 83 (1'E 1' als Ersatz der pr T 14, T 16) = 100 Stück. In der anschließenden Sitzung des Technischen Ausschusses der DLV wird das Leistungsprogramm der Kriegslok bekanntgegeben, 850 t mit einer mindestens 10 Prozent über der für Militärgüterzüge vorgeschriebenen V_{max} liegenden Geschwindigkeit zu befördern. Eine E-gekuppelte Lok (G 10) wird deshalb nicht für durchführbar gehalten.

„Die Außentemperaturen fielen auf dem östlichen Kriegsschauplatz schon im Dezember 1941 auf —35 °C und sanken im Januar 1942 auf —42 °C ab [. . .] Die Bauart der deutschen Lokomotiven war für diese Temperaturen ungeeignet, ihre Kolbenspeisepumpen, Vorwärmer und alle offen verlegten wasser- und ölführenden Leitungen waren zu frostempfindlich. Auch die deutschen Dampfstrahlpumpen erwiesen sich als zu fein und nicht so robust wie die russischen. Aus der Heimat nachgeführte Lokomotiven hatten häufig schon beim Eintreffen in Brest Frostschäden und waren nicht mehr einsatzbereit. Nur 20 Prozent der notwendigen wintersicheren Lokomotivstände waren vorhanden. Auftauständе fehlten. Die Ausfälle an Lokomotiven waren katastrophal und betrugen 70 Prozent, stellenweise sogar noch mehr"[26]. Eine große Transportkrise war die Folge; Ausrüstung für die gleichfalls nicht auf den Winter eingestellte Truppe kam kaum noch an die Front. Selbst die dringlichsten Rüstungstransporte konnten zeitweise nur zu 30 Prozent bedient werden[27]. Hitlers Vertrauen in die Reichsbahn war erschüttert[28]. Zur Jahreswende 1941/42 verstärkte sich deshalb der Einfluß des Militärs auf die Lokomotivbeschaffungen merklich: Das OKW fordert noch für 1942 eine frostsichere Kriegslok; am 7. Januar 1942 räumt der Reichsmarschall (mit Erlaß vP 306/42 Geheim) dem Lokbau Vorrang vor allen anderen Rüstungsprojekten außer der Mineralölindustrie ein. Auch der Führerbefehl „Rüstung 1942" vom 10. Januar 1942 folgt dieser Linie und verpflichtet Todt, die Verantwortung für Entwicklung und Produktion in noch stärkerem Maße den Betriebsleitungen selbst zu übertragen. Den Lokfabriken soll hinsichtlich der Konstruktion einer Kriegslokomotive völlig freie Hand gelassen werden, wodurch Richard P. Wagner, Bauartdezernent des RZA Berlin, in seinen Rücktrittsabsichten bestärkt wird. Sein Lebenswerk, die Schaffung der Einheitslokomotiven, ist durch den Krieg und die Stornierungen ohnehin beendet[29].

[26]) Pottgießer [30], S. 33—35; Müller-Hillebrand [25], S. 27 und 57.

[27]) Thomas [42], S. 293.

[28]) Picker [28], S. 44, mit einer Anmerkung von Hillgruber: „Nicht die Eisenbahn versagte im Winter 1941/42, sondern Hitler hatte, in dem Gedanken befangen, bis zum Winterbeginn die Sowjetunion niederringen zu können, es unterlassen, rechtzeitig für den Winter in Rußland Vorsorge zu treffen."

[29]) Dr.-Ing. E. h. Richard Paul Wagner (geb. 25. August 1882, gest. 14. Februar 1953) erfuhr seine Ausbildung im Maschinenbau an der TH Charlottenburg und nahm 1906 seine Arbeit bei der Preußischen Staatsbahn auf, die ihm eine Studienreise nach England ermöglichte. Die mit Auszeichnung bestandene Prüfung zum Regierungsbaumeister wurde durch einen Aufenthalt in den Vereinigten Staaten als Staatspreis gewürdigt. Während des Ersten Weltkrieges stand er im Feldeisenbahndienst und leitete die Maschinenämter von Sedan, Conflans und Lille; deshalb mehrfach ausgezeichnet. Nach Kriegsende war er mit der Abwicklung des Militärbahnwesens beschäftigt. 1920 wurde er zum Vorstand des Lokomotiv-Versuchsamts Grunewald, 1922 als Nachfolger von Oberbaurat H. Lübken zum Bauartdezernenten im Zentralamt Berlin ernannt. Dort legte er in den folgenden Jahren als Baugrundsätze für die Einheitslokomotiven der Deutschen Reichsbahn den Austauschbau, die Zweizylinder-Dampfmaschine mit einstufiger Dampfdehnung und den Langrohrkessel fest, nach denen über zwanzig Typen vom Vereinheitlichungsbüro der Lokfabriken konstruiert wurden. Ferner betrieb er die Erprobung von Hochdruck-, Mitteldruck-, Kohlenstaub- und Turbinenlokomotiven sowie die Einführung der Klein- und Motorlokomotiven. 1935 wurde er zum Direktor bei der Reichsbahn, 1938 zum Abteilungspräsidenten befördert. 1942 erhielt er das Kriegsverdienstkreuz, ehe er unter dem Druck Degenkolbs zurücktrat. 1946 forderten ihn die britischen Besatzungsbehörden als Beschaffungsdezernenten im Rang eines Ministerialdirigenten für die Bizonen-Eisenbahn nochmals an, bis er 1947 endgültig pensioniert wurde. Von 1948 bis zu seinem Tode war er Vorsitzender des Lokomotiv-Normenausschusses, dem er bereits seit 1920 angehört hatte. Vgl. auch Organ f. d. Fortschritte des Eisenbahnwesens 97 (1942), S. 405—406; Glas. Ann. 77 (1953), S. 62—63; Die Lokomotive 4 (1942), S. 159.

Bei der DLV gingen nun Entwürfe zur vereinfachten BR 50 sowie Projekte zur reinen Kriegslok ein, von denen am 6. Februar 1942 dem Verkehrsministerium die 1'E-Pläne von Borsig, Esslingen, Henschel, Jung, Krauss-Maffei, Maschinenbau-Bahnbedarf und Schichau sowie Entwurf Nr. 8636 der Wiener Lokfabrik vorgelegt werden. Letzterer enthält eine 1'E-Type mit 1400 mm Kuppelraddurchmesser und eine E h2-Lok mit 1300-mm-Rädern, in die nach Wiederkehr normaler Verhältnisse noch eine führende Laufachse eingebaut werden könnte. Dieser mit Beugniothebeln ausgestattete Fünfkuppler hat jedoch nur dann Aussicht auf Annahme, wenn er mindestens 65 km/h als Höchstgeschwindigkeit erreicht. Die Frage, ob man die neue Lok mit dem bei Reichsbahnloks üblichen Barrenrahmen oder mit dem 1925 aufgegebenen Blechrahmen ausstatten soll, bleibt weiterhin offen, doch sind Esslingen, Henschel, Krupp, Maschinenbau-Bahnbedarf und Schwartzkopff nur mit Schwierigkeiten in der Lage, wieder zum Blechrahmen überzugehen. Daher wird vorgeschlagen, daß sie nur die BR 42, 44 und 83 sowie eine an Kessel, Lenkgestell und Steuerung vereinfachte BR 50 weiterbauen, während die anderen Firmen eine Blechrahmen-Kriegslok liefern. Wegen der großen Arbeitszeitersparnis (14 Prozent) und Verringerung des Kontingentgewichts (20 t) gegenüber der BR 50 wurde die E h2-Maschine der WLF einer stark vereinfachten Kriegs-BR 50 (Ersparnisse 10 Prozent bzw. 5 t) in der Sitzung des technischen Ausschusses der DLV vom 13. Februar 1942 vorgezogen, doch lehnte H. G. Krauss sie in der Sitzung im RVM am 4. März wieder ab. Dort wurde außerdem beschlossen, sofort mit der Vereinfachung der BR 50 zu beginnen, um den Lokausstoß 1942 wenigstens um 15 Prozent zu steigern.

Hauptabmessungen der vier dargestellten Projekte		WLF E h2 (1834 b)	WLF 1'E h2 (1836)	Jung 1'E h2 (2459)	Jung 1'E h2 (2460)
Zylinderdurchmesser	mm	580	600	640	640
Kolbenhub	mm	660	660	620	620
Laufraddurchmesser	mm	—	850	850	850
Treibraddurchmesser	mm	1300	1400	1300	1300
Fester Achsstand	mm	4575	3300	4650	4650
Gesamtachsstand	mm	6100	9200	9000	7800
Achsstand Lok + Tender	mm	15 500	17 700	18 710	17 690
Länge über Puffer	mm	21 320	22 000	22 940	22 740
Kesseldruck	atü	16	16	14	14
Rostfläche	m²	3,6	4,0	3,9	3,9
Strahlungsheizfläche	m²	13,5	15,0	. . .	. . .
Rauchrohrheizfläche	m²	50,71	61,53	. . .	. . .
Heizrohrfläche	m²	113,39	131,24	. . .	. . .
Verdampfungsheizfläche	m²	177,60	207,77	182,0	182,0
Überhitzerheizfläche	m²	51,60	56,17	60,5	60,5
Dienstgewicht	t	76,8	86,0	84,9	84,4
Leergewicht	t	69,5	77,6	76,7	76,2
Reibungsgewicht	Mp	76,8	. . .	75,0	74,5
Indizierte Zugkraft	kg	16 400	16 300	17 600	17 600
Höchstgeschwindigkeit	km/h	65	80	70	70

Zugkräfte der WLF-Loks für 0,60 p, der Jung-Lokomotiven für 0,65 p berechnet.

Die Gründung des Hauptausschusses Schienenfahrzeuge beim Reichsminister für Bewaffnung und Munition

Bei den Vorbereitungen der Sommeroffensive 1942 im Osten über die großen Entfernungen von der Heimat zur Front und umgekehrt gingen die Transporte zu fast 100 Prozent über die Eisenbahn. Schiffstransport entlastete den Nordflügel geringfügig, Kraftfahrzeug- und Lufttransport fielen mengenmäßig nicht ins Gewicht[30]). Am 5. März 1942 befanden sich der Verkehrsminister Dorpmüller und der neue Minister für Bewaffnung und Munition, Professor Dipl.-Ing. Albert Speer, der am 9. Februar die Nachfolge des tödlich verunglückten Fritz Todt angetreten hatte, im Führerhauptquartier[31]). Speer erläuterte die weiterhin bestehende Transportkrise, wurde darin von Dorpmüller aber nur zurückhaltend unterstützt, so daß Hitler sich der optimistischeren Beurteilung anschloß. Dabei lag schon eine nennenswerte Zahl von Rüstungsbetrieben wegen der fehlenden Versorgung mit Rohstoffen und Halbfertigteilen still[32]). Dennoch wurde in der Folge dieser Konferenz die für die Reichsbahn wichtigste Entscheidung des ganzen Krieges getroffen. Speers Aufgabe war die Durchsetzung der Breitenrüstung, die tatsächliche Verwirklichung des Satzes „Kanonen statt Butter". Er wurde deshalb mit der Ausführung des „Führerprogramms" betraut, das den Bau von 15 000 Kriegslokomotiven, innerhalb von zwei Jahren zu je 7500 Stück, zum Inhalt hatte. Am 7. März 1942 schloß Speer mit Dorpmüller eine Vereinbarung ab, die den Fahrzeugbau für die Reichsbahn in die Rüstungsproduktion integrierte. Sie lautete[33]):

1. „Der Lokomotivbau und Waggonbau wird im Rahmen der Wehrmachtsfertigung vom Reichsminister für Bewaffung und Munition gesteuert.
2. Es wird ein Hauptausschuß für Schienenfahrzeuge errichtet, der sich in je einen Sonderausschuß für Lokomotiven und einen für Waggons und sonstige Schienenfahrzeuge gliedert. Die Sonderausschüsse werden alle Maßnahmen hinsichtlich Vereinfachung der Konstruktion und der Fertigung selbstverantwortlich treffen. Sie werden aus Ingenieuren bestehen, die über besondere Kenntnisse in neuzeitlichen Fertigungsmethoden verfügen. Hierzu werden bewußt auch Ingenieure, die frei von allen Gewohnheiten und sogenannter Betriebsblindheit sind, aus anderen Fertigungsgebieten herangezogen.
3. Der Hauptausschuß wird von einem Vorsitzer geleitet, den der Reichsminister für Bewaffnung und Munition bestimmt.
4. Der Hauptausschuß ist frei von jeder Bindung an das Reichsbahn-Zentralamt und das Reichsverkehrsministerium.
Die bisherigen Sachbearbeiter der Reichsbahn stehen beratend zur Verfügung. Ob und wieweit sie herangezogen werden, entscheidet der Ausschuß.
5. Die letzten Entscheidungen trifft Reichsminister Speer im Benehmen mit Reichsverkehrsminister Dr. Dorpmüller, dem zur Beratung ein Industriebeirat zur Seite steht."

Die Neutralisierung des Zentralamts war also endgültig geworden, der bisherige Instanzenweg bei der Konstruktion abgeschafft. Es wäre aber nicht richtig, aufgrund der vorangegangenen Spannungen zwischen Industrie und Zentralamt hierin eine Besonderheit zu sehen; vielmehr hielt Speer wie sein Vorgänger Todt eine Rüstungssteigerung allein mit Hilfe der Wehrmachts- und Reichsbahndienststellen für ausgeschlossen, so daß er auf allen Gebieten qualifizierte Industrieführer an der Lenkung beteiligte[34]). Er legte Wert darauf, daß hier ganz unvoreingenommene Leute in seinem Alter (waren sie älter als 55 Jahre, wurde ein jüngerer Vertreter beigegeben) die Einführung der Massenfabrikation nach amerikanischem Muster mit aller Kraft betrieben, und war dafür bereit, ihnen einen gewissen Spielraum gegenüber der Partei und der Bürokratie zu sichern. Dieses System der Ausschüsse und der industriellen Selbstverantwortung wurde zu dem Merkmal der deutschen Tiefen-

[30]) Müller-Hillebrand [25], S. 55.

[31]) Albert Speer (geb. 19. März 1905) nahm nach dem Studium der Architektur in Karlsruhe, München und Berlin 1927 eine Assistentenstelle an der TH Charlottenburg an. 1932 trat er der NSDAP bei, die ihn 1933 mit einigen Umbauten in Berlin und hierauf als Amtsleiter für die technische und kulturelle Ausgestaltung von Großkundgebungen beschäftigte. Architekt der Kulissen und des Geländes für die Nürnberger Parteitage sowie einer Reihe öffentlicher Gebäude. 1937 Beauftragter für Bauen im Stab des Führers und Generalbauinspektor für die Reichshauptstadt, Leiter zahlreicher Bauprojekte der Regierung, etwa der Reichskanzlei. 1938 zum preußischen Staatsrat und Professor ernannt, in den ersten Kriegsjahren Konzentration auf die Planungen für den Umbau Berlins. 1942 zum Nachfolger Todts als Reichsminister für Bewaffnung und Munition, Generalinspektor für das deutsche Straßenwesen und Generalinspektor für Wasser und Energie berufen. In diesem Amt allmählich verantwortlich für die gesamte Rüstung und Kriegsproduktion des Deutschen Reiches. Im Nürnberger Prozeß 1946 wegen Beteiligung am Raub öffentlichen und privaten Eigentums und am Zwangsarbeiterprogramm zu 20 Jahren Haft in Spandau verurteilt; 1966 entlassen.

[32]) Thomas [42], S. 359—363.

[33]) Zitiert nach Witte [46], S. 10.

[34]) Ähnlich erging es dem Heereswaffenamt und dem Wehrwirtschafts- und Rüstungsamt; vgl. Janssen [20], S. 46—51; Thomas [42], passim.

rüstung[35]). Es wurde durch den Führerbefehl Nr. 170 über die Umstellung der Rüstung auf breitester Basis eingeführt[36]).

Der Hauptausschuß Schienenfahrzeuge (HAS) nahm seinen Sitz im Haus der DLV in Berlin-Charlottenburg, Bismarckstraße 112. Zum Leiter wurde der ehemalige DEMAG-Direktor Gerhard Degenkolb[37]) ernannt, der schon unter Fritz Todt als Beauftragter für Belgien und Nordfrankreich eine Reihe von Firmenfusionen im deutschen Interesse betrieben hatte. Durch seinen harten Führungsstil, seine nächtlichen Werksinspektionen und sein diktatorisches Wesen machte er schon bald von sich reden. Er begann seine Tätigkeit vor dem Ausschuß mit den Worten: „Es ist keine Utopie, die geforderten Loks herzustellen. Starker Glaube, unerhörte Härte, Verzicht auf eigene Bequemlichkeit lösen das Problem. Zuschlagen, auch manchmal daneben, ist besser als Nichtstun."[38]). Sein Vertreter war Dr. Valentin Litz aus der Geschäftsleitung der Borsig-Lokomotiv-Werke. Er

hatte diese Firma bisher im Organisationsausschuß des Vereinheitlichungsbüros der Lokomotivbau-Vereinigung vertreten. Beide hielten auch im Sonderausschuß Lokomotiven (SAL) die entsprechenden Positionen. Dieser untergliederte sich nochmals in rund dreißig Arbeitsausschüsse (AA) und Betreuungsstellen, in denen nun die genannten Ingenieure mit Kenntnissen neuzeitlicher Fertigungsmethoden ehrenamtlich tätig wurden. Sie kamen von den Lokfabriken und von der Reichsbahn, von denen sie auch weiterhin bezahlt wurden. Die Arbeitsausschüsse hatten unter anderem Arbeitseinsatz, Auftragsregelung, Abnahme und Entfeinerung, Energieversorgung, Ersatzteilfertigung, Kontingente, Typenbereinigung, Verlagerung sowie die Behandlung von Kesseln, Rahmen, Tendern, Radsätzen, Schmiedestücken und Federn zur Aufgabe. Daneben enthielt der Hauptausschuß von Anfang an noch den Sonderausschuß für Waggons, in dessen zahlreichen Arbeitsausschüssen die Entfeinerung und Typenbereinigung bei den schon bestellten Wagenmodellen sowie die Entwicklung eines vereinfachten Mehrzweckwagens vorgenommen werden sollte.

Die Hauptausschüsse bildeten die Mittelinstanz des neuen Ministeriums. Dazu wurde die gesamte Rüstungswirtschaft nach Wehrmachtsprogrammen oder Gerätegruppen aufgeteilt; es gab auch Hauptausschüsse für Panzer, Munition, Geschütze, Elektrotechnik, Triebwerke, U-Boote und dergleichen. „Es bestand also als Organisationsprinzip das Bestreben, alle räumlich zerstreut liegenden Werkstätten zusammenzufassen, in denen der gleiche Artikel hergestellt wurde. Die Ausschüsse waren darüber hinaus darauf bedacht, den technisch konstruktiven Gedankenaustausch zwischen den Werkstätten zu pflegen und, wenn nötig, durch Anweisung der Leiter den Produktionsgang in allen Werkstätten auf eine gleich hohe rationale Leistung zu bringen."[39]). In der Spitze des Ministeriums waren die Ausschüsse im Technischen Amt unter Karl-Otto Saur zusammengefaßt. Zur Führung der Ausschüsse wurden Leiter berufen, die in der Regel der Wirtschaftspraxis entstammten und Erfahrung in der Leitung überbetrieblicher Produktionseinheiten besaßen, also etwa von Großfirmen oder Kartellen kamen. „Sie übertrugen ihre Erfahrung und Kenntnisse mit Ton und Methode eines Betriebsleiters auf ihr neues Aufgabengebiet. Das Tätigkeitskolorit der einzelnen Ausschüsse und Ringe kann nur vom Leiter dieser Gebilde her begriffen werden. Durch diese Personen-

[35]) Speer [36], S. 223—229; Janssen [20], S. 42—49; Hans Kehrl: Kriegswirtschaft und Rüstungsindustrie. — In: Bilanz des Zweiten Weltkrieges. Oldenburg 1953, S. 167—285. Im Lokomotivbau wurde die Selbstverantwortung der Industrie durch Anordnung 48 des Hauptausschusses Schienenfahrzeuge vom 27. Juni 1942 nochmals ausdrücklich proklamiert.

[36]) Milward [23], S. 76; vgl. auch den Erlaß und die erste Durchführungsverordnung über den Verantwortungsbereich und die Geschäftsordnung der Selbstverwaltungsorgane (Ausschüsse und Ringe) der Rüstungswirtschaft, Geer [13], S. 151.

[37]) Gerhard Degenkolb (geb. 26. Juni 1892, gest. 25. Jan. 1954) war 1919/1920 Konstrukteur bei Polysius, Dessau, und trat 1920 als Betriebsassistent bei der Demag ein. Nach kurzer Zeit war ihm die Leitung der Werke in Wetter (1921—1927), Mülheim (1927—1932) und in Duisburg (1932—1935) übertragen, wo er sich umfassende Kenntnisse beim Bau von Walzwerken und Werkzeugmaschinen erwarb. Im Dezember 1935 wurde er zum Betriebsdirektor des Duisburger Gesamtwerks ernannt, ab 1937 Prokurist. 1939/40 beschäftigte er sich mit dem Ausbau der Sintermetallfertigung für eiserne Granatringe, ab 1940 war er von Minister Todt mit der Wiederinbetriebnahme der belgischen und nordfranzösischen Industrie beauftragt. Da er sich in dieser Stellung sehr einsetzte, wurde ihm 1942 die Leitung des Hauptausschusses Schienenfahrzeuge übertragen. Wegen seiner Erfolge in diesem Bereich setzte ihn Hitler auch als Chef des Sonderausschusses A 4 zur unterirdischen Fertigung der Rakete V 2 ein, doch sank Degenkolb 1944 in der Gunst Hitlers stark ab. Im Herbst 1944 soll seine Verhaftung betrieben worden sein; auch wird von einer schweren Nervenkrise berichtet. Im Februar/März 1945 wurde er zum Sonderbeauftragten für den Messerschmitt-Kreis und zum Generalkommissar für das Programm 262 ernannt und geriet bald darauf in Gefangenschaft. 1947 entlassen, arbeitete er als Berater in der westdeutschen Metallindustrie und übernahm 1950 im Auftrag der Demag den Aufbau eines Werks in Brasilien. Von dort kehrte er erkrankt zurück und starb 1954 in Duisburg. (Vgl. Boelcke [8], S. 469; Bornemann: Geheimprojekt Mittelbau. — München 1971, S. 73 und 109; Westdeutsche Allgemeine Zeitung, 1. Februar 1954).

[38]) Titelblatt der Nachrichten des Hauptausschusses Schienenfahrzeuge, Nr. 1, August 1942.

[39]) Geer [13], S. 152—153.

bezogenheit war notwendigerweise auch Form und Stil der Arbeitsweise von Ausschuß zu Ausschuß [. . .] verschieden. Ob die technisch konstruktive Integration, die die Ausschüsse darstellen sollten, sich in glückhafter Weise reibungslos vollziehen konnte, oder ob die geschlossene Haltung der Ausschußbetriebe erst nach Überwindung von Mißverständnissen und vielen Kontroversen erreicht werden konnte, hing viel von der Durchsetzungskraft, aber auch vom Takt der Persönlichkeit ab, die als Leiter des Ausschusses gewonnen worden war. Die Leiter hatten keineswegs eine leichte Aufgabe. Es gab weder ein Gesetz noch eine Verordnung, woraus die Rechte der Mitglieder oder der Anspruch des Leiters an die Mitgliedsbetriebe einwandfrei hervorgegangen wären. Die Rechte eines Leiters gründeten sich ausschließlich auf die Autorität des Produktionsministers, seine Stellung im Ausschuß oder Ring auf das Vertrauen, das der Minister ihm entgegenbrachte. Seine Ansprüche gegenüber den Mitgliedern waren begrenzt, wenn hinter diesen Ansprüchen nicht die Überzeugung des Ministers stand, daß er sie zur Erfüllung seiner ministeriellen Aufgabe, den größtmöglichen Produktionsausstoß an Geräten zu erzielen, brauchte. Im Verkehr zwischen Leiter und Ausschußmitgliedern waren daher auch alle Stufen der Verhandlungstaktik, von der taktvollsten Verhandlung bis zur brutalen Auseinandersetzung, möglich"[40].

Ein weiteres Kennzeichen der Organisation in Ausschüssen war die Konzentration von gleichen, allen Betrieben gemeinsamen Aufgaben in einer Stelle. Die allgemeine, nach den Erfahrungen des Feldzuges gegen die Sowjetunion eingeleitete Entfeinerung des Geräts verlangte nach zentralen Konstruktionsbüros. Im Lokomotivbau bestand bereits das Vereinheitlichungsbüro der DLV, dessen bisheriger Chef, Meckel, nun die Leitung des Arbeitsausschusses Konstruktion[41] übernahm und damit also in eigener Sache entschied. Die Reichsbahn selbst war nur noch Gesamtauftraggeber, Bezahler und Abrechner der an sie gelieferten Loks. „Solche Großabschlüsse stellten jedoch keinerlei Rechtsgeschäfte der Ausschüsse dar [. . .] Trotz der Direktverplanungen wurde also so ver-

fahren, als ob echte zweiseitige Auftrags- oder Abnahmeverträge zwischen den Abnehmer- und Lieferwerken abgeschlossen worden wären [. . .] Die Ausschüsse hielten sich also außerhalb der privatrechtlichen Verträge. Sie wirkten nicht als vertrags- oder geschäftsfähige Integrationen ihrer Mitgliedswerke. Über die Herstellungsaufgabe [. . .] erteilte der Leiter des Ausschusses [. . .] jeder Firma eine „Produktionsanweisung". Sie umschrieb nach Art und Type des Geräts, sowie nach dem Volumen [. . .] das Herstellungs„soll" der Firma für einen bestimmten Zeitraum"[42]. Gegenüber der bisherigen Auftragsregelung für die Wehrmachtsrüstung — und auch für die Reichsbahn — holte Speer also den Produzenten in die Beschaffungsstellen. Die Auffassung der Bahnverwaltung im AA Konstruktion wurde durch den neuen Bauartdezernenten des Zentralamts, Friedrich Witte, vertreten, der zugleich Leiter des Arbeitsausschusses „Verbindung zur Reichsbahn" war[43].

Der AA Konstruktion hatte zwei Hauptaufgaben: Einmal die Betreuung der Vereinfachungsmaßnahmen an den von der Industrie bereits begonnenen Maschinen, zum anderen die Arbeiten an der reinen Kriegslokomotive. Das Führerprogramm hatte zunächst vorgesehen, 15 000 Einheiten der BR 50 zu bauen, und dafür die Typen 42 und 44 einzustellen. Über den genauen Verlauf des Programms bestand aber noch Uneinigkeit. Die durch den Reichsmarschall-Erlaß gegebene Dringlichkeitsstufe berechtigte zur Bereitstellung von Material, Arbeitskräften und Werkskapazitäten vor allen anderen Bedarfsträgern. Um keine Zeit zu versäumen, wurden die im Bau befindlichen Maschinen der Reihen 44, 50 und 86 vereinfacht. Nach dem Vorwärmer entfiel bald auch der Speisedom; auf den Umlauf, Windleitbleche und

---

[40] Ebenda, S. 154.

[41] Dem Konstruktionsausschuß gehörten als ständige Mitglieder neben Meckel noch an: Bauer (Esslingen), Böhmig (Henschel), Dr. Gilli (Wiener Lokfabrik), Krauss (Krauss-Maffei), Dr. Kühnel (RZA Berlin), Lehner (RZA Berlin), Dr. Lorenz (Krupp), Stamm (Schwartzkopff), Witte (Verbindung zur Reichsbahn) und Wolff (AEG-Borsig). Konstrukteure und Zeichner wurden von allen deutschen Lokfabriken in den Ausschuß delegiert. Die Versetzung geschah größtenteils, ohne sie aus dem Arbeitsverhältnis mit ihren Stammbetrieben zu entlassen (Geer [13], S. 155).

[42] Geer [13], S. 157—158.

[43] Friedrich Witte (geb. 23. Februar 1900) trat nach dem Abschluß seines Maschinenbau-Studiums an der TH Hannover 1926 bei der Reichsbahn ein. Beim Zentralamt Berlin zunächst im Dezernat für die Bauart der Dampf- und Ölloks tätig, dort an der Einführung der Kleinlokomotive beteiligt. 1933 Studienreise nach Nordamerika, dann Leiter des Maschinenamts Berlin-Potsdamer Bahnhof. 1937 Dezernent für die maschinelle neuen Ausrüstung der geplanten Bahnanlagen im Raum Berlin, 1942 als Nachfolger Wagners zum Bauartdezernenten im RZA und zum Leiter des Arbeitsausschusses „Verbindung zur Reichsbahn" im Hauptausschuß Schienenfahrzeuge ernannt, 1943 Reichsbahndirektor. Nach 1945 bei den Zentralämtern in Göttingen und Minden, seit 1948 Leiter der Lokomotivbau- und Einkaufsabteilung, seit 1957 Vizepräsident des Bundesbahn-Zentralamts Minden. In dieser Stellung Schöpfer aller Neubau-Dampflokomotiven der DB und zahlreicher Verbesserungen an vorhandenen Maschinen. Seit 1965 im Ruhestand. Siehe auch: Ulrich Schwanck: Friedrich Witte. Eine Betrachtung zu seinem Übertritt in den Ruhestand. — In: LOK-MAGAZIN 16 (1966), S. 50—55).

andere, zum Betrieb der Maschinen nicht unbedingt erforderliche Bauteile glaubte man zumindest vorübergehend verzichten zu können, um sie später vielleicht noch anzubringen. Polier- und Schleifarbeiten wurden bis zur Grenze der Betriebssicherheit eingeschränkt.

Um diese ersten Aktivitäten des Hauptausschusses überall ins rechte Licht zu rücken, wurden die Firmen mit Anordnung Nr. 6 vom 21. März 1942 dazu veranlaßt, die Lokomotiven der Kriegsserien durch fortlaufende Nummern auf den Zylindern zu kennzeichnen. Als im Oktober 1942 andere Taten des HAS im Vordergrund standen, wurde diese überflüssige Beschriftung (K 1 ff.) wieder aufgegeben. Zur Entlastung der Lokfabriken wurden Tender bereits häufig an andere Maschinenfabriken vergeben, so daß es der deutschen Lokomotivindustrie möglich wurde, zwischen dem 1. April und 1. September 1942 eine Million Arbeitsstunden einzusparen[44]).

Die 1. Kriegslokomotive, Baureihe 52

Der Entschluß zur Bauart 1'E h2

Daneben betrieb Alfons Meckel die Planung der neuen Kriegslokomotive, wobei er zunächst dem WLF-Entwurf einer laufachslosen Fünfkuppler-Type (E h2) seine Aufmerksamkeit widmete. Vergleiche mit bereits ausgeführten Loks der Achsanordnung 1'E zeigten, daß das Projekt alle für deren Leistungen maßgebenden Größen gleichfalls aufwies. Auch die an der Laufsicherheit der fünfachsigen Lok bestehenden Zweifel bei V > 60 km/h konnten nach Versuchsfahrten mit einer pr G 10, die Beugniothebel erhalten hatte, insofern beseitigt werden, als diese Lok nicht leichter zu Entgleisungen neigte als die BR 50 oder die G 12. Obgleich der projektierte neue Rohrspiegel mit einer geringeren Zahl von Überhitzereinheiten in der DLV nur wenige Befürworter gefunden hatte[45]), entschied Degenkolb am 17. März 1942, probeweise drei Einheiten in Floridsdorf bauen zu lassen (Auftrag Nr. 1030). Bereits zwei Tage später wurde in aller Eile mit den Zeichnungen begonnen, so daß sich die Konstruktion schon in relativ fortgeschrittenem Zustand befand, als die Arbeiten am 10. April 1942 auf Weisung Degenkolbs wieder eingestellt werden mußten. In den Werkstätten war mit der Herstellung wesentlicher Teile noch nicht begonnen worden.

Inzwischen hatte sich nämlich nach einstimmigem Beschluß des Arbeitsausschusses Verbindung zur Reichsbahn (Nachfolger des DR-Fachausschusses Lokomotiven) unter Witte die Ansicht durchgesetzt, daß der 1'E-Type gegenüber der E-Maschine und einer von der DR früher — zum Beispiel von Wagner und Schöning — vertretenen 1'D-Lok[46]) der Vorzug gebühre. Einmal ermöglichte die Laufachse bei höheren Geschwindigkeiten einen besseren Lauf, zum anderen konnte man nun eine den besonderen Einsatzbedingungen des Krieges gerade noch gewachsene Bauart für die Massenproduktion am schnellsten — und darauf kam es täglich mehr an — durch Umkonstruktion und erneute Vereinfachung der BR 50 entwickeln; dies besonders im Hinblick auf die möglichst ohne Produktionsunterbrechung geplante Umstellung auf die Kriegslokomotive. Als Lebensdauer der neuen Type war nur noch die Kriegszeit anzusehen.

Gleiche Baugrundsätze vorausgesetzt, erfordert eine Lok mit der Achsfolge E stets einen geringeren Aufwand an Werkstoffen und Arbeitszeit als ein 1'E-Modell. Aus den genannten Gründen ging man jedoch nicht so weit, auf die Laufachse zu verzichten, und stornierte den Bauauftrag bei der Wiener Lokfabrik wieder. Mit der neuen Type wollte man noch 1942 die Produktionsziffer auf 2000 steigern, 1943 dann 4000 Stück erreichen, wie Speer am 6. Mai 1942 Hitler mitteilte[47]).

[44]) So nach VDI-Zeitschrift 86 (1942), S. 675, Nr. K 7453 b.

[45]) Vgl. Hermann Fleckseder: Studie zum Umbau eines Lokomotivüberhitzers (Wiener Überhitzer). In: Glas. Ann. 64 (1940), S. 215. Auch die spätere versuchsweise Anwendung bei den Loks 50 3009—3010 hinterließ durchaus Uneinigkeit in der Bewertung der Bauart. Siehe ferner: Niederschriften des Arbeitsausschusses Konstruktion beim Hauptausschuß Schienenfahrzeuge (im folgenden zitiert: Ndschr.), 15. Sitzung (4./5. März 1943), Anlage 7, S. 5, und Anlage 9, S. 1—3.

[46]) Einen Teil der Entwürfe aus den dreißiger Jahren zeigt Adolf Hofbauer: Lokomotiven in der Schublade. Die Vorentwürfe zu den Baureihen 06, 45 und 41 sowie einer Ersatztype für die P 8. — In: LOK-MAGAZIN 56 (1972), S. 383—390, und LOK-MAGAZIN 58 (1973), S. 42—52.

[47]) Boelcke [8], S. 108.

Abb. 24: Die im Jahre 1938 entwickelte Dampflok-Baureihe 50 stand am Anfang der Entwicklung einer deutschen Kriegslokomotive. Bei der hier abgebildeten 50 1293, die im April 1941 von Schwartzkopff in Wildau bei Berlin unter der Fabriknummer 11 587 abgeliefert worden war, lassen sich noch keine Abweichungen von der Friedensausführung feststellen. (Werkfoto)

Abb. 25: Für den Betrieb zwischen der Front, wo Feldeisenbahnkommandos eingesetzt waren, und dem alten Netz der Reichsbahn errichtete das Verkehrsministerium in der besetzten Sowjetunion mehrere Reichsverkehrsdirektionen. Bei ihrem Personal handelte es sich um Angehörige der Reichsbahn in blauen Uniformen, die zum Teil das abgebildete Wappen trugen. (Foto: Davis)

Abb. 26: Oscar R. Henschel, Vorsitzer der Deutschen Lokomotivbau-Vereinigung und Sprecher der Lokomotivindustrie bei den Konstruktionsvorbereitungen zur Kriegslok in den Jahren 1941/42. (Foto: Henschel)

Abb. 27: Bis zum Herbst 1942 standen den deutschen Feldeisenbahntruppen fast nur leichte preußische Lokomotiven einfacherer Konstruktion zur Verfügung, deren Armaturen durch Holzverkleidungen vor Frost geschützt werden mußten. Diese Personenzuglokomotive der Gattung P 8, Nummer 38 3996, war ein Nachbau des Jahres 1923 von Schichau. Während ihres Einsatzes beim Feldbahn-Betriebswerk Orscha Ost war sie auf einem von Partisanen unterbrochenen Gleisstück entgleist. Nach der Zuführung von Kriegslokomotiven der Baureihe 52 konnten die meisten P 8 wieder zur Reichsbahn abgegeben werden. (Foto: Sammlung Kläschen)

Abb. 28: Für den Wintereinsatz in der Sowjetunion wurde die ehemals preußische Länderbahnlokomotive der Gattung G 10 im Reichsbahn-Ausbesserungswerk Braunschweig mit einem geschlossenen Führerstand sowie mit Verkleidungen der Leitungen und Ventile ausgerüstet. Im Herbst 1942 befand sich die Lok 57 1966 beim Betriebswerk Gomel in der Reichsverkehrsdirektion Minsk. (Foto: Sammlung Troche)

Abb. 29: Direktor Gerhard Degenkolb, der Vorsitzer des Hauptausschusses Schienenfahrzeuge, ab 1943 auch Vorsitzer weiterer Ausschüsse beim Reichsminister für Rüstung und Kriegsproduktion.
(Foto: Ullstein Bilderdienst)

Abb. 30: Dr.-Ing. Albert Ganzenmüller wurde am 1. Juni 1942 zum neuen Staatssekretär im Reichsverkehrsministerium ernannt und behielt dieses Amt bis zum Kriegsende.
(Foto: Deutsche Reichsbahn)

Abb. 31: Die Tenderlokomotiv-Baureihe 86 für Nebenstrecken wurde noch bis zum Jahreswechsel 1942/43 ausgeliefert. Die hier abgebildete 86 550 von der Maschinenbau-Bahnbedarf AG (Fabriknummer 13 727) kam im Juni 1942 als 14. Lok der Kriegsserie zum Betrieb. Die Vereinfachungsmaßnahmen beschränken sich auf den Entfall eines Führerstandsfensters, auf Schweißung der Wasserkästen und Umstellung der Lagermetalle. Die späteren Lieferungen erhielten noch Scheiben-Laufräder, dann wurde die Produktion eingestellt.
(Werkfoto)

Abb. 32: Auch die zehntausendste Lieferung der Lokomotivfabrik Jung gehörte zur Reichsbahn-Baureihe 50. Bei dieser im Juni 1942 fertiggestellten Maschine sind aus Gründen der Materialersparnis bereits die großen Windleitbleche entfallen.

(Werkfoto)

Abb. 33: Die Lokomotive 50 2866 ÜK wurde von Schwartzkopff im Juli 1942 mit der Fabriknummer 11 922 an die Reichsbahn abgegeben. Ihre Nebenbezeichnung „ÜK" bedeutet, daß die Vereinfachungen im Rahmen des Übergangs zur Kriegslokproduktion vorgenommen wurden. Auf dem Zylinder trägt sie die Anschrift „K 37" als Zeichen dessen, daß es sich um das 37. Fahrzeug handelt, das die Fabrik in Wildau unter der Regie des Hauptausschusses produziert hat. Die Vereinfachungen erstrecken sich nun bereits auf den Entfall des vorderen Umlaufbleches und eines Führerstandsfensters, ferner auf die Verwendung von Heimstoffen in allen wichtigen Lagern.

(Werkfoto)

Abb. 34: Die nächste Stufe der Vereinfachungen zeigt die Lokomotive 50 2780 ÜK von Jung, Fabriknummer 10 803. Als 23. Maschine dieser Kriegsserie wurde sie am 12. September 1942 ausgeliefert. Inzwischen wurde bereits auf den Einbau des Vorwärmers und des Speisedoms verzichtet, so daß der Kessel nur noch drei größere Aufbauten besitzt.

(Werkfoto)

Abb. 35: Der Reichsminister für Rüstung und Kriegsproduktion, Albert Speer (links), überreichte dem Verkehrs-minister Julius Dorpmüller im Juli 1944 den Fritz-Todt-Ring für Verdienste um die Kriegswirtschaft.

(Foto: Ullstein Bilderdienst)

Abb. 36: Die Lokomotivfabrik Henschel & Sohn hatte bereits bei ihrer am 20. Juni 1942 abgenommenen Lokomotive 50 2339 die Vereinfachungen noch weiter getrieben, denn die zwei alten, gegossenen Sand-behälter waren schon zu einem geschweißten Kasten zusammengefaßt. Daneben wurden erste Frostschutz-maßnahmen getroffen, indem die wichtigsten Leitungen, Pumpen und Ventile nun unter Blechverkleidungen montiert wurden. Bei dieser Maschine mit der Fabriknummer 26 670 handelt es sich bereits um die 80. Lok der Kriegsserie.

(Werkfoto)

Bildung der Gemeinschaft Großdeutscher Lokomotivfabriken

Am gleichen Tag wurde durch Anordnung Nr. 26 des Reichsministers für Bewaffnung und Munition sowie durch eine entsprechende Anordnung des Hauptausschusses (Nr. 20) die Deutsche Lokomotivbau-Vereinigung aufgelöst. An ihrer Stelle wurde aus den 16 Firmen, welche fortan Vollbahnloks bauen sollten, die Gemeinschaft Großdeutscher Lokomotivfabriken (GGL) gebildet, um gegenüber dem RVM und dem HAS als Verhandlungspartner aufzutreten. Den Vorsitz führt Landesbaurat H. G. Krauss, München. GGL-Mitglieder waren jene neun Werke, die seit der Weltwirtschaftskrise im Deutschen Reich noch bestanden:

1) *Borsig Lokomotiv-Werke GmbH* (BLW), Henningsdorf/Osthavelland; seit 1931 im Konzernbereich der AEG, Erbauer von rund fünfzehntausend Maschinen.

2) *Maschinenfabrik Esslingen*, Esslingen/Neckar; bis 1942 Lieferer von 4500 Loks.

3) *Henschel & Sohn GmbH*, Kassel; größte deutsche Lokfabrik mit über 26 000 Fahrzeugen.

4) *Arnold Jung Lokomotivfabrik GmbH*, Jungenthal bei Kirchen/Sieg; bisher knapp zehntausend Lokomotiven.

5) *Krauss-Maffei AG*, München-Allach; 1931 durch Fusion der beiden Münchner Lokfabriken entstanden, seitdem tausend Maschinen geliefert.

6) *Friedrich Krupp AG Lokomotivfabrik*, Essen; seit 1919 mit über 2600 Loks hervorgetreten.

7) *Maschinenbau und Bahnbedarf AG* (MBA), vormals Orenstein & Koppel, Potsdam-Babelsberg; bis 1942 etwa 13 500 Fabriknummern vergeben.

8) *Ferdinand Schichau AG*, Elbing; Erbauer von rund 3500 Loks.

9) *Berliner Maschinenbau-AG vormals L. Schwartzkopff*, (BMAG), Wildau; Fabriknummernstand bei 11 850.

Außerdem gehörte der GGL ein vormals österreichisches Unternehmen an, dessen Aufsichtsrat seit 1938 Oscar R. Henschel vorstand:

10) *Wiener Lokomotivfabrik-AG* (WLF) Floridsdorf; Erfahrung beim Bau von über sechzehntausend Loks in verschiedenen Produktionsstätten.

Die folgenden sechs GGL-Werke waren erst im Verlauf des Krieges in den deutschen Machtbereich geraten:

11) *Deutsche Waffen- und Munitionsfabriken AG*, Werk Posen; vordem H. Cegielski, Lieferer von einigen hundert Lokomotiven seit 1926.

12) *Erste Böhmisch-Mährische Maschinenfabrik AG*, Brünn und Prag; vordem ČKD, Bau von 2100 Loks seit dem Jahre 1900.

13) *Magdeburger Werkzeugmaschinenfabrik*, Werk Grafenstaden/Straßburg; vordem Teil der Firmengruppe SACM, dort Fabriknummernstand bei 7800.

14) *Aktiengesellschaft vormals Škoda-Werke*, Pilsen und Prag; Lokomotivbau seit 1920 mit 1300 Einheiten.

15) *Warschauer Lokomotivfabrik AG/Ostrowieczer Hochöfen und Werke AG*; im Jahre 1942 etwa 550 Fabriknummern vergeben.

16) *Oberschlesische Lokomotivwerke AG Kattowitz*, Werk Krenau/OS; vordem Chrzanów, seit 1939 von Henschel verwaltet, seit 1922 Lieferant von tausend Loks.

Daneben existierten im Großdeutschen Reich noch zahlreiche Herstellerwerke von Motor- und Kleinlokomotiven, die wegen ihrer geringeren Bedeutung für das Reichsbahn-Programm nicht in die GGL aufgenommen wurden:

— *Feldbahn- und Lokomotivfabrik Budich*, Breslau; vordem Smoschewer & Co.

— *Deutsche Werke Kiel AG* (DWK).

— *Gmeinder & Co GmbH*, Mosbach/Baden.

— *Klöckner-Humboldt-Deutz AG*, Köln.

— *Nordhäuser Maschinenfabrik Montania*, Nordhausen; seit 1938 im Konzernbereich der MBA mit dem Lokomotivbau für Kleinbahnen betraut.

— *Ruhrthaler Maschinenfabrik Schwarz & Dyckerhoff KG*, Mülheim/Ruhr.

— *Christoph Schöttler Maschinenfabrik GmbH*, Diepholz, Bz. Bremen.

— *Rheiner Maschinenfabrik Windhoff AG*, Rheine.

Die Kapazität aller für die Reichsbahn arbeitenden Werke wurde, friedensmäßige Zulieferung und volle Kontingentierung vorausgesetzt, auf jährlich etwa 12 500 Lokomotiven geschätzt. Unter den Produktionsumständen des Krieges wurde angenommen, daß die 15 000 Maschinen des Führer-Programms innerhalb von zwei Jahren hergestellt werden sollten. Dies bedeutete durchschnittliche Monatslieferungen von 625 Einheiten. Legte man die Steigerungsrate der ersten Jahreshälfte 1942, nämlich monatlich rund 12 Maschinen mehr, einer linearen Prognose zugrunde, dann hätte man im Dezember 1944 erst 505 Loks je Monat gebaut (s. Skizze S. 68), Kurve der festgelegten Lok-Kapazität). Der erste Lieferplan des HAS vom 22. Mai sah jedoch vor, daß aufgrund seiner Zuführung von Werkzeugmaschinen und Arbeitskräften der monatliche Zuwachs ab Januar 1943 bereits fünfzig Lokomotiven betragen würde, so daß im Sommer jenes Jahres die 500-Stück-Marke überschritten werden sollte (Kurve der übergeplanten Kapazität).

Transportkrise Mitte 1942

Diese Lieferungen waren dringend erforderlich, denn bei der nächsten Besprechung von Speer und Dorpmüller mit Hitler im Führerhauptquartier, vom 23. bis 25. Mai 1942, mußte der Verkehrsminister eine betriebliche Bankrotterklärung der Reichsbahn[48] abgeben: „Die Reichsbahn hat für den deutschen Raum nur so wenig Waggons und Lokomotiven zur Verfügung, daß sie nicht mehr die Verantwortung für die Aufrechterhaltung der dringlichsten Transporte übernehmen will"[49]. Hitler nahm von Speer die jüngsten Daten der Wagenproduktion (1941 — 44 845 Stück, 1942 — 60 892 Stück) entgegen, hielt auch bei der neuen Kriegslokomotive eine Lebensdauer von ungefähr fünf Jahren für völlig ausreichend[50], maß aber der Leistungssteigerung durch betriebliche Anstrengungen eine größere Bedeutung bei. So ernannte er zum Nachfolger des auch von Speer als zu unbeweglich eingestuften Verkehrs-Staatssekretärs Kleinmann[51] den bisherigen Abteilungspräsidenten und Reichsbahn-Generalkommissar für den Bereich der Haupteisenbahndirektion Ost in Poltawa, Dr.-Ing. Albert Ganzenmüller[52], der im Winter 1941/42 den völlig zusammengebrochenen

Verkehr auf der Strecke Minsk—Smolensk wieder in Gang gebracht hatte. Mit der vorübergehenden Ernennung von Speer und Feldmarschall Erhard Milch zu Verkehrsdiktatoren sowie der entwaffnenden Feststellung: „Wegen der Transportfrage darf der Krieg nicht verlorengehen; sie ist also zu lösen!"[53] beendete Hitler die Sitzung.

Tatsächlich gelang es Ganzenmüller schon innerhalb weniger Wochen, durch Senkung des Schadwagenbestands, Anmietung von Wagen im Ausland, Auflösung von Wagenreserven, rigoros beschleunigte Ladevorgänge und die Zulassung einer Überladung der Wagen um 2 t — selbst auf die Gefahr hin, daß vereinzelt Heißläufer und Achsbrüche auftreten mußten — die Krise erheblich zu mildern[54]. Inzwischen hatte Hitler jedoch sein Interesse erneut dem Straßenverkehr zugewandt[55]. Als Göring hörte, daß Speer und Degenkolb beabsichtigten, die Lokomotivfertigung zu vervielfachen, ließ er Speer nach Karinhall kommen. „Er schlug [. . .] ernstlich vor, Lokomotiven aus Beton zu bauen, da wir nicht genügend Stahl zur Verfügung hätten. Die Betonlokomotiven würden zwar nicht so lange halten, wie die aus Eisen, meinte er; aber dann müsse man eben einfach entsprechend mehr Lokomotiven herstellen. Wie das bewerkstelligt werden sollte, wußte er allerdings nicht; gleichwohl beharrte er monatelang auf dieser abwegigen Idee"[56].

Ergebnisse der Konstruktionsarbeiten

Mittlerweile hatte der Hauptausschuß Schienenfahrzeuge den Entwurf der Maschine festgelegt, mit der er das Führerprogramm erfüllen wollte. Bei der Konstruktion der neuen Kriegslokomotive ging es um folgendes: Die Ausnutzung der zur Verfügung stehenden Baustoffe wird durch das Verhältnis des benötigten Rohmaterials zum Fertiggewicht bestimmt. Je kleiner dieses Verhältnis ist, um so weniger Stahl wird der unmittelbaren Nutzbarmachung am Endprodukt, der Lokomo-

---

[48] Speer [36], S. 237; Boelcke [8], S. 124.

[49] Speer [36], S. 237.

[50] Boelcke [8], S. 128.

[51] Ebenda, S. 80, 118, 123—130; Thomas [42], S. 354.

[52] Albert Ganzenmüller (geb. 25. Februar 1905), Teilnehmer am Münchner Novemberputsch 1923 und Blutordensträger der NSDAP, Maschinenbau-Absolvent der TH München. 1931 bei der RBD Nürnberg eingetreten, 1934 Reichsbahnrat im Zentralamt München, 1935 Abteilungsleiter für Elektrische Lokomotiven im Ausbesserungswerk Freimann. Ab 1937 in den Eisenbahnabteilungen des Verkehrsministeriums besonders mit Fragen des elektrischen Zugbetriebs beschäftigt, 1938 zum Oberregierungsrat ernannt. Im Sommer 1939 Vorstand des Maschinenamts München I, dann Dezernent in der Elektrotechnischen Bau- und Einkaufsabteilung des RZA München. 1940 mit der Wiederaufnahme des elektrischen Zugbetriebs im besetzten Frankreich, dann als Abteilungspräsident mit der Obersten Bauleitung für Elektrisierungen in Salzburg beauftragt. Ab Mai 1941 Leiter der Elektrischen Oberbetriebsleitung der DR in Innsbruck, Im Oktober 1941 auf eigenen Wunsch zur Leitung der Haupteisenbahndirektion Ost nach Poltawa abgeordnet, dort bei der Beseitigung von Transportschwierigkeiten im Winter 1941/42 sehr erfolgreich. Seit Februar 1942 Reichsbahn-Generalkommissar in Poltawa, im Mai 1942 zum Staatssekretär ernannt. In diesem Amt auf direkte Bitten Himmlers an den Deportationen in die Vernichtungslager beteiligt, da er die angeforderten Züge auch dann zur Verfügung stellte, als die Reichsbahn unter schwersten Transportkrisen litt. 1945 war er nach Argentinien geflohen, von wo er 1955 zurückkehrte. 1958 wurde eine gerichtliche Voruntersuchung gegen ihn eröffnet, in deren Verlauf er sich 1969/70 zehn Wochen in Untersuchungshaft befand. Im März 1973 begann sein Prozeß in Düsseldorf, der im Mai 1973 ausgesetzt und auf unbestimmte Zeit vertagt wurde. (Vgl.: Die Berufung des Staatssekretärs Dr.-Ing. Ganzenmüller. — In: Die Reichsbahn 1942, S. 192; Organ f. d. Fortschritte des Eisenbahnwesens 97 (1942), S. 175—176).

[53] Speer [36], S. 238.

[54] Thomas [42], S. 361; Speer [36], S. 238.

[55] Picker [28], S. 197: „Wer die Erschließung Rußlands [...] mit dem Bau eines Eisenbahnnetzes beginnen wolle, zäume das Pferd vom Schwanze auf. Mindestens 750 bis 1000 Kilometer Straßenbau halte er in Rußland allein schon aus militärischen Gründen für erforderlich." [S. 238:] „Wenn wir die Ostgebiete erst durch Autobahnen erschlossen hätten, spielten Entfernungen [...] keine Rolle mehr. Was seien denn schon 1000 Kilometer Fahrt nach der Krim, wenn man durchschnittlich 80 Stundenkilometer fahre?"

[56] Speer [36], S. 238—239.

tive, entzogen. Da aber das Reibungsgewicht der Lok unverändert erhalten bleiben mußte, war dementsprechend im Sonderausschuß das Hauptaugenmerk bei der Zeichnungsumstellung darauf gerichtet, in Übereinstimmung mit den Vorschriften des Rüstungsministeriums Verschnitt und handwerkliche, individuelle Bearbeitung aller Teile durch weitgehende Vereinfachung auf das Mindestmaß zu reduzieren. Daneben trat gleichzeitig die Umstellung auf die äußerst sparsame Verwendung hochwertiger Rohstoffe, da diese für andere Zweige der Rüstung vordringlicher benötigt wurden.

Tatsächlich ist es in dem langwierigen Prozeß der Entwicklung aus der Friedensausführung der BR 50 über alle Zwischenstufen bis hin zur Kriegslokomotive gelungen, die rund 6000 Einzelteile[57] des Ausgangstyps auf rund 5000 zu verringern, von denen weitere 3000 Teile verändert, das heißt vereinfacht, waren. Wurde die Lokomotive mit dem gleichfalls neuentwickelten Wannentender gekuppelt, so konnte das Gesamt-Einsatzgewicht von 165 t auf 139 t (ab 1943: 130 t) je Lok, also um 16 Prozent, gesenkt werden. Die Ersparnis an Zeit betrug ungefähr 6000 Arbeitsstunden oder 30 Prozent. Bei Borsig hatte man für Lok und Tender der BR 50 ungefähr 17 650 Stunden benötigt. Der Gesamtbedarf an Nichteisenmetallen wurde vermindert, ohne die Leistungsfähigkeit der Maschine wesentlich zu beeinträchtigen, da die entsprechende Verwendung von Rotguß, Gußeisen und WM 10 allgemein befriedigte. Der Kupferverbrauch konnte von 2358 kg Einsatzgewicht und 1238 kg Fertiggewicht auf 126,7 kg und 89,0 kg herabgesetzt werden, der Bedarf an Zinn sank von 480 kg Einsatzgewicht und 305 kg Fertiggewicht auf 23,6 kg und 19,0 kg. Diese Erfolgsrechnung des Ausschusses war allerdings insofern wenig ehrenhaft, als sie beim Kupfer noch die Einsparung aus dem Übergang zur stählernen Feuerbüchse enthielt, obwohl man von dieser bereits bei der ersten Lok der BR 50 abgekommen war. Daneben kam anstelle von Siemens-Martin-Stahl weitgehend Thomas-Stahl zur Anwendung.

Die angestrengte Arbeit bei der Entwicklung der Kriegslokomotive schlug sich auch in der Organisation des RZA Berlin nieder: Neben dem dafür zuständigen, nun völlig ausgelasteten Konstruktionsdezernat 23 (Oberrat Witte) mußte für die Betreuung der alten Länderbahnmaschinen ein zweites Bauartdezernat 24 (Oberrat Friedrich Wilhelm Ziem) eingerichtet werden.

Der Zwang zum Bau von Übergangs-Kriegslokomotiven

Trotz ihrer weitgehenden Vereinfachungen und Veränderungen gegenüber der herkömmlichen Baureihe 50 war die neue Kriegslok mit dieser in den Hauptabmessungen und Leistungen nahezu identisch. Man hatte deshalb erwogen, sie nach den bereits fest bestellten 50ern als K 50 3388 ff. einzuordnen, gab ihr aber am 8. Juni 1942 offiziell die eigene Baureihen-Bezeichnung 52, die damit erneut besetzt wurde[58]. Dem Betriebsdienst wurde am 24. Juni 1942 die bevorstehende Einführung der neuen Type mit dem Hinweis angezeigt, daß sie wegen des fehlenden Vorwärmers weniger leistungsfähig als die BR 50 sein werde[59]. Mit Rücksicht darauf, daß ein plötzlicher Wechsel von der BR 50 auf die BR 52 die Lieferung auf einige Zeit unterbrochen haben würde, und zudem noch viel für die BR 50 vorgefertigtes Material ungenutzt geblieben wäre, wurde beschlossen, bei Borsig zunächst nur die Vorauslokomotive 52 001 nach den endgültigen Zeichnungen zur schnellstmöglichen Herstellung in Auftrag zu geben. Im allgemeinen wurde jedoch die bereits angelaufene Tendenz weiterverfolgt, die BR 50 konstruktiv in die Kriegslok „überzuleiten". Das bedeutete, daß die BR 50 weiter entfeinert und schrittweise mit immer mehr für die BR 52 entworfenen Teilen gebaut wurde. An den im Spätsommer und Herbst 1942 abgenommenen Maschinen läßt sich dieser Vorgang von Lok zu Lok beobachten.

Durch diese Maßnahme und den probeweisen Einbau von Frostschutzeinrichtungen, die Hitler[60] immer wieder verlangte, hatten sich diese Maschinen bereits sehr weit vom ursprünglichen Entwurf des Vereinheitlichungsbüros aus dem Jahre 1938 entfernt. Degenkolb benutzte deshalb eine Anfrage aus dem Betrieb wegen der Einsatzmöglichkeiten dieser Lokomotiven dazu, sie mit der Ne-

[57] So nach VDI-Zeitschrift 86 (1942), S. 694, Nr. K 7453 a. Der Wert dieser Zahlen, die in allen damaligen Veröffentlichungen über die Kriegslok erscheinen, beruht allerdings nur auf ihrem Verhältnis zueinander; da kleine Gruppen als ein Teil gewertet wurden, ist er nicht absolut.

[58] Deshalb mußten noch die beiden seit der Annexion Österreichs bei der Reichsbahn befindlichen ehemaligen EWA-Lokomotiven II b 16 und 17, seit dem 27. Dezember 1938 als 52 7001 und 7002 bezeichnet, in die Baureihe 53.78 umgenummert werden. Durch die Verwendung der 52 7001 als Auswaschanlage A 20 erhielt jedoch nur die 52 7002 ihre neue Betriebsnummer. Vgl. hierzu Helmuth Fröhlich: Die EWA II b 16. — In: Eisenbahn 17 (1964), S. 164—165.

[59] Verfügung RVM 31 Fkl 1175 vom 24. Juni 1942, Bundesarchiv R 5/125.

[60] Boelke [8], S. 108.

benbezeichnung „ÜK" (= Übergangs-Kriegsloko-
motive) hinter der Betriebsnummer zu belegen.
Diese Aufschrift — sie sollte wohl in erster Linie
auf die Aktivität des Hauptausschusses hinweisen,
solange die BR 52 noch nicht geliefert wurde — ist
am 12. Juni 1942 mit Anweisung 18 des HAS
nicht nur bei der BR 50, sondern auch bei den
Reihen 44 und 86 angeordnet worden, obwohl
diese beiden Modelle gar nicht in reine Kriegs-
ausführungen übergeleitet werden sollten. In den
gleichen Zeitraum fällt auch die Entscheidung für
den auffälligen „feldgrauen Kriegsanstrich" nach
RAL 7011, der in Bezug auf Tarnung viel zu hell
war und auf Anraten der Luftwaffe durch dunkel-
grau nach RAL 7021 ersetzt werden mußte.

Vorbereitung der Serienproduktion und Aufstellung des Kriegstypenkatalogs

Über die Produktion der nach den genannten Gesichtspunkten entworfenen Kriegslokomotive kann
allgemein gesagt werden, daß sich die deutsche
Lokomotivindustrie zwar Fertigungsproblemen
gegenübersah, die mit jenen beim Bau der G 12
während des Ersten Weltkrieges nur noch bedingt
vergleichbar waren, daß sie aber auf der anderen
Seite durch die seit der Gründung der Reichsbahn
— selbstverständlich aus anderen Motiven — geübte Typisierung der Bauteile wesentlich besser auf
die Anforderungen der Kriegszeit vorbereitet war.
Die Normung von Abmessungen und Werkstoffen
ermöglichte es nicht nur, Lokomotiven einer Baureihe bei allen Firmen fertigen zu lassen und ein
umfangreiches System der Zulieferung ganzer Bau-
gruppen aufzubauen, sondern war besonders mit
Rücksicht auf die zu erwartende große Zahl von
Ausbesserungen und deren rasche Abwicklung (seinerzeit Entwicklungsursache der G 12) unabdingbar.
Dies wird bei Betrachtung des Auftragsvolumens
deutlich: Bereits in der Sitzung vom 12. März
1942, also bei der Bestellung der drei WLF-Ma-
schinen, lagen dem Hauptausschuß — mit dem
Telegramm vom 5. März 1942 — Aufträge über
15 000 Loks vor. Zum Vergleich die jährlichen DR-
Abnahmen an Dampfloks 1938: 120 Loks; 1939:
703 Loks; 1940: 945 Loks und 1941: 1387 Loks.
Eine wesentliche Bedingung der angestrebten Steigerung der Produktionsziffern war, daß man seine
Kräfte auf eine möglichst geringe Zahl von Typen
konzentrierte, um diese wie am Fließband bauen
zu können. Anfang 1942 fertigten die deutschen
Lokfabriken für die Reichsbahn, für Privat- und
Werksbahnen sowie für den Export noch mehr als

hundert verschiedene Dampflok-Bauarten, teilweise in Einzelstücken und kleinsten Serien. Dieselloks, Elektromaschinen, Feldbahnfahrzeuge und
Speicherlokomotiven kamen hinzu.
Deshalb stellte der Arbeitsausschuß Typenbereinigung und Auftragsregelung einen auf die wichtigsten Modelle beschränkten Katalog auf, der als
„Typenprogramm der für die Dauer des Krieges
zugelassenen Lokomotiven" mit der HAS-Anordnung Nr. 57 vom 27. Juli 1942 für alle Lokfabriken Gültigkeit bekam[61]. Trotz der Konzentra-
tionsbemühungen hatte die Liste noch einigen Umfang[62]:

A) Kriegs-Dampflokomotiven (KDL)

1. Für Vollbahnen

KDL	1	Baureihe 52	1'E h2
	2	BMB-Reihe 534.0	1'E h2[63]
	3	Baureihe 42	1'E h2

2. Für Industrie- und Privatbahnen (Regelspur)

KDL	4	Typ ELNA 6	D h2t
	5	800-PS-Industrielok	E n2 t
	6	600-PS-Industrielok	D n2 t
	7	400-PS-Industrielok	C n2 t
	8	250-PS-Industrielok	B n2 t

3. Schmalspurlokomotiven

KDL	9	400-PS-Abraumlok (900 mm)	C h2 t
	10	200-PS-Baulok (900 mm)	B n2 t
	11	160-PS-Feldbahnlok (750 mm)	D n2
	12	70-PS-Feldbahnlok (600/750 mm)	C n2 t
	13	70-PS-Baulok (600 mm)	B n2 t

B) Feuerlose Lokomotiven (KFL)

| KFL | 1 | Krupp-Modell | Cf 2 |
| | 2 | Henschel-Modell | Bf 2 |

Es handelte sich dabei nicht um ein neues, ge-
schlossenes Typenprogramm nach gemeinsamen
Entwicklungsrichtlinien, sondern einfach um die
Zusammenfassung der Industriemodelle, die aus
den Katalogen der Werke nicht mehr gestrichen
werden konnten. Sie waren daher untereinander
auch kaum vereinheitlicht; Ausnahmen bildeten
nur die Reichsbahnloks KDL 1 und 3, die von
der Fachgruppe Bau entwickelten KDL 10 und

---

[61] Witte [5], S. 3, nennt für die Bedarfsträger neben der
Reichsbahn eine Beschränkung von 97 Dampfloktypen auf
5, von 74 Motorloktypen auf 5 Modelle.

[62] Zur Zusammenstellung der folgenden Tabellen wurde Material verwendet, das Dipl.-Ing. Johannes Töpelmann er-
arbeitet hat.

[63] Die tschechische Reihe 534.0 war wegen ihres auf 14 Mp
beschränkten Achsdrucks für die Strecken des damaligen
Protektorats Böhmen und Mähren besonders geeignet;
nachdem sie auch in Versuchsfahrten des RZA (Prof. Nordmann) in Böhmisch Trübau ihre Leistungsfähigkeit und
Sparsamkeit erwiesen hatte, wurde ihrem Weiterbau zu-
gestimmt. Daß sie dazu in das KDL-Programm aufgenommen werden mußte, wird von Griebl/Wenzel [15], S. 86
und 104, übersehen. Von der Fertigung wurde aber im
Oktober 1942 Abstand genommen (vgl. Abb. 45).

13 sowie die Heereslokomotiven KDL 11 und 12. Die Normung der übrigen Typen kam erst 1944 bei den wichtigsten Ausrüstungsteilen in Gang[64]). Nach den Vorstellungen Degenkolbs sollten möglichst alle in der GGL zusammengefaßten Lokfabriken nur die Reichsbahn-Baureihe 52 produzieren, während Aufträge über die anderen Typen nur noch im Ausland und in den besetzten Gebieten ausgeführt werden durften. Weil sich aber die alteingeführten Firmen dagegen wandten, daß ihnen nun die Bestellungen ihrer privaten Stammkunden entgehen sollten, wurde ihnen eingeräumt, auf entsprechende Anfragen weiterhin mit Angeboten — nun aus dem Typenkatalog — antworten zu dürfen. Nach Vertragsabschluß mußte die Bauausführung dann verlagert werden. Häufig erhielt der Besteller von diesem Vorgang keine Kenntnis, weil die Loks auch Fabrikschilder und Fabriknummern der deutschen Werke besaßen. Diese besorgten auch die finanzielle Seite der Verlagerung. Darüber hinaus sah der Katalog vor, daß für besondere Betriebsverhältnisse ausnahmsweise andere Bauarten genehmigt werden konnten, die aber nicht allgemein angeboten werden durften. Nachdem der Arbeitsausschuß Auftragsregelung, Verlagerung und Typenbereinigung[65]) das Fehlen einer Loktype für 1000-mm-Spur im Programm bemängelt hatte, wurde sie 1944 bei Krupp als Kriegs-Sonderdampflokomotive SDL 1 zugelassen. Dort sollte auch eine Lieferung schwerer 1'D'1-Tenderloks als SDL 2 für die Hermann-Göring-Werke entstehen, da die Essener Fabrik durch ihre weitgehende Zerstörung an die Reichsbahn keine Loks mehr liefern konnte, doch wird später die Böhmisch-Mährische Maschinenfabrik angeführt[66]). Unter der Bezeichnung SDL 3 wurde bei Krauss-Maffei eine leichtere Mikado-Tenderlok genehmigt[67]).

Auch für die anderen Traktionsarten wurden Kriegs-Typenprogramme aufgestellt. Wegen der anhaltenden Mineralölknappheit und des Vorrangs der Wehrmacht hatte der Bevollmächtigte für die Maschinenproduktion am 1. Juli 1942 den Bau von Lokomotiven mit Verbrennungsmotor verboten. Diese Anordnung gestattete aber weiterhin den Bau von Motorloks für Zwecke der Reichsverteidigung sowie für wichtige Exportfälle[68]). Das Programm umfaßt folgende Modelle:

C) Kriegs-Motorlokomotiven (KML)

1. Regelspur

KML 1	WR 360 C 14	(360 PS)	C dh
2	LDF 110/Köf II	(110 PS)	B dh

Während die KML 1 direkt für die Wehrmacht gebaut wurde, sollte die Kleinlok KML 2 im Rangierbetrieb der Reichsbahn größere Dampflokomotiven ablösen. Im Juli 1943 wurde jedoch auch für das OKH ein Posten von 155 Stück KML 2 bei Deutz bestellt[69]).

2. Schmalspur

KML 3	Feldbahnlok HF 130 C	(600—750 mm)	C dh
4	Feldbahnlok HF 50 B	(600—750 mm)	B dm
5	25-PS-Baulok MD 2	(500—762 mm)	B dm
6	75-PS-Grubenlok	(450—900 mm)	B dm
7	32-PS-Grubenlok	(470—680 mm)	B dm

Für die Baulok MD 2 wurden später die Varianten KML 5a mit Holz- oder Torfgasantrieb sowie KML 5 b für Anthrazit und Schwelkoks eingesetzt; außerdem kam als KML 8 ein 9-PS-Fahrzeug (400—700 mm/2,7 t/B dm)[70]) hinzu. Als Lieferanten der Schmalspurloks waren Gmeinder, MBA-Montania, die Ruhrthaler Maschinenfabrik, Schöttler und Windhoff vorgesehen.

D) Kriegs-Elektrolokomotiven (KEL)

1. Regelspur

KEL 1	Baureihe E 94	Co' Co'
2	Baureihe E 44	Bo' Bo'
3	1200/1500-V-Abraumlok	Bo' Bo' Bo'

2. Schmalspur

KEL 4	1200-V-Abraumlok (900 mm)	Bo' Bo'
5	220-V-Industrielok (550/630 mm)	Bo
6	220-V-Grubenlok (500/630 mm)	Bo
7	Akku-Grubenlok (500/630 mm)	Bo (31 kW)
8	Akku-Grubenlok (500/630 mm)	Bo (17 kW)
9	Akku-Grubenlok (500/630 mm)	Bo (11 kW)

E) Kriegs-Druckluftlokomotiven (KDrL)

KDrL 1	40-PS-Streckenlok (475—720 mm)	B
2	14-PS-Abbaulok (500—620 mm)	B

---

[64]) Ndschr. 28 (13. März 1944), S. 11.

[65]) Rundschreiben Nr. A 36 des Arbeitsausschusses Auftragsregelung vom 2. Februar 1943.

[66]) Ndschr. 28 (13. März 1944), Anlage 13; Ndschr. 31 (20. Juli 1944), S. 14; Rundschreiben Nr. II—27 des AA Auftrags- und Kostenregelung vom 19. Oktober 1944.

[67]) Ebenda. Daneben vermutet J. Töpelmann, die KDL 6 sei auch mit Überhitzer und größeren Zylindern gebaut worden.

---

[68]) HAS-Anordnung Nr. 59 (8. August 1942); Nachrichten des Hauptausschusses Schienenfahrzeuge Nr. 2, S. 3; Reichsanzeiger und Preußischer Staatsanzeiger 1942, S. 151.

[69]) Kriegstagebuch AA Auftragsregelung, 2. Juli 1943.

[70]) HAS-Anordnung Nr. 109 (12. Februar 1943). Im Gegensatz zu diesen Beschlüssen wurden jedoch 1943 Ausnahmegenehmigungen erteilt, die bereits in Auftrag befindliche Motorloks zu fertigen, soweit dafür das Material bereits vorhanden war. So kam es, daß die Ruhrthaler Maschinenfabrik erst 1946 ihre erste KML 8 und 1947 ihre erste KML 7 abliefern konnte, nachdem gegen Ende des Krieges auch die Motoren für diese Modelle nicht mehr zur Verfügung gestanden hatten.

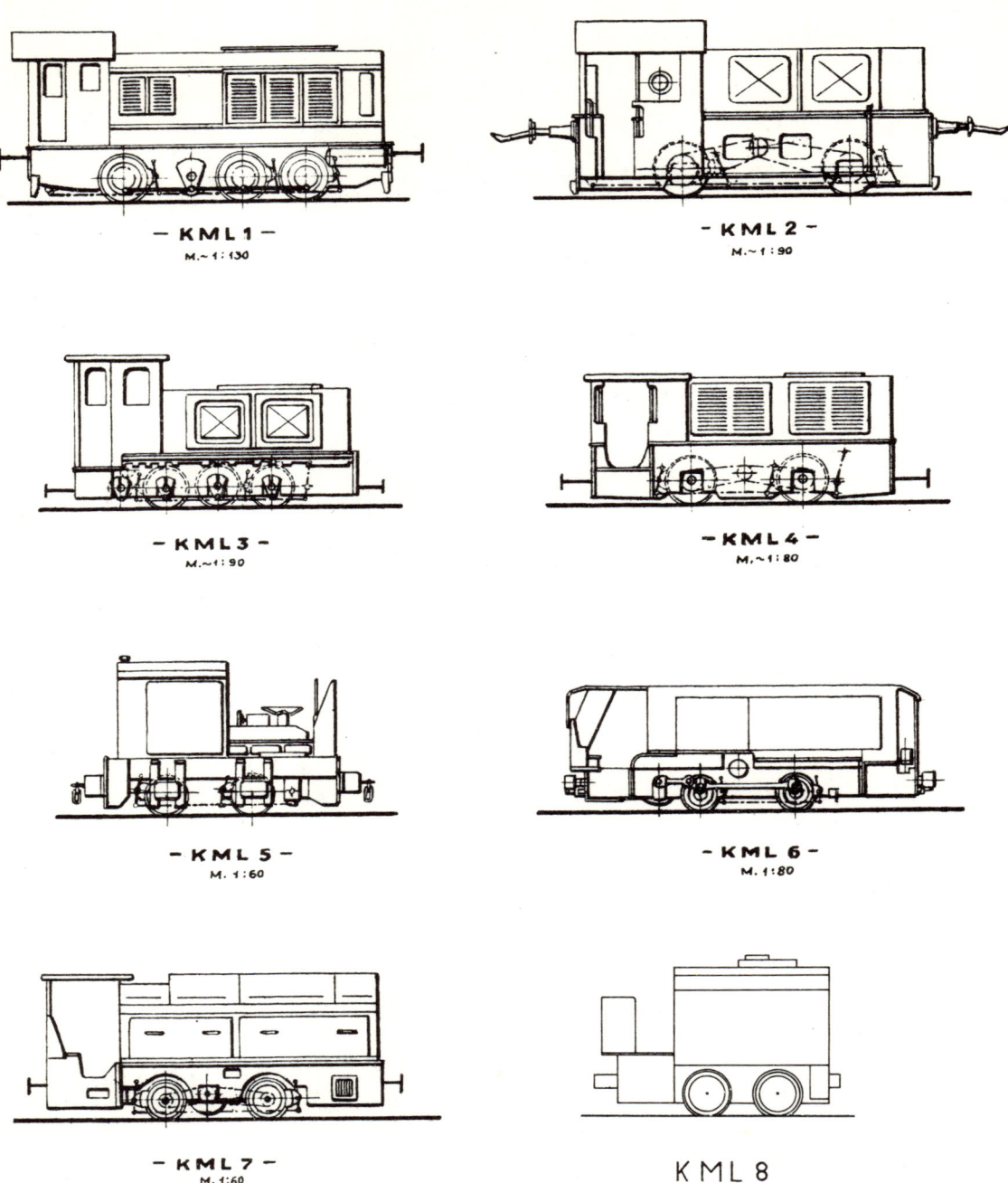

Abb. 37: Das Typenprogramm der Kriegs-Motorlokomotiven enthielt zwei Maschinen für Regelspur und sechs Modelle für Schmalspur. (Henschel-Zeichnung Nr. Sk XI 1132; 943)

Der Fülldruck der beiden Druckluftlokomotiven betrug einheitlich 200 atü[71]).

Wohl enthielt der Typenkatalog noch immer über dreißig verschiedene Modelle von teilweise recht geringer Bedeutung, doch war deren Herstellung in kleinere Werkstätten und das Ausland verdrängt. In den Fabriken des Deutschen Reiches wurden nur die wichtigsten Vollbahnmaschinen gefertigt, zunächst vor allem die KDL 1.

---

[71]) HAS-Anordnung Nr. 115 (2. April 1943).

Die Bestellungen der ersten Vergabe

Am 15. August 1942 wurde der große, 15 000 Stück umfassende Auftrag, in 7000 Lokomotiven der BR 52 (lieferbar bis Februar 1944) und in 8000 Lokomotiven der bereits geplanten, aber noch nicht durchkonstruierten BR 42 aufgeschlüsselt, an die Industrie weitergegeben[72]). Die Baulose umfaßten jeweils 250 Einheiten; außerdem entschied sich der Hauptausschuß wegen der größeren Wirkung, welche die neue Baureihennummer der Kriegslok in der Öffentlichkeit haben sollte, dazu, die Mehrzahl der ab Herbst 1942 auszuliefernden Loks der Ausführung 50 ÜK, nämlich die Maschinen 50 2773—2777 ÜK und 50 3045—3387 ÜK (348 Lokomotiven), mit niedrigen Betriebsnummern der BR 52 zu bezeichnen, da sie dem Entwurf der Kriegslok 52 001 bereits näher zu sein schienen als die Ausgangsbauart, BR 50.

Die erste Vergabe der BR 52, deren Betriebsnummern und Quoten nach dem Alphabet und abhängig von der Kapazität der Werke verteilt wurden, hatte folgendes Aussehen:

52 001	Borsig (Vorauslok)	1
002— 349	BR 50 (ÜK)	348
350—1099	Borsig-BLW	750
1100—1349	DMW/Posen	250
1350—1599	Esslingen	250
1600—1849	Graffenstaden	250
1850—2089	Henschel & Sohn (Kondenslok)	240
2090—3099	Henschel & Sohn	1010
3100—3349	Jung	250
3350—4049	Krauss-Maffei	700
4050—4749	Fr. Krupp	700
4750—5124	MBA-Orenstein & Koppel	375
5125—5374	Oberschles. Lokwerke Krenau	250
5375—5874	F. Schichau	500
5875—6624	Schwartzkopff-BMAG	750
6625—6684	Škoda	60
6685—7434	Floridsdorf-WLF	750
7435—7559	Warschau	125
		7559 Loks BR 52

(Die Klammer fasst die Henschel-Zeilen 1850—2089 und 2090—3099 zu 1250 zusammen.)

Der Wunsch der Hanomag, auch wieder Lokomotiven zu bauen, konnte wegen anderer Rüstungsaufträge für ihre Werke nicht berücksichtigt werden. Daneben hatte die Reichsbahn am 24. Juli 1942 mit vier der sieben belgischen Lokomotivfabriken, die gerade an 200 Einheiten der BR 50 arbeiteten, Vorverträge über jeweils 50 Loks der

BR 52 abgeschlossen: John Cockerill, Seraing (52 8001—8050); Forges, Usines et Fonderies, Haine-Saint-Pierre (52 8051—8100); Ateliers Métallurgiques, Tubize (52 8101—8150) und Ateliers Franco-Belge, La Croyère (52 8151—8200).

Erste Vorbesprechungen im Verkehrsministerium hatten bereits die Lieferung von insgesamt 20 000 Einheiten BR 52 in drei Vergaben und — nach dem Erreichen der großen sowjetischen Ölfelder — weiterer 5 000 ölgefeuerten Maschinen dieses Typs zum Inhalt, wurden jedoch später nicht mehr fortgesetzt.

Zulieferung von Bauteilen

Die Angabe nur einer Lokfabrik bei jeder Serie bedeutet selbstverständlich nicht, daß die jeweiligen Maschinen vollständig von den betreffenden Werken gebaut werden sollten. Schon immer waren Pumpen, Bremsen, Luftbehälter usw. von Spezialunternehmen hergestellt und zugeliefert worden. Zur zentralen Beschaffung dieser Teile in großen Mengen gründete der Hauptausschuß Schienenfahrzeuge durch Anordnung Nr. 16 am 24. April 1942 die Zulieferungs-GmbH. Sie übernahm auch die Steuerung der zunächst von den Lokfabriken selbst betriebenen Ausstellungen sowie einer Anzeigenkampagne in den Zeitungen des Reiches, mit denen Firmen des allgemeinen Maschinenbaus zur Produktion von Führerhäusern, Aschkästen und Sanddomen geworben wurden, um die Lokfabriken von diesen Fertigungen zu entlasten. Der Bau von Lokomotivtendern wurde ebenfalls an Waggon- und Maschinenbaufirmen abgegeben, die jeweils für bestimmte Werke der GGL arbeiteten. Hieran sollten zunächst auch acht schweizerische Unternehmen beteiligt werden, doch wurden wegen Devisenschwierigkeiten mit ihnen keine Verhandlungen mehr geführt.

Besonders ist zu erwähnen, daß vom Arbeitsausschuß Kessel fortwährend versucht wurde, geeignete Maschinenfabriken, Werften und andere als Kessel-Zulieferer zu gewinnen. Von den zahlreichen Firmen, die sich meldeten, unterschätzten viele ihre Umstellungsschwierigkeiten und wurden lieferunfähig; andere waren auf Stehkessel nicht eingestellt und konnten nur wenige Langkessel zuliefern. Zu den Firmen, deren Kessel in die BR 52 eingebaut werden konnten, gehören[73]) Bahnbedarf Rodberg (Darmstadt), Blohm & Voß (Hamburg), Erste Brünner Maschinenfabrik, Danziger Werft,

---

[72]) Am 5. September 1942 schien es so, als sei die Aufteilung in 10 000 Lokomotiven BR 52 und 5000 Lokomotiven BR 42 geändert worden, doch wird in der Folgezeit wieder die alte Aufschlüsselung genannt.

[73]) Die Liste entstand unter Verwendung eines Textes von Ing. Werner Fricke; vgl. auch Rundschreiben AK 24 vom 2. September 1942.

Deutsche Werft (Hamburg), Deutsche Werke Kiel, Dingler (Zweibrücken), Dupuis & Co. (Mönchengladbach), Ferrum (Sosnowiece), Francke (Bremen), MF Germania (Chemnitz), Germaniawerft (Kiel), Howaldt (Hamburg), M. Jahr (Gera), MAN (Gustavsburg), Mavag (Budapest), Natorp & Eberhardt (Hohenturm-Halle), Niesky (Mönchengladbach), E. Meyer (Gleiwitz), Oschatz (Meerane), Ostenser Eisenwerke (Altona), Schichau (Werft Danzig), Walter & Cie. (Delbrück) und Wilhelmshütte (Sprottau) sowie die RAW St. Pölten und Straßburg. Da das Kesselschild oft das einzige Kennzeichen war, nach dem man sich nach Verlust des Betriebsbuches im Ausland später noch richten konnte, werden vereinzelt auch diese Firmen als Lieferer der Lokomotiven genannt[74].

Die Ersatzbauten

Zu den einstigen ÜK-Lokomotiven sei noch bemerkt, daß Zweifel daran, wo die Grenze zwischen den BR 50 und 52 genau zu ziehen sei, zur Indienststellung der als 50 3168—3187 ÜK bestellten Maschinen 52 124—143 (I. Besetzung) unter den Nummern 50 3145—3164 ÜK führten. Sie werden bereits den Ersatzbauten zugerechnet, welche Krupp (50 3045—3069 ÜK II) und MBA (50 3070—3144 ÜK II); 50 3145—3164 ÜK II)[75] 1943 an die DR lieferten. Diese Lokomotiven entstanden, nachdem bei den Werken weitere Teile der BR 50 mit dem Abschluß der Überleitungsaktion nicht mehr in die BR 52 eingebaut werden konnten, und bilden, da zu ihrer Fertigstellung nun Teile der Kriegslok verwandt wurden, eine neue ÜK-Form der BR 50. Die Anordnung weiterer Vereinfachungsmaßnahmen an der Baureihe 44 wurde im Herbst 1942 eingestellt; Materialumstellungen wurden jedoch auch bei ihr noch durchgeführt.

Die zahlenmäßige Verteilung der ÜK-Lokomotiven innerhalb der drei Ursprungsbaureihen[76] ist bereits in den von Werner Fricke veröffentlichten

Listen[77]) enthalten und wird auch in den Verzeichnissen von Oskar Pieper berücksichtigt, so daß ihre Darstellung hier entfallen kann. Dabei ist bemerkenswert, daß Anfang 1943 auch die Beschaffung der BR 86 nach wenigen ÜK-Serien (86 456—487 von DWM; 86 528—543 von Krupp) eingestellt wurde, während die Fertigung von 710 Loks der Bauart 44 ÜK nach dem Auslaufen der mit den deutschen Werken abgeschlossenen Verträge an die französischen Unternehmen Batignolles, Cail, Fives und Schneider (vereinzelt auch an Graffenstaden) sowie an Frichs (Aarhus) abgegeben wurde. Die Lokomotiven 44 728 ff. (Schneider 1942) wurden so fast ausnahmslos als ÜK-Maschinen an die DR, nach Kriegsende auch an die SNCF, geliefert. Trotz der Beschaffung der mittleren Kriegslok, BR 42, und der Pläne zu einer schweren Güterzugbaureihe (3. Kriegslok) wurden ÜK-44er bis Ende 1944 in Dienst gestellt.

ÜK-Loks der BR 50 wurden ab Mitte 1942 von all den deutschen Lokfabriken gebaut, welche sie später in die Regelausführung der BR 52 überzuleiten hatten. Sobald dieses Ziel erreicht war, wurde der ÜK-Bau eingestellt. Abgesehen von den oben erwähnten Ersatzbauten lieferten ab 1943 bis zum Kriegsende nur die belgischen Werke von Cockerill, Couillet, Energie, Franco-Belge, Haine-St.-Pierre, La Meuse und Tubize unter Vermittlung der Betreuungsstelle West in Brüssel Maschinen des Typs 50 ÜK. Kleinere Serien konnten auch bei ČKD (50 1907—1941 ÜK), Škoda (50 1892—1906 ÜK) und Ostrowiece (50 2638—2663 ÜK) für die Warschauer Lokfabrik ausgeführt werden.

Ablieferung der Vorauslokomotive 52 001

Die Vorauslokomotive 52 001 mit Blechrahmen wurde am 12. September 1942 von den Borsig Lokomotiv-Werken mit der Fabriknummer 15 446 fertiggestellt; den dazugehörigen Wannentender lieferte Westwaggon Köln-Deutz. Der Ablieferungszeremonie wohnten die Minister Speer und Dorpmüller bei. Als Demonstration der im gesamten Schienenfahrzeugbau unter seiner Leitung inzwischen getroffenen Maßnahmen zur Erhöhung der Produktivität veranlaßte Degenkolb, daß die 52 001 für kurze Zeit in Hennigsdorf neben der

---

[74]) So gibt z. B. der NSB-Druck 750a (Typ 63a) für die Lokomotiven 52 2843 und 52 3113 anstelle der Ablieferer Henschel und Jung die Kesselbaufirmen Mavag und Francke als Hersteller an. Griebl/Wenzel [15], passim, nennen für eine Anzahl Kriegslokomotiven auch die besonderen Fabriknummern des Kessels.

[75]) Nach Lage der Fabriknummern wurde die zweite Serie (13 711—790) vor der ersten (14 196—255, 14 269—283) als I. Besetzung 50 3168—3187 ÜK vergeben; bis Mitte 1943 alle bei Krupp geplant, wegen Ausbombung verlagert.

[76]) Fragwürdig erscheint, ob man ÜK-Bauart als eigene Baureihe 50 ÜK bezeichnen kann, da die vielen Varianten nur teilweise so große Abweichungen gegenüber der Baureihe 50 aufweisen, daß eine besondere Baureihenbezeichnung zu vertreten wäre.

[77]) Werner Fricke: Einheitslokomotiven der DR. — In: Mitteilungen des Vereins der Eisenbahnfreunde 1964, Blatt 66—69 (BR 42); Blatt 92—95 (BR 44); Blatt 161—164 (BR 50); 1965, Blatt 68—70 und 92—94 (BR 52); ferner Oskar Pieper [29].

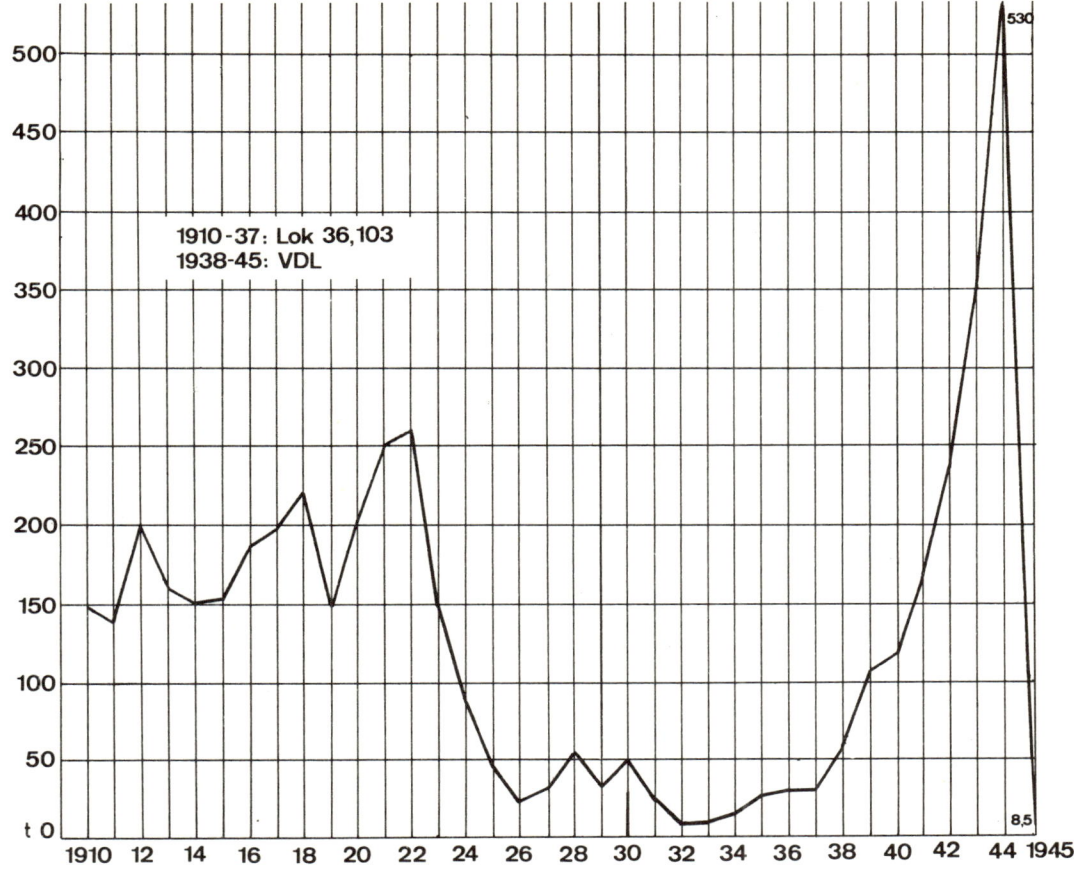

Abb. 38: Deutsche Gesamt-Lokomotivlieferungen in 1000 t Leergewicht für das In- und Ausland.

regulären 50 373 aufgestellt wurde. In einem angekuppelten Zug wurden die charakteristischen Teile der Kriegslok zusammen mit Bauteilen der Friedensausführung gezeigt; die Ausstellungswagen waren selbst Vergleichsobjekte kriegsbedingter Vereinfachungen. Dazu waren in sechs G- und zwei Pwgs-Wagen Seitenwandfenster und Stirnwandtüren angebracht worden, außerdem waren

1 Gedeckter Güterwagen Ghs (Bremen)
1 Kühlwagen Gkhs (Berlin)
1 Gedeckter Güterwagen Glhs (Leipzig)
1 Güterzuggepäckwagen Pwgs
1 Rungenwagen Rmms (Ulm)
1 Offener Güterwagen Ommu (Klagenfurt)
1 Offener Güterwagen Ommu mit abnehmbarem Kessel

in vereinfachter Form beigestellt, so daß der Zug insgesamt 15 Wagen hatte. Die Produktion der Lok 52 001 innerhalb so kurzer Zeit und die vielen Vereinfachungen wurden in der Tagespresse

und in den Fachzeitschriften[78]) ausführlich gefeiert. Heute darf jedoch die Tatsache als gesichert angesehen werden, daß die Mehrzahl der alten Teile im Demonstrationszug noch aus der Länderbahnzeit stammte und bei der angegriffenen BR 50 längst nicht mehr verwendet wurde. In der Ausstellung wurden sie benutzt, um den scheinbaren Fortschritt der Kriegslokomotiv-Konstruktion gegenüber Laien besonders hervorzuheben. Eine ähnliche Manipulation hatten wir bereits bei der Berechnung der Kupfer-Ersparnis festgestellt.

Als Hitler von Speer bei ihrer Rüstungsbesprechung vom 20. bis 22. September 1942 einige Fotos und Skizzen der neuen Kriegslokomotive 52 001 vorgelegt wurden, verlangte er die Anbringung eines vom Führerstand bedienbaren Suchscheinwerfers mit Kugelgelenk sowie den Einbau

[78]) Berliner Börsenzeitung Nr. 483, 13. Oktober 1942; Deutsche Allgemeine Zeitung Nr. 483, 13. Oktober 1942; Walter Lehmann: Die Kriegslokomotive, eine hervorragende Leistung der deutschen Lokomotivkonstrukteure. — In: Energie 21 (1942), S. 181—183; 12-Uhr-Blatt, 13. Oktober 1942.

eines primitiven Klosettrohrs im Führerhaus[79]). Am 5. Oktober 1942 ging der Zug auf eine 5000 km lange Rundfahrt, mit der Degenkolb die Betriebstauglichkeit der neuen Lok prüfen wollte, und mit der er sie allen für die Lieferung geplanten Werken vorführen wollte. Bei der Abfahrt gab er eine erste Bilanz seiner Tätigkeit, ausgedrückt durch die Zahlen der jeweils in einem Monat abgelieferten Lokomotiven:

Februar:	116	Juni:	200
März:	146	Juli:	201
April:	137	August:	209
Mai:	167	September:	223

Auf Vorschlag des Ministers Dorpmüller berief Hitler am 12. Dezember 1942 Degenkolb in den Beirat der Deutschen Reichsbahn. Vom 15. bis 17. Dezember befand sich der Zug mit den beiden Loks im Führerhauptquartier, wo ihn Hitler mit dem Vorsitzer und Mitarbeitern des Hauptausschusses Schienenfahrzeuge besichtigte. Erst am 14. Februar 1943 stand er dem Versuchsamt Grunewald wieder zur Verfügung. Ehe wir unsere Aufmerksamkeit nun der Massenproduktion der Kriegslokomotive 1942, Baureihe 52, sowie der weiteren Geschichte des Hauptausschusses in den Jahren 1943 und 1944 zuwenden können, soll nachfolgend der technische Aufbau der Maschine in den wichtigsten Teilen beschrieben werden. Es wird die Bauart zugrundegelegt, wie sie ab Lok 52 350 von den Fabriken eigentlich geliefert werden mußte, obwohl der AA Konstruktion im April 1943 feststellte, daß die BR 52 anfangs durchaus nicht artrein gebaut wurde. Da über diese Vorgänge selbst damals keine genauen Unterlagen geführt wurden, weil der Umfang der Vereinfachungsmaßnahmen überaus groß war, und weil die Kriegslok durch die technische und wirtschaftspolitische Entwicklung einer ständigen Wandlung unterworfen war, kann diese Beschreibung nur in Umrissen erfolgen.

Technischer Aufbau

Fahrgestell, Laufwerk und Dampfmaschine

Im Gegensatz zu dem bei Einheitslokomotiven der Reichsbahnbauart üblichen Barrenrahmen von 100 bis 120 mm Plattenstärke sollten bei der BR 52 wieder Blechrahmen verwendet werden, weil die Lieferwerke beim Abwalzen dieser für andere Zwecke dringender benötigten Dimensionen entlastet werden mußten. Mit Ausnahme der Vorauslok 52 001 wurden jedoch zu Beginn der Fertigung jene 328 Maschinen der BR 52 mit Barrenrahmen geliefert, die noch als ÜK-Lokomotiven der BR 50 angearbeitet worden waren. Aber auch die folgenden ersten Serien der eigentlichen Kriegslok waren noch zum größten Teil mit Barrenrahmen versehen, da die bei den einzelnen Werken in unterschiedlichen Mengen lagernden Barrenrahmenplatten teilweise erst im Frühsommer 1943 aufgebraucht waren. So waren die ersten BR-52-Baulose der Firmen

Esslingen	52 1350—1471
Henschel & Sohn	2090—2159
Jung	3100 ff.
Krauss-Maffei	3350—3444

MBA	4750 ff.
Schichau	5375—5501
Schwartzkopff	5875—5964
Floridsdorf	6713—6764

zumindest teilweise mit Barrenrahmen ausgerüstet, wobei die beiden Rahmenarten selbst innerhalb einer Serie oft vermischt vorkommen. Betriebs- und Werkstättendienst der DR sprachen sich zunächst entschieden gegen den Blechrahmen aus, mußten ihn aber annehmen, weil die Kriegslok nur eine sehr beschränkte Lebensdauer haben sollte. Im folgenden werden beide Rahmenformen — mit Ausnahme besonders begründeter Fälle — gemeinsam behandelt werden.

Die Laufachse war schon bei der BR 50 mit der vorderen Kuppelachse in einem Krauss-Helmholtz-Gestell von 2600 mm Achsstand vereinigt. Alle mit Blechrahmen gebauten Loks der BR 52 hatten nur ein vereinfachtes, schwächeres Gestell, bei dem auch die Wickelfedern entfallen waren. Da die Deichsel des Lenkgestells in der ersten Bauform schon nach kurzer Zeit Schäden aufwies, wurde bis Ende 1943 die Konstruktion mehrfach verstärkt. Die Tragfedern der Laufachse legte man — wie es nach dem Krieg allgemein üblich wurde — über die Rahmenwangen, um eventuelle Federlagenbrüche leichter erkennen zu lassen.

[79]) Boelcke [8], S. 38 und 187.

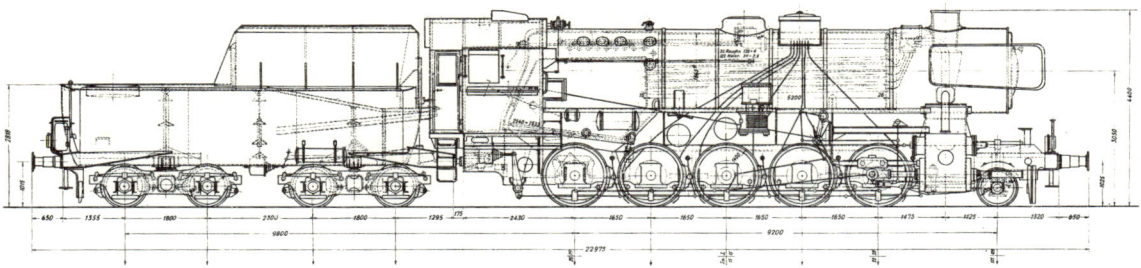

Abb. 39: Güterzug-Kriegslokomotive, Baureihe 52 der Deutschen Reichsbahn, mit Blechrahmen.

(BZA Minden, Zeichnung Nr. Fld. 1.01 Blatt 49)

Um einen Gleisbogen von 100 m Halbmesser zwanglos befahren zu können, wurde der Ausschlag der Laufachse wie bereits bei der BR 50 mit 125 mm bemessen, die erste und fünfte Kuppelachse je 25 mm seitenverschiebbar angeordnet und der Spurkranz der Treibachse um 15 mm geschwächt. Die bisherige Radreifenstärke am Laufkreis von 75 mm wurde durch Anweisung 16 vom 6. Juni 1942 bis Mitte 1943 vorübergehend auf 50 mm reduziert.

Die Treibachslager waren als Mangold-Lager mit dreiteiligen Lagerschalen ausgebildet. Als Achslagerführungen dienten Preßstoffgleitplatten ohne Stellkeile, da man davon ausging, beim Osteinsatz der Lokomotiven könne dort weder mit besonders geschulten Fachkräften noch mit den erforderlichen Gruben zum regelmäßigen Nachstellen der Keile gerechnet werden; die erst beabsichtigte Einführung stählerner Buchsenlager in den Stangenköpfen hätte dies aber unbedingt erfordert (bei Überschreiten der für Buchsenlager festgesetzten Stichmaße bestand sonst Gefahr des Heißlaufens und Ausschmelzens der Lager). Im Betrieb hingegen zeigte sich bald, daß der Verschleiß der Gleitplatten durch das Schlagen der Lager häufig vorzeitig einsetzte, so daß die Lok einen Unterhaltungsabschnitt nicht störungsfrei durchlaufen konnte. Da auch die Versuche mit gußeisernen Gleitplatten an der Lok 52 040 keinen Gewinn erbrachten, kam man beim Entwurf der BR 42 von der stellkeillosen Achslagerführung wieder ab. Durch Anweisung 140 des AA Konstruktion vom 29. November 1943 wurden die Firmen Grafenstaden, Jung, MBA, Škoda, DWM/Posen, Krenau und die belgischen Werke wieder zum Einbau von Stellkeilen auch an der BR 52 aufgefordert, während die restlichen Lokfabriken, bei denen die BR 52 zugunsten der BR 42 auslaufen sollte, diese Änderung nicht mehr ausführten.

Die Zylinder in den von der BR 50 übernommenen Maßen waren gut isoliert und die Ausström-

kästen direkt angegossen. Wie bereits bei den letzten Lieferungen dieser Baureihe, wurde anstelle des Karl-Schultz-Druckausgleichkolbenschiebers der Regelkolbenschieber in Verbindung mit selbsttätigen Winterthur-Plattendruckausgleichern ohne Luftsaugeventil auf dem Schieberkasten geliefert. Diese Ausführung bewährte sich gleichfalls nicht, so daß sie nach Ende des Krieges bei einer Reihe von 52ern der DB wieder ausgebaut und durch den Karl-Schultz-Schieber ersetzt wurde. Die Funktion der Zylindersicherheitsventile als Schutz gegen Wasserschlag übernahmen leicht auswechselbare Bruchscheiben aus Gußeisen in den Zylinderdeckeln; Sammeltöpfe an den Zylinderentwässerungshähnen entfielen. Über eine in den Druckausgleicher einmündende Heizleitung, die gleichzeitig noch die Drucköllleitung vor Kälte schützte, war es möglich, den Zylinderraum bei geschlossenem Regler anzuwärmen.

Bisher waren die Treib- und Kuppelstangen der Dampflokomotiven aus einem Stück geschmiedet und allseitig bearbeitet worden. Als Kriegsmaßnahme wurden nun sämtliche Stangenköpfe des Triebwerks im Gesenk geschmiedet und elektrisch stumpf an rohe Stangengeschäfte aus I-Walzprofil geschweißt, so daß nur noch die Lagerflächen bearbeitet werden mußten. Die Treibstange hatte vorn ein festes Buchsenlager aus Rotguß 5, hinten ein mit Keilen nachstellbares zweiteiliges Stangenlager. In die stählernen Buchsenlager der Kuppelstangen wurde eine Rotgußschicht eingeschleudert, die ihrerseits einen Weißmetallaufguß trug und so wesentlich dazu beitrug, Nichteisenmetalle einzusparen. Bei der Steuerung lagen die Unterschiede zur herkömmlichen Ausführung im Ersatz der aufwendigen Führung der Schieberstange durch eine Pendelaufhängung und in der Zusammenfassung von Schwingen- und Steuerwellenlagerung in einem vereinfachten Träger. Die in der Regel mit Gelenken angeschlossenen vorderen und hinteren Endkuppelstangen waren bei der BR 52 unter Verwendung durchschiebbarer Kuppelzapfen seitensteif mit den übrigen Kuppelstangen verbunden. Die Anwendung der noch recht neuen Schweißtechnik im Triebwerk war sicherlich einer der bedeutendsten und radikalsten Änderungen gegenüber dem herkömmlichen Lokomotivbau. Bis zum Kriegsbeginn begegnen wir ihr weder in Forschung und Lehre noch in der Praxis, dennoch hat sie sich gut bewährt. Brüche, wie sie bei den Trieb- und Kuppelstangen anfänglich relativ häufig vorkamen, ließen sich einwandfrei auf fehlerhafte Schweißarbeit einzelner Werke zurückführen. Von der Reichsbahn durchgeführte Biegeproben mit sachgemäß gefertigten Stangen ergaben, daß deren Brüche nahezu immer außerhalb der Schweißnähte lagen[80]), so daß man dieses Verfahren auch später hätte verwenden können. Weil sich aber die Fertigung der speziellen Walzprofile für die verschiedenen Stangen nur bei den großen Stückzahlen der Kriegszeit lohnte, ist es in der Folgezeit überwiegend bei Reparaturen (Anschweißen neuer Stangenköpfe an alte Stangen) angewandt worden[81]).

Der Kessel der Baureihe 52

Der zur Konstruktion der Kriegslokomotive allgemein geltenden Konzeption, die Hauptabmessungen der BR 50 nach Möglichkeit beizubehalten, wurde beim Entwurf des Kessels im wesentlichen entsprochen[82]). So gestattete es die unveränderte Rostfläche (R) von 3,89 m² ebenso wie bei dem Ausgangstyp, auch minderwertigere Kohle zu verfeuern. Die gleichfalls übernommene Verdampfungsheizfläche (H_v) von 177,83 m², die Langkesselabmessungen von 1700 mm Durchmesser und 5 200 mm Rohrlänge hatten sich nach damals geltender Auffassung bei der BR 50 bereits bewährt. Unter Beibehaltung der zufriedenstellenden Überhitzung von ∼ 370 °C wurde der Überhitzer Bauart Schmidt mit einteiligem Sammelkasten angewandt, also nicht mehr der Wagner-Überhitzer der BR 50.

Wie bei der Mehrzahl der 50er-Kessel wurde auch bei der BR 52 der in genügenden Mengen vorhandene und für die Dampfspannung von 16 kp/cm² vollkommen ausreichende Stahl St 34.12

verarbeitet. Von der Verwendung des Kesselbaustoffes St 47 K, den hauptsächlich die Wiener Lokfabrik Floridsdorf bei den nach Kriegsbeginn gelieferten Maschinen der BR 50 benutzt hatte, sah man von vornherein ab.

Die vollständig aus alterungsbeständigem I Z II-Stahl zusammengeschweißte Feuerbüchse wurde mit stählernen Stehbolzen und Deckenstehbolzen im Stehkessel verankert, der selbst mit einem Pendelblech anstelle der Schlingerstücke auf dem Rahmen abgestützt war. Die ursprünglich vorgesehenen beweglichen Stehbolzen wurden schon kurz nach Fertigungsbeginn durch feste ersetzt, um dadurch die Produktion größerer Stückzahlen zu erleichtern. Die fünf Lokomotiven 52 002 (Ablieferung 30. September 1942) bis 006 waren auf Risiko von Henschel mit leicht gewölbter Feuerbüchsdecke ausgerüstet, wie sie später ab 42 501 zur Anwendung kam. Die Deckenstehbolzen waren etwa radial angeordnet; ein weiterer, durch den parallelen Einbau von Feuerbüchs- und Stehkesseldecke zu erzielender Fortschritt wurde aus fertigungstechnischen Gründen jedoch wieder verworfen.

Der aus zwei Schüssen bestehende Langkessel trug nur noch den Reglerdom und — wie bereits bei den letzten ÜK-Lieferungen der BR 50 — anstelle der beiden gußeisernen nur noch einen geschweißten Sandkasten, dessen Leitungen zu den vier vorderen gekuppelten Achsen führten. Die Rohrwand wurde in den vorderen der beiden Kesselschüsse, deren Wandstärke 17,5 mm betrug, eingenietet. Daran schloß sich nach vorn die 2571 mm lange Rauchkammer an, bei deren Tür man auf den Zentralverschluß verzichtete und es bei den acht Vorreibern bewenden ließ. Die Rauchkammerstreben entfielen; Funkenfänger, Bläser und Rauchkammerspritzrohr wurden zwar teilweise vereinfacht, erfüllten aber den von der Reichsbahnnorm geforderten Zweck.

Wenn auch die Strahlungsheizfläche (H_{vs}) des Kessels der BR 50 (und damit auch der BR 52) mit 15,90 m² nur eine durchschnittliche Größe erreichte und das Strahlungsverhältnis $\varphi_S = \dfrac{H_{vs}}{R}$ deshalb nur 4,09 betrug, so hatte man doch 1938 aus dem mißratenen Bau der Baureihen 06 und 45 beim Entwurf der BR 50 bezüglich der Abstimmung der Heizflächen und des Wertes einer relativ großen Strahlungsheizfläche bereits gewisse Konsequenzen gezogen: Das Verhältnis $\varphi_H = H_{vb} : H_{vs}$ der indirekten zur direkten Heizfläche wurde mit 10,18 so bemessen, daß die Feuerraumbelastungen bei höherer Beanspruchung nun schwerer Werte erreichen konnten, die der Haltbarkeit der Feuerbüchse abträglich sind. Unter Berücksichtigung der damals

[80]) Hierauf wird u. a. im Hilfsheft 605 der DR [4] mit Nachdruck hingewiesen. Vgl. auch Ndschr. 25/26 (18./19. Januar 1944), Anlage 10.

[81]) So etwa bei den Österreichischen Bundesbahnen (Mitteilung Ing. Walter Kramer).

[82]) Alle Maßangaben nach DV 939 a [7].

üblichen Grenzbelastungen für Kessel der Reichsbahnbauart, $b_H = 57$ kg/m²h, ergibt sich für die BR 52 folgende größte Dampferzeugung: $D_N = b_H \cdot H_v = 57 \cdot 177{,}83 \sim 10\,120$ kg/h.

Während sich also die Hauptabmessungen der beiden Kessel kaum voneinander unterscheiden, werden die Vereinfachungen, die an der BR 50 zur Entwicklung in die BR 52 vorgenommen wurden, bei der Betrachtung der Grobausrüstung deutlicher sichtbar: Der bei der Reichsbahn bisher übliche Oberflächenvorwärmer entfiel vollständig, da man annahm, daß weder der Vorwärmer selbst noch seine Speisepumpe dem russischen Winter gewachsen sein würden, wie sich das bereits im Jahre 1941 an den älteren preußischen Maschinen gezeigt hatte. Man glaubte ihn um so eher entbehren zu können, als die Wirksamkeit des Abdampfvorwärmers in hohem Maße von seiner sachgerechten Bedienung abhängt und die besonderen Betriebsverhältnisse während des Krieges mit häufig recht langen Standzeiten der Lokomotiven vor den Zügen die Möglichkeiten für den sinnvollen Einsatz dieser Einrichtung ohnehin schon stark einschränkten.

Der Fortfall des immer pflegebedürftigen Speisewasserreinigers erschien auf Grund ähnlicher Überlegungen ebenfalls gerechtfertigt, da die Abscheideeinrichtungen dieser empfindlichen Anlage bei unregelmäßiger Reinigung sich zusetzen und dadurch unwirksam werden. So sah man unter der Stiefelknechtplatte nur ein vereinfachtes Gestra-Abschlammventil mit Handbetätigung vor.

Das Speisen des Kessels wurde von zwei auf der linken Stehkesselseite angebrachten Dampfstrahlpumpen mit je 180 l/min. Förderleistung besorgt. Die Speisewasserdruckleitungen liegen mit Gefälle unter der Kesselverkleidung; die beiden Speiseventile an der linken Langkesselseite waren meist mit einem Schutzkasten umgeben. Bei den Maschinen 52 005 und 006 waren die Pumpen versuchsweise an der Stehkesselrückwand angebracht, die Speiserohre führten von dort durch den Stehkesselraum in den Langkessel.

Im Führerhaus befand sich auf dem Stehkessel ein gemeinsamer Dampfentnahmestutzen für die Dampfheizung, die Lichtmaschine, den Hilfsbläser und die beiden Strahlpumpen. Mit Ausnahme der Luftpumpe, deren Ventil rechts neben dem Reglerdom über ein Gestänge bedient wurde, waren so alle Ventile der Hilfseinrichtungen mit ihren Handrädern frostgeschützt und zugänglich angeordnet. Die Verlegung der Lichtmaschine auf den Stehkesselscheitel vor das Führerhaus unterstrich noch die Abkehr vom bisherigen Grundsatz der Reichsbahn, alle Armaturen direkt am Kessel anzuordnen. Anstelle der bei Reichsbahnlokomotiven

sonst üblichen beiden sichtbaren Wasserstände waren nur noch ein Wasserstandsglas und zwei Probierventile vorhanden. Die Hochhub-Sicherheitsventile nach Ackermann hatten Stahlgußgehäuse erhalten.

Der Aschkasten bestand aus Ober- und zwei Unterteilen und verfügte über zwei Bodenklappen, je eine Luftklappe mit Funkensieb in der Vorder- und Rückwand, und außerdem noch über Luftklappen in seinen schrägen Seitenwänden. Die befriedigende Zuführung von Verbrennungsluft zum Rost war damit gewährleistet.

Bemerkenswert ist noch, daß aus Gründen der Sparsamkeit die alte preußische Pfeife der Normalausführung auf Kosten der großen Reichsbahnpfeife erneut zur Anwendung kam. Auf die Ausstattung mit Läutewerk wurde grundsätzlich verzichtet. Für weitere Einzelheiten kann auf die Beschreibung [2] verwiesen werden.

Allgemeine Einrichtungen, Frostschutz, Bremse

Das äußere Bild der deutschen Kriegslokomotive wurde zum einen durch die Vereinfachungen, daneben aber besonders durch die Frostschutzmaßnahmen bestimmt. Erste Ansätze, die Lokomotiven der Reichsbahn dem Einsatz in der Sowjetunion anzupassen, hatte es bereits im Herbst 1940 gegeben, als beim Versuchsamt Grunewald probeweise eine preußische G 10 (BR 57¹⁰) mit einem zusätzlichen Wasserwagen aus dem Tender 2'2' T 21,5 (pr) und mit Holzverkleidungen für Pumpen und Rohrleitungen an den beiden Kesselseiten ausgestattet worden war. In der Praxis des Winter 1941/42 hatte sich aber gezeigt, daß diese Vorkehrungen bei weitem nicht ausreichten, die Loks winterfest zu machen.

Mit Rücksicht auf die in beiden Fahrtrichtungen mögliche Höchstgeschwindigkeit wurde das Führerhaus allseitig geschlossen und doppelwandig ausgeführt, so daß es nicht nur das Personal, sondern auch die zu diesem Zweck in den Führerstand verlegten frostanfälligen Armaturen gut gegen niedrige Temperaturen schützte. Zur Kohlenentnahme vom Tender war in der Führerhausrückwand ein durch einen Faltenbalg geschützter Ausschnitt vorhanden. Gepolsterte Sitzkästen und eine jeder Lok beigegebene Hängematte machten den Aufenthalt im Führerhaus auch bei längeren Standzeiten der Lok angenehmer als bei den meisten anderen Reichsbahn-Maschinen.

Die Frostschutzmaßnahmen gemäß Anweisung 4 des Hauptausschusses Schienenfahrzeuge umfaßten daneben Blechverkleidungen mit Glasgespinstisolierungen aller im Freien liegenden Bauteile, wie Dampfentnahmestutzten, Kesselventile, Rohrleitungen usw. Durch die Anweisung 39 des Hauptausschusses vom 21. Juli 1942 wurde der Anforderung des Transportchefs auf 2500 stärker frostgesicherte Maschinen durch den „erweiterten Frostschutz" entsprochen: Der gesamte Kessel sowie der Tenderwasserkasten wurden zusätzlich mit Glasfasermatten isoliert; über eine Mischdüse konnte das Tenderwasser angewärmt werden. Bei einem Kesseldruck von mindestens 8 kp/cm², dicht verschlossenem Aschkasten und Schornstein, Tenderwassertemperatur von 20 °C und Dampfentnahme nur für die Luftpumpe und die Tenderheizung war es so möglich, eine ungeheizte Lok längere Zeit unbeschadet im Freien abzustellen.

In Anweisung 44 (25. August 1942) wurde die Verteilung auf die einzelnen Hersteller bekanntgegeben; Anweisung 62 (31. Oktober 1942) des Konstruktionsausschusses machte ihre Zahl jedoch von den beiden Tendertypen 2'2'T 26 und K 4 T 30 abhängig, von denen bis zur Produktion des Wannentenders nur 1208 Einheiten bestellt waren:

	Anw. 44	Anw. 62
Borsig	230	100
Esslingen	90	50
Henschel	710	155
Jung	85	65
Krauss-Maffei	305	108
Krupp	—	100
MBA	240	160
Schwartzkopff	460	97
Schichau	—	130
Škoda	—	40
WLF	380	203
	2500	1208

Unter normalen Betriebsbedingungen ist der erweiterte Frostschutz, nach Ausfall Krupps in 1108 Einheiten geliefert, häufig abgebaut worden.

Die Bremse war in der bei schweren Güterzugloks üblichen Anordnung ausgeführt: Die Einkammer-Druckluftbremse Bauart Knorr mit Zusatzbremse wirkte einseitig auf alle gekuppelten Achsen; die Laufachse war ungebremst. Da die Gesamtwirkung der Bremse beibehalten werden mußte, beschränkten sich die Vereinfachungen auf kleinere Einzelteile. Das Dampfteil der Doppelverbund-Luftpumpe wurde zusammen mit ihrer DK-Schmierpumpe auf der rechten Langkesselseite in einem beheizten Frostschutzkasten untergebracht. Die verschiedenen mit der BR 52 gekuppelten Tenderbauarten waren neben der Druckluftbremse mit

einer Handbremse ausgerüstet und so gering abgebremst, daß die Höchstgeschwindigkeit der allein fahrenden Lok vw/rw auf 70/70 km/h begrenzt werden mußte.

Außer den bereits erwähnten allgemeinen Einrichtungen zum Schutz des Personals (Führerhaus) und zur sicheren Durchführung des Betriebes (Sandstreuer, Pfeife, Bahnräumer, usw.) verdienen die Windleitbleche der Kriegslokomotive besondere Beachtung, da sie auf diesem Gebiet die seitherigen Erkenntnisse völlig verdrängten. Das ursprüngliche Vorhaben, die materialaufwendigen Bleche erst nach der Wiederkehr normaler Verhältnisse anzubringen, erschien bald unvorteilhaft, da sich die bisher übliche Annahme, bei der relativ niedrigen Höchstgeschwindigkeit der Kriegslok werde Dampf und Rauch weit genug nach oben ausgeschleudert, als unrichtig erwies[83]). Um diesem Übelstand abzuhelfen, griff das Personal auch bei vielen ÜK-Loks zur Selbsthilfe und brachte auf den einzelnen Maschinen Umleitebleche an der Rauchkammeroberkante, Schornsteinfahnen ähnlich jenen der Stromlinienlok, und auch sogenannte Holz-Windleite in Form der alten, großen Bleche an. Parallel dazu verliefen Versuche der DR unter Friedrich Witte, der die herkömmliche Auffassung bezweifelte, daß der Kanälen ähnliche feste Verband aus der Verkleidung von der Pufferbohle bis zum Umlauf und den großen Blechen die wirksamste Lösung sei, und durch Probefahrten mit der Lok 52 180 feststellte, daß die beiden unteren Bestandteile hier tatsächlich eine unbedeutende Rolle spielen. Sein Vorschlag, nur noch den Teil der Bleche anzubauen, der oberhalb des (gedachten) Umlaufes liegt, wurde in Zusammenarbeit mit Prof. Mölbert, Hannover, durch Windkanalversuche mit der Lok 52 2328 weiter vereinfacht, bis schließlich 1943 das bekannte „Witte-Blech" entstanden war, dessen Vorteile sogleich bestachen: Bei verbesserter Wirkung auf die Sicht des Personals konnte der Materialbedarf von 1000 kg Stahl je Paar auf 200 kg gesenkt werden. Durch Anweisung 127 des AA Konstruktion vom 22. Juli 1943 wurden sie an der BR 52 eingeführt. Schließlich ist hier noch die gegen Kriegsende angebrachte Teilpanzerung des Kessels und des Führerhauses zu erwähnen. Bereits Anfang 1943 hatte die militärische Führung eine wirksame Vollpanzerung gegen Tieffliegerbeschuß gefordert, deren Einführung aber an dem zusätzlichen Bedarf von

---

[83]) Vgl. hierzu ausführlich bei Friedrich Witte: Windleitvorrichtungen bei Dampflokomotiven. — In: Die Bundesbahn 22 (1948), S. 96; ferner Ndschr. 17 (16. April 1943), Anlage 23, S. 99; Ndschr. 19 (28. Mai 1943). Anlage 6, S. 29.

10 t Stahl gescheitert war. Daraufhin hatte man versucht, zumindest den Abdampf der Loks unsichtbar zu machen, weil er jeden Zug dem Flugzeug von weitem ankündigt, und die Lok 50 1694 mit zwei kleinen Kondensatoren vorn auf dem Umlauf ausgestattet[84]), doch war der Versuch zu aufwendig. Als nun 1944 die Ausfallziffern — ein Schuß in den Kessel genügte, um die Lok und ihren Zug stillzulegen — stark anstiegen, wurde die Teilpanzerung eingeführt. Die Kesselpanzerung fiel bald wieder weg; das Personal sollte bei den Baureihen 52 und 42 durch Kisten aus 40 mm starkem Stahl („Panzerkojen) geschützt werden, die sich bei Hinterkesselbeschädigungen jedoch als tödliche Fallen erwiesen. Im Januar 1945 ordnete der AA Konstruktion für beide ·Kriegslok noch eine Formtarnung durch unregelmäßige Bleche und Tarnanstrich an, die vereinzelt ausgeführt wurden[85]).

Tenderbauarten

Bereits zu Anfang des Jahres 1940 hatten die Borsig-Lokomotivwerke dem RZA Vorschläge für einen Leichtbautender ausgearbeitet, bei dem in höherem Maße als bisher Grundsätze aus dem Großraum-Güterwagenbau auf Dampflok-Tender angewandt worden waren[86]). Der damals als Ersatz für den 2'3 T 38 der BR 01[10] entworfene Tender versprach auf Anhieb eine hohe Ersparnis an Leergewicht bei unveränderten Vorräten, wurde jedoch mit Rücksicht auf die Produktionseinstellung bei

[84]) Stockklausner/Weinstötter [38], S. 116 und 121 (mit Bild); außerdem zeigten sich während des Krieges noch Krupp, Henschel und WLF (Ndschr. 18, 11. Mai 1943, S. 5) sowie Borsig (Ndschr. 20, 18. Juni 1943, S. 7) an weiteren Prototypen interessiert.

[85]) Vgl. hierzu die Anweisungen des AA Konstruktion: Nr. 178 vom 28. September 1944; Nr. 187 vom 14. November 1944; 198 vom 4. Januar 1945.

[86]) Ausführlich bei Adolf Wolff: Untergestellfreie Leichtbautender. — In: Glas. Ann. 66 (1942), S. 213; ferner Ndschr. 15 (4./5. März 1943), Anlagen 13—15; Ndschr. 17 (16. April 1943), Anlage 26, und Ndschr. 21 (16. Juli 1943), Anlagen 10—11.

Schnellzugloks in Anlehnung an den bisherigen Einheitstender 2'2'T 34 (BR 01, 03, 03[10], 41, 43, 44) verkleinert, um an dessen Stelle auf H-Strecken, möglichst auch mit einer Stromlinienverkleidung, bei Fahrtgeschwindigkeiten bis zu 150 km/h benützt zu werden. Der nach diesen Plänen im März 1941 in vier Exemplaren bestellte, hingegen erst ab Juli 1942 von BLW abgelieferte Tender 2'2'T 34 (leicht) entsprach in Material, Verarbeitung usw. durchaus noch der „Friedensqualität", erbrachte aber gegenüber dem Einheitstender — bei Anwendung der Schweißtechnik — bereits ein Mindergewicht von 4600 kp und wurde mit der BR 44 gekuppelt.

Inzwischen hatte sich die Lage so angespannt, daß eine grundlegende Vereinfachung des Tenders, eher einer Neukonstruktion vergleichbar, vorgenommen werden mußte. Begünstigt von der vermutlich kurzen Lebensdauer und der auf 80 km/h begrenzten Höchstgeschwindigkeit der zur Verwendung mit dem Tender vorgesehenen Kriegslok entstand zunächst der Tender 2'2'T 34 (überleicht) mit geringerer Wandstärke des Wasserkastens, verkleinerten Radsätzen, leicht veränderten Güterwagen-Drehgestellen von Westwaggon mit Preßblechrahmen sowie wesentlich vereinfachter Bremse.

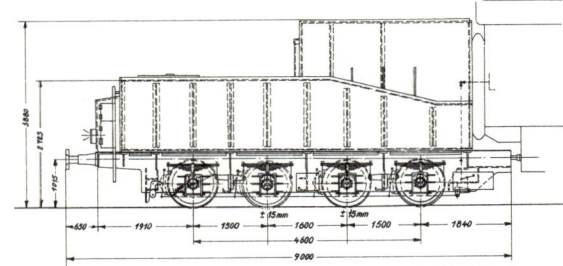

Abb. 41: Unter den ersten Serien der Baureihe 52 wurde der Steifrahmentender K 4 T 30 vielfach verwendet.

(Aus Beschreibung [2])

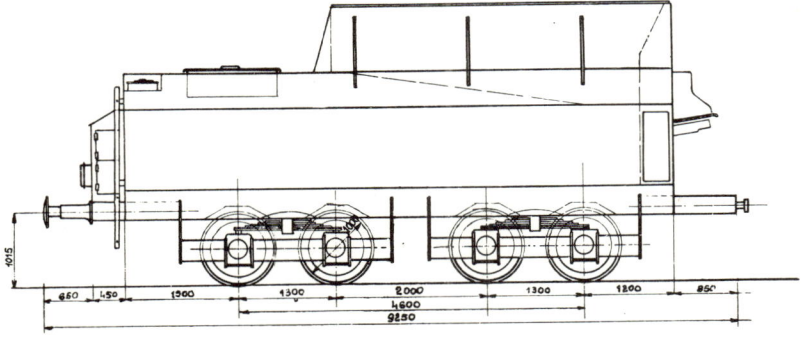

Abb. 40: Entwurf der Wiener Lokfabrik zum Kriegslok-Tender 4 T 36 mit achteckigem Wasserkastenquerschnitt (Oktogontender).
(WLF-Zeichnung Nr. 1873 vom 21. August 1942)

Mit Rücksicht auf die Abmessungen der BR 52 wurde der Entwurf jedoch nochmals überarbeitet und am 6. August 1942 zur endgültigen Ausführung als K 2'2'T 32 der Firma Westwaggon übertragen, die innerhalb weniger Wochen zwei Probetender fertigstellen konnte. Gegenüber dem geschweißten 50er-Tender 2'2'T 26 wurden etwa 50 Prozent an Arbeitsstunden und 31 Prozent Material-Einsatzgewicht gespart. Das spezifische Tendergewicht $G_{Tl}:(W+B)$ konnte von 750 kg/t auf 467,5 kg/t, eine Höchstleistung im deutschen Tenderbau, verringert werden.

Zur Kupplung mit der Lokomotive 52 7000 stellte Westwaggon noch 1942 eine als Kabinentender ausgebildete Variante des Wannentenders vor.

Eine zweite Tendergrundform der Kriegslokomotiven geht darauf zurück, daß die Wiener Lokfabrik gleichzeitig mit den Projekten 8636 einen neuen Tender vorgeschlagen hatte. Nach der Einstellung der Arbeiten an diesen Lokomotiven verlangte das RVM jedoch die beschleunigte Weiterentwicklung der Tenderkonstruktion zur Kupplung mit der BR 50. Der hierauf noch vor dem K 2'2'T 32 entstandene 4 T 30 ähnelte in seinem Äußeren sehr den vierachsigen Steifrahmentendern österreichischer Schnellzuglokomotiven. Gegenüber dem Tender 2'2'T 26 erbrachte er bei einer Lohnkostenersparnis von ungefähr 30 Prozent eine Verringerung des Einsatzgewichts von 36,6 t auf 28,9 t (—21 Prozent) und der Anzahl der Teile von 8837 auf 5136 (—42 Prozent). Versuchsweise wurde die Lok 50 2955 von Floridsdorf mit einem österreichischen Tender früherer Konstruktion verbunden und auf der Strecke Kasatin — Christinowka Probefahrten unterzogen. Kurz darauf gab man zehn Exemplare der neuen Bauart 4 T 30, darunter ein Tender bereits mit dem erweiterten Frostschutz ähnlich der späteren Anweisung 39 des Hauptausschusses ausgerüstet, in der Wiener Neustadt zum Bau. Sie bewährten sich — dank einem neuen, patentierten Querausgleich sowie einer neuartigen Abfederung der querverschiebbaren Achsen mit Rollenlagern — besonders auch beim Bogenlauf gut, obwohl Witte die Arbeitsausführung mehrfach bemängelte.

Noch während dieser Arbeiten hatte das Konstruktionsbüro der WLF — parallel zum BLW-Westwaggon-Entwurf des 2'2'T 34 (überleicht) — als Antwort auf die Anforderung eines für die BR 52 geeigneten Tenders den 4 T 36 (10 t Kohlenkasteninhalt) projektiert, der bezüglich der Verhältnisse $G_{Tl}:G_{Td}$ und $G_{Tl}:(W+B) = 459,0$ kg/t ebenso günstige, teilweise sogar günstigere Werte aufwies als der K 2'2'T 32, aber durch Fortfall der Drehgestelle, weitere Vereinfachung der Bremse (einseitige

Abbremsung) und der Abfederung erneute Arbeitsstundenersparnisse versprach. Da Westwaggon aber seine beiden Baumuster bereits innerhalb weniger Wochen vorstellen konnte, entschied man sich für die bereits ausgeführte Bauart.

Schon früher war jedoch, um noch ungenutzte Kapazitäten auszulasten, die Tenderbauart 4 T 30 ebenfalls auf ihre Verwendbarkeit mit der BR 52 überprüft und nach Anpassung an das allseitig geschlossene Führerhaus der Kriegslokomotive (hauptsächlich Entfall der Schutzwand) als K 4 T 30 in größerer Stückzahl bestellt worden. Für diesen Tender ergab sich nun ein Verhältnis $G_{Tl}:(W+B)$ von 623,3 kg/t. Die Wiener Lokfabrik wurde veranlaßt, alle von ihr gelieferten Kriegsloks BR 52 mit Steifrahmentendern zu kuppeln, die bei den Rax-Werken in Wiener Neustadt und bei den Eisenwerken Kaiserslautern hergestellt wurden. Dieser Tender wurde jedoch auch von anderen Lokfabriken ihren Maschinen beigegeben. Der Steifrahmentender der Lokomotive 52 6768 wurde versuchsweise mit Beugniot-Gestellen ausgerüstet. Im Mai 1943 ergab dann eine Ausliterung der Wannentender-Bauart, daß sie nur über 30 m³ Wasserkasteninhalt verfügt und deshalb nun als K 2'2'T 30 bezeichnet werden mußte. Das oben genannte spezifische Tendergewicht von 467,5 kg/t bezieht sich bereits auf den neu ermittelten Wasservorrat (Ndschr. 19 S. 9).

Die beiden Kondenstender-Bauarten 3'2'T 16 Kon und 2'2'T 13,5 Kon sind im Abschnitt „Kondenslokomotiven" beschrieben.

	Tenderleergewicht t	Kohlevorrat t	Tendergesamtgewicht	Tenderleergewicht kg je t Vorrat $G_{Tl}:(W+B)$	Erster Beschaffungspreis RM
2'2'T 26	25,5	8	59,5	750,0	32 000
K 4 T 30	23,8	8	61,8	626,3	25 000
K 2'2'T 30	18,7	10	58,7	467,3	
2'2'T 13,5 Kon	41,6	9	65,7	1848,9	88 100
3'2'T 16 Kon	48,6	9	74,3	1944,0	96 300

Versuchsergebnisse und Bewährung im Betrieb

Infolge der weitgehenden Identität der die Leistungsdaten bestimmenden Hauptabmessungen der Baureihen 50 und 52 sind die für erstere errechneten und ermittelten Leistungsdiagramme in vielen

Abb. 42: Der Kriegslokomotiven-Prototyp 52 001 wurde nach Ablieferung im September 1942 mehrfach ausgestellt. Um die bei der Konstruktion vorgenommenen Vereinfachungen besonders deutlich werden zu lassen, rangierte man sie neben die Lok 50 373 des Baujahres 1940. Die Waggons hinter dieser Maschine waren ebenfalls kriegsbedingt vereinfacht; sie enthielten eine Ausstellung der wichtigsten Bauteile der Kriegslokomotive.
(Foto: Ullstein Bilderdienst)

Abb. 43: Zum Jahresende 1942 unternahm die Leitung des Hauptausschusses Schienenfahrzeuge mit der Lokomotive 52 001, einer Maschine der Baureihe 50, dem Ausstellungszug sowie mehreren Schlafwagen eine Rundfahrt zu allen Werken der Gemeinschaft Großdeutscher Lokomotivfabriken, um ihnen das neue Modell vorzustellen. Das Bild zeigt den Zug auf dem Gelände der Aktiengesellschaft vormals Skodawerke in Pilsen.
(Werkfoto)

Abb. 44: In den Besprechungen über die Bestellung von Kriegslokomotiven der Reihen 52 und 42 mit Brotankesseln spielten immer wieder die Betriebserfahrungen mit den beiden Prototypen 50 3011 ÜK und 50 3012 ÜK eine wichtige Rolle. Sie wurden im Oktober 1942 von der Wiener Lokfabrik an die Reichsbahn abgegeben, konnten sich jedoch nicht durchsetzen.
(Werkfoto)

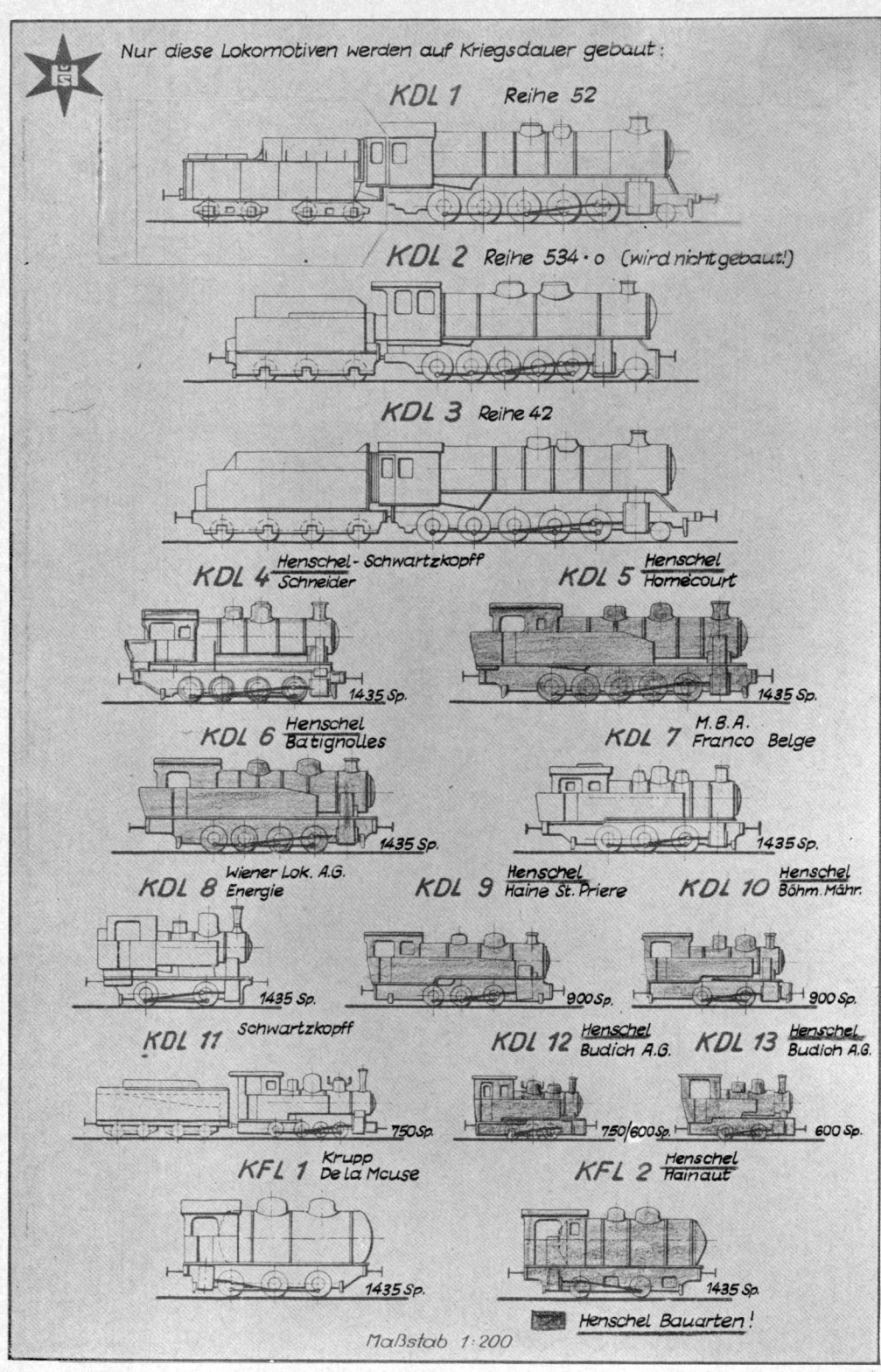

Abb. 45: Dieses Typenblatt gibt eine Übersicht derjenigen Maschinen, die in das Programm der Kriegs-Dampflokomotiven aufgenommen wurden. Es wurde am 21. November 1942 unter besonderer Berücksichtigung der Henschel-Bauarten für den Arbeitsausschuß Typenbereinigung und Auftragsregelung aufgestellt.

(Henschel-Typenblatt Nr. 766)

Abb. 46: Auch die letzten Lieferungen der Übergangs-Kriegslokomotiven waren bereits stark frostgeschützt. Zwar sind bei den von Krauss-Maffei im Januar 1943 fertiggestellten Maschinen 50 2838 ÜK und 50 2840 ÜK die Lichtmaschinen auf dem Kessel noch nicht verkleidet, doch die Schornsteinabdeckung ermöglicht längere Abstellzeiten im Freien.

(Foto: Sammlung Buchholz)

Abb. 47: Im Winter 1942/43 spielte der Frostschutz für die Kriegslokomotiven eine wichtige Rolle. Die im Februar 1943 von Henschel & Sohn gebaute 52 2132 war mit dem erweiterten Frostschutz ausgestattet, der äußerlich sogleich an der Schornsteinabdeckung und dem isolierten Tenderwasserkasten zu erkennen war. Die Tenderbauart selbst ist von der Baureihe 50 übernommen.

(Foto: Maey, Verkehrsmuseum Nürnberg)

Abb. 48: Auch die Krauss-Maffei unter der Fabriknummer 16 504 im April 1943 abgelieferte Lokomotive 52 3378 besaß den erweiterten Frostschutz, war jedoch mit dem Wiener Kastentender K 4 T 30 gekuppelt.

(Werkfoto)

Abb. 49: Am Treibstangenkopf werden die Vereinfachungen bei der Herstellung von Teilen für die Kriegslokomotive besonders deutlich. Hier zunächst ein Stangenkopf der Friedensausführung: Stange und Kopf sind aus einem Teil in Freiform geschmiedet und hierauf allseitig durch Fräsen bearbeitet.
(Foto: Deutsche Reichsbahn, Hilfsheft 605)

Abb. 50: Der Treibstangenkopf für die Kriegslokomotiven wurde im Gesenk geschmiedet und hierauf mit besonderen Walzprofilstangen zusammengeschweißt. Auf eine weitere Oberflächenbearbeitung wurde ebenso wie auf die bisherigen Schmiergefäßverschlüsse verzichtet.
(Foto: Deutsche Reichsbahn, Hilfsheft 605)

Abb. 51: Die Sonderbauart der Kriegslok mit Krauss-Wellrohrkessel unterschied sich in diesem Bauteil ganz erheblich von der Regelausführung. Der Versuch mit dem stehbolzenlosen Kessel war unternommen worden, um Arbeitsaufwand einzusparen. Fünf Maschinen mit den Betriebsnummern 52 3620 bis 52 3624 von Krauss-Maffei waren vorgesehen, hatten jedoch nicht den erhofften Erfolg.
(Werkfoto)

Abb. 52: Ein weiterer Versuch wurde mit der Steuerung der Kriegslok angestellt: Die von Maschinenbau-Bahnbedarf im Jahre 1943 gelieferte Lokomotive 52 4915 wurde mit Lentz-Ventilsteuerung ausgestattet, da diese einen geringeren Dampfverbrauch ermöglichen sollte. Doch weder die Meßfahrten im Kriege noch die 1954 vom Versuchsamt der Bundesbahn in Minden durchgeführten Messungen, bei denen das Foto entstand, erbrachten überzeugende Ergebnisse.
(Foto: Düring, Sammlung Bellingrodt)

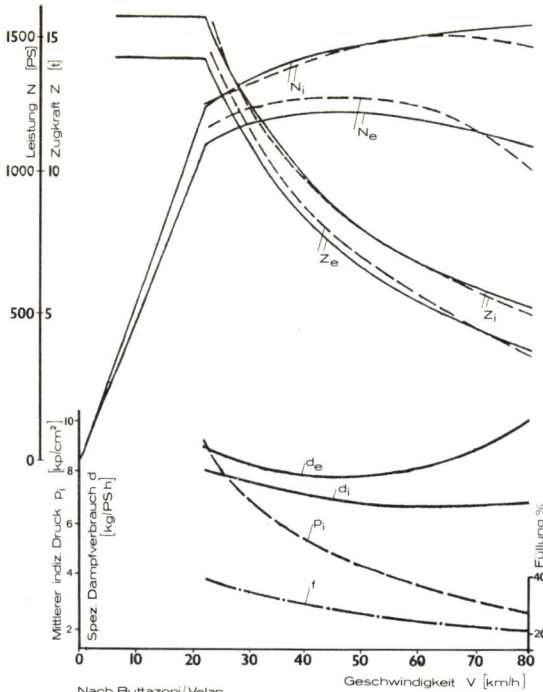

Abb. 53: Leistung und Zugkraft der Baureihen 50/52 bei 57 kg/m²h Heizflächenbelastung (voll gezeichnet) rechnerisch, für Lokomotive 52 180 (durchbrochen) durch Versuchsfahrten ermittelt. Der untere Teil zeigt die dabei für die 52 180 festgestellten Werte von d_e, d_i und p_i mit den zugehörigen Füllungen.

Fällen auch für die Kriegslokomotive gültig[87]). Durch das Fehlen der Vorwärmeranlage ist jedoch bei der BR 52 theoretisch bei b_H = 57 kg/m²h der Wärmeaufwand je Kilogramm Dampf höher; durch die stärkere Rostbelastung zur Erzielung der Nenndampfleistung ist der Kesselwirkungsgrad in diesem Bereich folglich niedriger als bei der BR 50. Hieraus müßte sich für die Kriegslok ein Kohlenmehrverbrauch gegenüber der Ausgangsbauart für die gleiche Nutzleistung sowie eine geringere Überlastbarkeit ergeben. Sieht man davon ab, daß der Vorwärmer-Ausnutzungsgrad von 100 Prozent im Betrieb nie erreicht werden kann, so hat auch der von der Theorie wenig beachtete Übergang vom Überhitzer nach Wagner zum alten Schmidt-Überhitzer bei der BR 52 in der Praxis dann zu einer abweichenden Erscheinung geführt. Während nämlich die systematischen (Meßwagen-)Versuche bei

hohen Kesselbelastungen für die BR 52 gegenüber der BR 50 einen Kohlenmehrverbrauch bis zu 45 Prozent auswiesen (begründet in erstklassiger Pflege des Vorwärmers und des Überhitzers), ergaben die Betriebsstatistiken nach der Niederschrift über die 21. Sitzung vom Arbeitsausschuß Konstruktion (Anl. 5 S. 20 f.) für die BR 50 einen Kohlenverbrauch von 23,9 t/1000 km, für die BR 52 aber nur 19,15 t/1000 km, also 18 Prozent Ersparnis der Kriegslok.

Ergebnisse des LVA Grunewald liegen nur in bescheidenem Umfang und nur für die Barrenrahmentype vor. Da die 52 001 durch die Vorstellungsfahrt zu den Lokfabriken nicht zur Verfügung stand, wurde die 52 180 (Schwartzkopff 12 185, Anfang 1943, vorgesehen als 50 3224 ÜK) dazu verwendet[88]). Das Schaubild zeigt die in den systematischen Versuchen ermittelten Werte für die indizierte und effektive Leistung (N_i und N_e) sowie die entsprechenden Zugkräfte (Z_i und Z_e) der 52 180 gestrichelt, die sich mit den errechneten Werten für die BR 50 und 52, deren Übereinstimmung vorausgesetzt wurde, in befriedigender Ähnlichkeit befinden. Der untere Teil des Diagramms zeigt in Abhängigkeit von V den spezifischen Dampfverbrauch (d_e und d_i), den mittleren indizierten Druck (p_i) und die diesen Werten zugehörigen (Skalen-)Füllungen bei b_H = 57 kg/m²h; jedoch ohne Vergleichsangaben für die BR 50. Vergleichbare Kurven liegen mir nicht vor; es ist aber bekannt, daß d_e bei V = 60 km/h bei beiden Baureihen 8 kg/PS$_e$h beträgt (Abb. 53). Nach Buttazoni/Velan liegt für die BR 52 der günstigste indizierte Dampfverbrauch bei 6,7 kg/PS$_i$h bei V = 66 km/h. Die entsprechenden Effektivwerte lauten d_e = 7,8 kg/PS$_e$h bei V = 47 km/h, befinden sich also in dem für Güterzuglok wichtigsten Arbeitsbereich zwischen 40 und 50 km/h.

Nach dem, was oben über die relative Betriebsuntauglichkeit des Wagner-Überhitzers gesagt wurde (Verklemmen des Elements im Rauchrohr, schlechte Austausch- und Dichtungsmöglichkeit), vermittelte der bei niedrigen Heizflächenbelastungen günstigere Kesselwirkungsgrad der Kriegslok ihr im unteren Geschwindigkeitsbereich eine geringfügige Überlegenheit der Zugkraft und möglichen Anhängelast. Dies wird durch die Gegenüberstellung der nach DV 939 a mit verschiedenen Geschwindigkeiten auf einigen typischen Steigungen von beiden Baureihen zu befördernden Zuglasten angedeutet:

---

[87]) Die Ergebnisse der Baureihen 50/52 können erst im Vergleich mit den anderen Einheitsloks der Reichsbahn richtig ausgewertet werden. Siehe daher die umfassende Veröffentlichung der Versuchsergebnisse von Reichsbahnlokomotiven bei Hans Nordmann: Theorie der Dampflokomotive auf versuchsmäßiger Grundlage. — In: Organ f. d. Fortschritte des Eisenbahnwesens 85 (1930), S. 225—270. Leider wurden Versuche oberhalb der Kesselgrenze nur zaghaft durchgeführt.

[88]) Dargestellt bei Buttazoni/Velan: Die Kriegslokomotiven der Deutschen Reichsbahn. — In: Maschinenbau und Wärmewirtschaft 5 (1950), S. 25—50. Vgl. auch Ndschr. 24 (21. Oktober 1943), Anlage 3, S. 19.

Steigung	BR 50					BR 52					BR 52 Kon*					V(km/h)
	25	40	55	70	80	25	40	55	70	80	25	40	55	70	80	
1 : ∞			1670	960	670			1680	960	635			1630	910	605	Wagenzuggewicht (t)
1 : 500		1685	1035	640	460		1705	1050	635	435		1650	1005	600	405	
1 : 200	1660	995	630	400	290	1710	1010	640	405	275	1690	965	605	370	250	
1 : 100	930	555	350	220	155	960	565	360	225	145	945	535	330	195	120	
1 : 50	455	255	145			475	260	155			455	235	125			

*) für beide Tenderbauarten.

Sonderbauarten

Trotz der für die Kriegslokomotiven angestrebten größtmöglichen Einheitlichkeit der Maschinen befanden sich unter den von der DR bestellten Lokomotiven 305 und unter den an die DR gelieferten Einheiten 223 von den beiden Regelausführungen nach Fld 1.01 Bl 049 abweichende Lokomotiven[89]. Der Anteil der Sonderausführungen an den Lieferungen beträgt damit 3,6 Prozent.

Die einzelnen Sonderformen sind nach Planung und Lieferung in der auf Seite 119 folgenden „Lieferungsliste" aufgeführt, wobei die Lokomotiven 52 524— 525 vollständig geschweißte Blechrahmen (im August 1943 fertiggestellt, 4400 kg Materialersparnis, aber unverminderter Zeitaufwand; sollte zunächst an Loks mit Lentz-Ventilsteuerung versucht werden)

---

[89]) Loks mit erweitertem Frostschutz nach Anweisung 39 des Hauptausschusses werden nicht als Sonderbauarten betrachtet. Daneben wurden unzählige Versuche mit abgeänderten Ausrüstungsteilen unternommen, deren Verstreuung auf eine Vielzahl von Maschinen Klagen des Betriebs nach sich zog. Im März 1944 (Ndschr. 28, 13. März 1942, Anlage 8) wurde deshalb beschlossen, diese Abweichungen von der Regelbauart in kleineren Versuchsgruppen zusammenzufassen.

5058—5074 geschweißte Langkessel
7468—7493 eingeschweißte gewindelose Stehbolzen

sowie die Einzelstücke mit verschiedenen Vorwärmern keiner näheren Erläuterung bedürfen.

Die Mehrzahl davon wurde — wie auch die zur Ausstattung mit Wellrohrfeuerbüchse und Ventilsteuerung vorgesehenen Einheiten — entworfen, um Arbeitsstunden und Qualitätswerkstoffe zu sparen und um Bauteile zu erproben, die benutzt werden könnten, falls eine Werkstoffverknappung die Verwendung der üblichen Teile nicht mehr gestatten sollte. Daneben waren es die besonderen klimatischen Gegebenheiten der als Einsatzgebiete der Kriegslokomotiven vorgesehenen Länder, die den Entwurf und den Bau neuer Untertypen erforderlich machten.

Kondenslokomotiven

Zu dieser letzteren Gruppe zählen neben den 1108 Lokomotiven mit erweitertem Frostschutz jene Maschinen, die zum Betrieb im südwestlichen Teil der Sowjetunion mit einem Kondensationstender zur

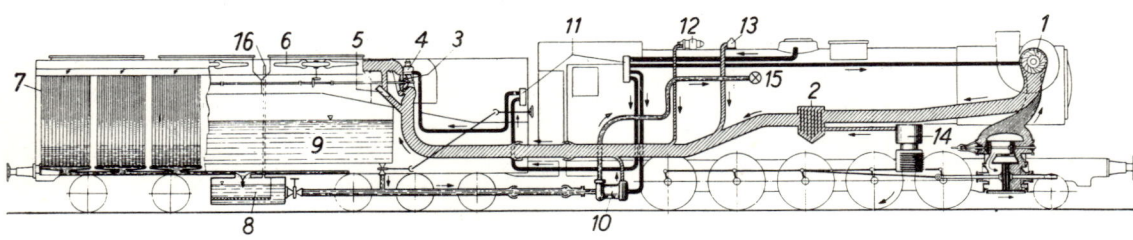

Abb. 54: Wirkungsschema der Kondenslokomotiv-Bauart 52. Es bedeuten: 1 = Saugzuggebläse, 2 = Abdampfentöler, 3 = Lüfterturbine, 4 = Umleitventil, 5 = Abdampfnebenleitung, 6 = Lüfterrad, 7 = Kondensatorelement, 8 = Kondensatbehälter, 9 = Rohwasserbehälter, 10 = Turbospeisepumpe, 11 = Armaturenstutzen, 12 = Lichtmaschine, 13 = Sicherheitsventil, 14 = Luftpumpe, 15 = Kesselspeiseventil.

(Aus Ewald [18], S. 405)

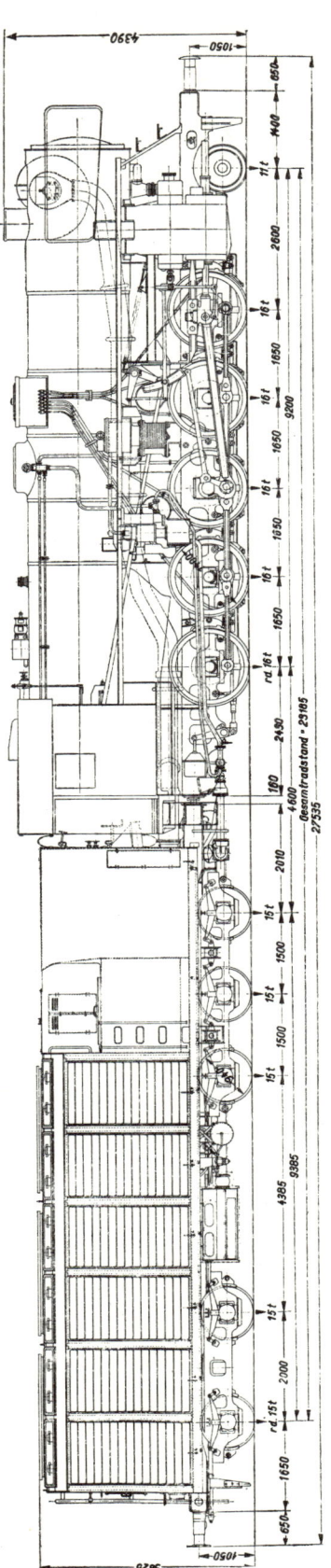

Abb. 55: Gesamtansicht der Kondenslokomotive mit fünffachsigem Tender, entwickelt für den Betrieb in der Sowjetunion.

Rückgewinnung des Speisewassers verbunden waren. Diese Einrichtung ist sowohl in sehr trockenen Gebieten als auch in Gegenden mit kalkhaltigem Wasser von großem Nutzen. Henschel hatte sie seit 1931 bereits mit einigem Erfolg nach Argentinien, in die UdSSR und den Irak geliefert. Bei ihr entwich der Zylinderabdampf nicht durch den Auspuff ins Freie, vielmehr wurde er niedergeschlagen und dem Speisesystem erneut zugeführt.

Den Weg des Dampfes mit dem Abdampf der Speisepumpen, der Lichtmaschine und eines Sicherheitsventils über ein Saugzuggebläse zur Feueranfachung und den Plattenölabscheider zum Tender zeigt Abb. 54. Drei Ventilatoren von 2000 mm Ø saugten die Kühlluft durch Kraftfahrzeugkühlern ähnliche Kühlelemente und drückten die erwärmte Lufte nach oben aus dem Tender, der ursprünglich von DEMAG-Benrath gefertigt werden sollte. Dabei wurde der Dampf gerade so weit abgekühlt, daß er kondensierte und als Wasser von ~ 90 °C wieder zur Kesselspeisung herangezogen werden konnte. Mit Ausnahme von 4—8 Prozent Rohwasser, die als Ersatz für Undichtigkeiten, Heizungsverluste usw. zugesetzt werden mußten, wurde der Kessel also mit Kondensat gespeist, was der Anlage zusätzlich noch die Charakteristik eines Vorwärmers mit Kesselschonung und Kohlenersparnis gab. Da die Kondensationsanlage durch die im Abdampf noch enthaltene Energie betrieben werden konnte, blieb sie ohne Rückwirkungen auf die Leistung der Lok[90], welche bei voller Auslastung mit einer Tenderfüllung etwa 1000 km, also je nach Jahreszeit etwa das Siebenfache der Regelausführung, zurücklegen konnte.

Bereits am 28. Februar 1943 konnte die 52 1850 als erste Kondenslok einer mit 240 Einheiten bei Henschel (F.-Nr. 27 178 ff.) geplanten Serie abgeliefert werden. Sie kam zuerst zum LVA Grunewald, wurde im Juli 1944 jedoch durch die 52 1949 ersetzt. Der Bau der Kondenslok verlief zunächst stockend, weil die Kondensatorelemente von Hand hergestellt[91] werden mußten, ehe man dazu überging, sie maschinell zu fertigen, zu verzinken und zusammenzulöten. Die Nummern 52 1851—1889 kamen bei der RVD Rostow (Don) zum Einsatz;

---

[90]) Vgl. die Tabelle im vorstehenden Abschnitt, ferner DV 939 a [7].

[91]) Die Kondensatoren bestehen aus flach gezogenen Rohren, an die in Abständen von 4 mm 0,4 mm starke verzinkte Bleche und in Abständen von 6 mm ebensolche stärkere Bleche aufgesetzt sind, so daß sie sich jeweils übergreifen. Die Rohre sind 10 mm voneinander entfernt; die Kondensationsfläche beträgt insgesamt etwa 1800 m². Pläne, die Tender auch bei Escher-Wyss in der Schweiz fertigen zu lassen, erlaubte die Devisenlage (Wirtschaftsminister) nicht.

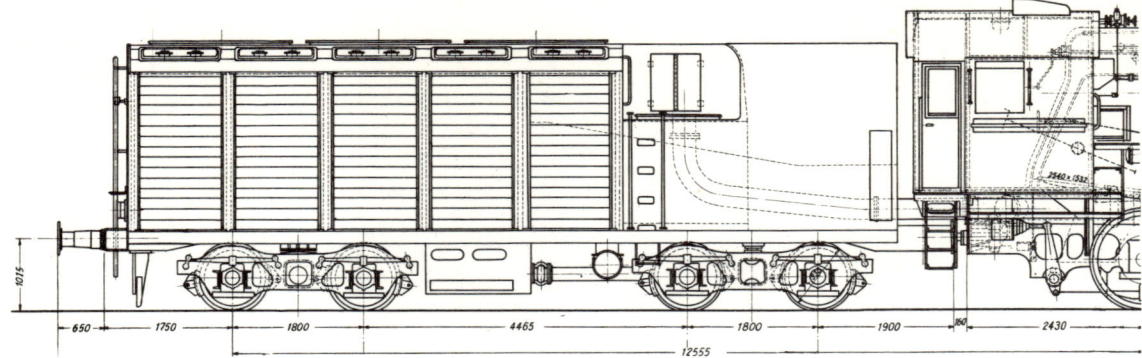

Abb. 56: Vierachsiger Kondenstender für den Einsatz in Mitteleuropa, entstanden 1944.
(BZA Minden, Zeichnung Nr. Fld 1.01 Blatt 47)

bald wurden auch die Bereiche Königsberg, Berlin und Brüssel damit beliefert. Ihre ursprünglichen Einsatzgebiete waren deutscher Betriebsführung schon wieder entglitten, doch schätzte man sehr ihre Reserve bei der überstürzten Räumung weiter Gebiete, als sie von der Wasserversorgung weitgehend unabhängig waren und auch dort noch Züge fahren konnten, wo die Regelloks wegen Wassermangels das Feuer herausreißen mußten.

Dennoch gehört zu den schwer verständlichen Kapiteln der Kriegslokgeschichte, weshalb diese teuere und aufwendige Bauart bis über den Tag der Kapitulation hinaus geliefert wurde. Zwar wurde schon am 5. Oktober 1943[92]) festgestellt, die Reichsbahn benötige durch die veränderte Lage künftig weniger Kondensloks, so daß man die BR 42 Kon nicht aufzulegen brauche, doch die auf 240 Einheiten bemessene Serie der BR 52 Kon wurde weiter abgewickelt. Daß dies auch 1944 noch sehr bewußt geschah, ersieht man aus einer speziellen Konstruktionsänderung: Während des Einsatzes in Mitteleuropa stieß man nämlich beim Versuch, die Lok zu wenden, zunächst auf erhebliche Schwierigkeiten, da man den mit der Lok gekuppelten Tender 3'2'T 16 Kon (9 t Kohlenkasteninhalt) im Hinblick auf die Verwendung in der Sowjetunion und die dort möglichen Gleisdreiecke ohne Rücksicht auf die Länge ausgebildet hatte. Die hierdurch hervorgerufene Länge über Puffer von 27 535 mm bei einem Gesamtachsstand von 23 185 mm verhinderte nun — so die offizielle Begründung für die Verwendung kleinerer Tender — die Benutzung der 23-m-Drehscheibe, so daß ab Mitte 1944 und ab Lok 52 1987 der Tender 2'2'T 13,5 mit unverändertem Kohlenvorrat

beigestellt wurde[93]), durch dessen Verwendung sich als $L_{üP}$ 26 205 und als a_g 21 755 mm ergaben.

Mit beiden Tendern ist den Kondenslokomotiven das Befahren von Ablaufbergen nicht gestattet, da die Leitungskupplungen mit dem Tender nicht über die notwendige Beweglichkeit verfügen. Daneben wurde, gleichfalls mit Rücksicht auf den das Lichtraumprofil (Anlage F der BO) ausfüllenden Tender und die dadurch sehr eingeschränkte Streckensicht, zunächst erwogen, die BR 52 Kon ausschließlich zur Vorwärtsfahrt zuzulassen. Aus betrieblichen Gründen wurde hiervon jedoch abgesehen und die Fahrgeschwindigkeit vw/rw auf 80/50 km/h festgesetzt.

Bis Kriegsende waren 169 Lokomotiven dieser Gattung angeliefert; bis Januar 1946 wurden weitere 9 Maschinen fertiggestellt. Um den Einsatz aller Kondenslokomotiven zu ermöglichen, die in den drei westlichen Besatzungszonen verblieben waren, lieferte Henschel vom Januar 1946 bis zum April 1949 weitere 29 Tender der Bauart 2'2'T 13,5 Kon (F.-Nr. 27 357—385), die anstelle der fünfachsigen Tender Verwendung fanden; die Betriebsnummern 52 2028—2089 wurden nicht mehr besetzt.

Schon bald nach Kriegsende wurden die Kondenslokomotiven der Westzonen im Raum Westfalen (ED Münster), jene der Ostzone im Bw Cottbus zusammengezogen. Da die Möglichkeit für ihren wirtschaftlichen Einsatz in Deutschland mit seinem dichten Netz der Wasserstationen jedoch kaum bestand, wurden die Lokomotiven der BR 52 Kon bei der DB mit der allgemeinen Ausmusterung der Kriegsloks ebenfalls aus dem Verkehr gezogen und von 1954 an in einzelnen Stük-

---

[92]) Sitzung der Leiter der Arbeits- und Betriebsausschüsse vom 5. Oktober 1943. Die endgültige Entscheidung über den Bau der Kondens-42 wurde auf Januar 1944 vertagt.

[93]) Über den Zeitpunkt und die Betriebsnummer des Wechsels bestand einige Unklarheit, die jedoch als beseitigt gelten darf.

ken als Heizlokomotiven verwandt[94]). Die bei der DR verbliebenen Kondensloks wurden, nachdem auch erwogen worden war, sie an die UdSSR abzugeben, aus Gründen der Typenbereinigung in die Normalausführung umgebaut und unter ihren alten Betriebsnummern wieder in Dienst gestellt. Da die bei der DB durch die Ausmusterung frei gewordenen Tender aber noch in recht gutem Gesamtzustand waren, wurden sie nicht wie die Mehrzahl der Lokomotiven verschrottet, sondern bereits seit Ende 1949 in den Werken von Orenstein & Koppel AG unter Beibehaltung des Fahrgestells in Schüttgut-Großgüterwagen umgearbeitet[95]).

Zwei weitere Tender der vierachsigen Bauart ließ die Abteilung für Wärmetechnik der Versuchsanstalt Minden (Westf.) 1959 und 1961 im AW Bremen mit Puffern und Kupplung versehen, baute dann eine Vorrichtung zur Minderung hoher Dampfdrücke und -temperaturen ein und verwendet sie seitdem bei Abnahmeuntersuchungen an ortsfesten Dampferzeugern der DB, um ständig eine konstante Versuchslast einstellen zu können. Dabei wird der Dampf nicht, wie oft üblich, ins Freie abgelassen, sondern niedergeschlagen und dem Speisewasserbehälter der untersuchten Anlage wieder zugeführt. Vor ihrer Umzeichnung auf „Prüfwagen 5011 Han" und „5012 Han" waren die beiden Tender mit den Lokomotiven 52 1994 und 52 1972 gekuppelt.

Über den anteilmäßigen Verbleib der 178 Maschinen bei den verschiedenen Bahnen gibt nachstehende Aufstellung Auskunft:

DB	116	
DR	25	
ausgem. vor 1947	3	(52 1870, 1901, 1933)
PKP	8	(52 1909, 1926, 1956, 1958, 1975, 1981, 1998 und 52 2010)
SNCB*	(3)	(52 1973, 1977, 1992)
SNCF	1	(52 1993)
U.S. Army	1	(52 2006)
unbekannt	24	
Lok-BR 52 Kon:	178	

*) 1950 zurück an DB; im DB-Bestand (116) enthalten.

---

[94]) So z. B. 52 1893, 1895 und 1898 als Kat.-Nr. 93, 475 und 476 in Rosenheim, 52 2025 als Kat.-Nr. 1008 in Nürnberg. Vgl. auch Griebl/Wenzel [15], S. 63.

[95]) Werk Dorstfeld: 1949/50 — 25 KKt 46; 5achsig. 1953 — 25 KKt 46; 5achsig. Werk Spandau: 1954 — 4 OOt 53; 5achsig. — 9 OOt 53; 4achsig. — 12 KKt 44; 5achsig. Somit wurden 66 fünfachsige und 9 vierachsige Kondenstender zu Großgüterwagen umgearbeitet.

Die Mehrzahl der 24 Lokomotiven, deren Verbleib unbekannt ist, hat sich bei Kriegsende vermutlich in der südlichen UdSSR befunden. Auskünfte darüber, ob sie dort von den SZD (evtl. auch in Normalausführung) wieder in Betrieb genommen wurden, liegen nicht vor. Während bei den meisten Bahnen die Kondensmaschinen Anfang der fünfziger Jahre aus dem Verkehr gezogen werden mußten, da keine Ersatzteile mehr zur Verfügung standen, befand sich die bei den SNCF hinterlassene 52 1993 bis zu ihrer Ausmusterung am 7. April 1959 beim Depot Hausbergen als Kondenslokomotive im Einsatz.

Besondere Kesselbauarten

Um den Versuch mit dem Krauss-Wellrohrkessel verständlich zu machen, muß erwähnt werden, daß Degenkolb als Maschinenbauer ohne spezielle Kenntnisse der Lokomotivkonstruktion der üblichen Stehkesselausführung mit den komplizierten, arbeitsaufwendigen Stehbolzen sehr mißtrauisch gegenüberstand und jede Gelegenheit aufgriff, sie möglicherweise durch eine viel einfachere Bauart abzulösen. So verwundert es nicht, daß er auf die Mitteilung von Krauss-Maffei, im Wellrohrkessel sei ein solches Modell zu erblicken, sofort nach München reiste, um die Entwurfszeichnungen einzusehen. Die überraschend guten Erfahrungen, die man mit diesem Typ im ortsfesten Dampfmaschinenbau erzielt hatte, veranlaßten Degenkolb trotz der schlechten Ergebnisse im Betrieb der KPEV, am 3. August 1942 noch an Ort und Stelle bei Krauss-Maffei fünf Versuchsloks (52 3620—3624; F.-Nr. 16 671—675) mit Wellrohrfeuerbüchse zu bestellen, bei denen der Feuerraum als Wellrohr ausgebildet war. Anstelle des Dampfdomes wurde ein Dampfsammelrohr von 521 mm ⌀ vorgesehen, das den Dampf über einen Krümmer dem Sammelkasten zuführt (Vgl. Ndschr. 24 Anl. 4 S. 29). Die 52 3620 wurde im Oktober 1943 fertiggestellt und anschließend bis März 1944 vom LVA Grunewald in Plattling erprobt. Mehrere Änderungen, die sich hierbei an der Bodenringverbindung ergaben (wo zwei rechteckige Ausschnitte für den Ascheaustritt das Kräftegleichgewicht beeinflußten), wurden auch an den im Bau befindlichen Loks vorgenommen. Die Maschinen 52 3621—3623 kamen bis Ende Februar 1945 zur Ablieferung, während die fünfte Lok nur in Teilen vorhanden war und nicht mehr fertiggestellt wurde. Alle vier Maschinen erlitten Kriegsschäden unterschiedlichen Ausmaßes und kamen deshalb schon bald ins Werk zurück, das die Loks 52 3620, 3622 und 3623 nach

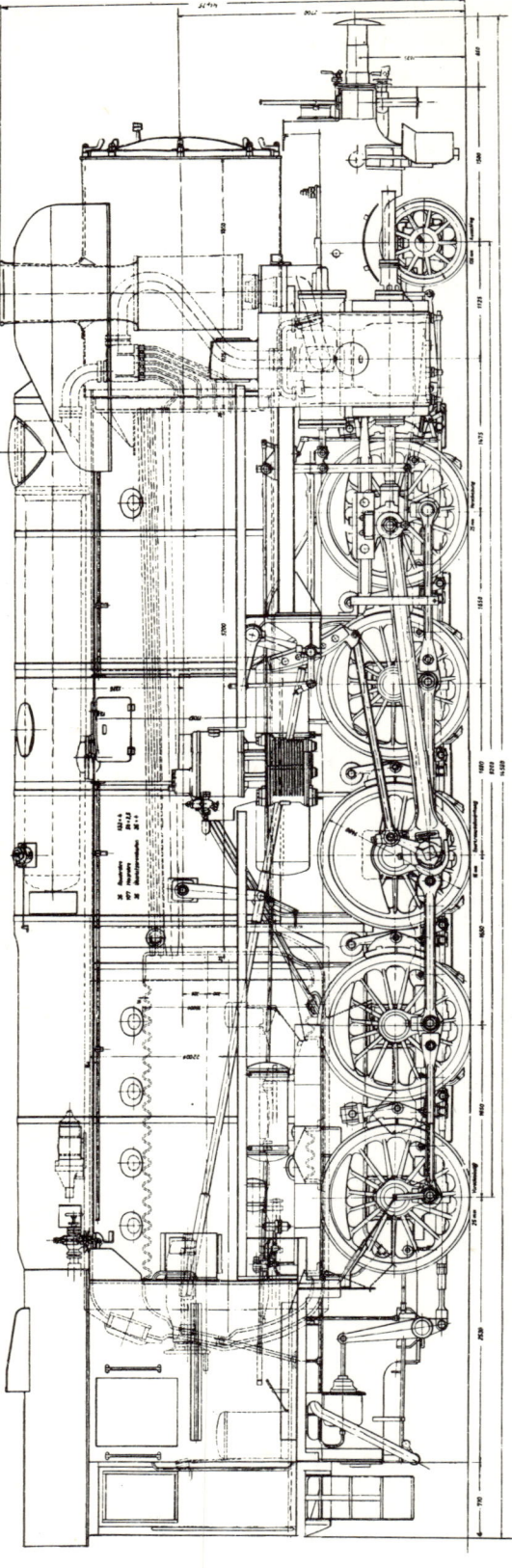

Abb. 57: Übersicht der Kriegslokomotiv-Sonderbauart mit Krauss-Wellrohrkessel.

Freigabe durch die Besatzungsmacht für das Bw Mühldorf instandsetzte. Dort gingen sie nach erneuter Abnahme durch die Bahnen der US-Zone bis März 1946 in Betrieb (weshalb einige Quellen die Maschinen als Nachkriegsauslieferungen bezeichnen) und machten sich durch gute Überhitzung und reichliche Dampflieferung zunächst auch recht beliebt. Wie schon fünfzig Jahre früher bei den preußischen Maschinen, platteten sich jedoch auch bei diesen drei Loks die von Prof. Föppl entwickelten Wellrohre schon nach relativ kurzer Zeit ab, so daß die Fahrzeuge 1948 wegen der Explosionsgefahr vorläufig aus dem Betrieb gezogen werden mußten, später jedoch nicht mehr eingesetzt und zum 20. November 1952 bei der BD München ausgemustert wurden, nachdem sie schon längere Zeit völlig verrostet auf dem Abstellgleis gestanden hatten.

Degenkolbs Wunsch nach Vorlage eines stehbolzenlosen Kessels folgend, hatte auch die bereits durch Lieferung zahlreicher Brotankessel an österreichische und ungarische Bahnen während des Ersten Weltkriegs erfahrene Wiener Lokfabrik wieder Entwürfe eines Wasserrohrkessels vorgelegt. War es 1915 jedoch hauptsächlich Kupfermangel gewesen, der zu einer Abkehr von der herkömmlichen Feuerbüchse gezwungen hatte, so bewogen nun die nachstehenden Vorteile dazu, am 26. Mai 1942 die Versuchslok 50 3011 und 3012 ÜK bei WLF in Auftrag zu geben:

a) Ersparnis von etwa 3 t Einsatzgewicht je Kessel.

b) Ersparnis von 500 Arbeitsstunden; unberücksichtigt die durch Verlagerung eventuell weiter beschleunigte Produktion, da zahlreiche komplizierte Werkzeuge für die Kesselfertigung (Stehbolzendreheinrichtungen usw.) entfallen waren.

c) Möglichkeit leichterer Kesselreinigung; in der Folge Verlängerung der Frist zwischen zwei Auswaschtagen auf das Dreifache der üblichen Frist (20 Tage).

Um die Versuchsbasis mit dem neuen Kessel zu verbreitern, war sich der Hauptausschuß in der Sitzung vom 19. Oktober darin einig, der WLF auch die Ausführung von 50 Loks der BR 52 nach Brotan zu übertragen. Als in der Konstruktionsausschußsitzung vom 27. Januar 1943 jedoch der Entschluß gefaßt wurde, die BR 42 mit Brotankessel zu beziehen, wurde dieser Auftrag mit Anordnung HA 103 vom 28. Januar 1943 zurückgezogen. Doch auch die Betriebserfahrungen mit der 50 3011 beim LVA Grunewald und der 50 3012 beim Bw Köthen ließen die Ausschußmitglieder zögern, weitere Brotanloks zu bestellen. Große Schwierigkeiten mit der Vorkopfbefestigung

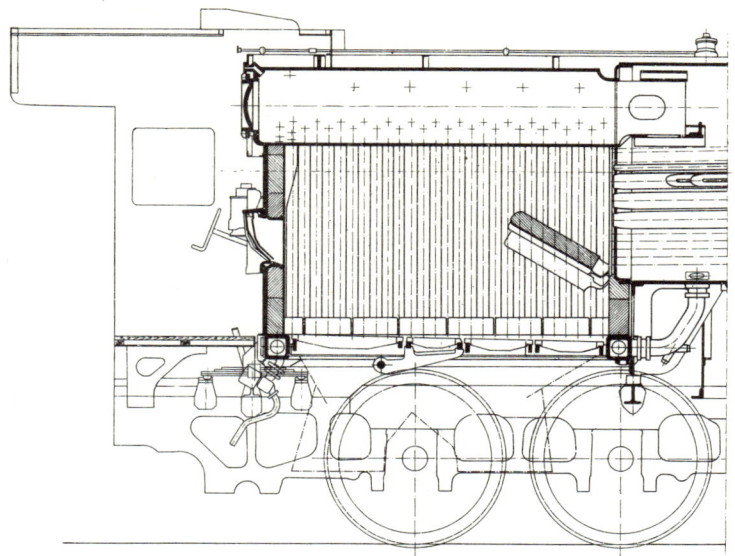
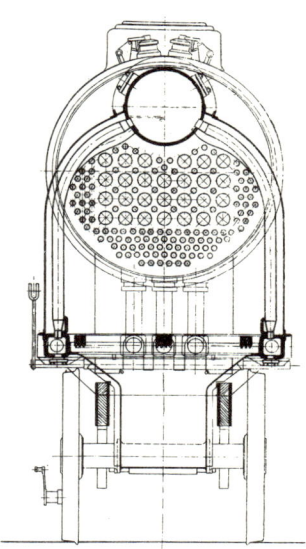

Abb. 58: Entwurf zum Brotan-Wasserrohrkessel für die Baureihe 52.

(Aus Witte [5], Bild 15)

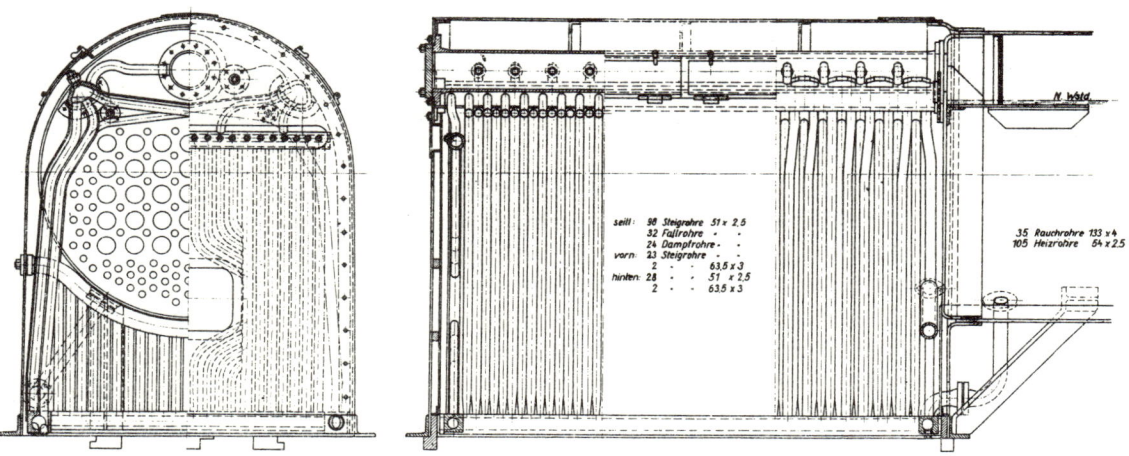

Abb. 59: Projekt der Schmidt'schen Heißdampf-Gesellschaft über eine Wasserrohr-Feuerbüchse für die Kriegslokomotive.

(Ndschr. 18, Anlage 9)

(Anrisse) und das betriebsgefährliche Zusetzen der Rohre, wenn wegen des Kriegseinsatzes und der ausgesprochen schlechten Wasserverhältnisse im Osten die verlängerten Auswaschfristen nicht eingehalten werden konnten, ließen bei vollständiger Ausrüstung einer Lokbaureihe mit Brotankessel die Gefahr des plötzlichen Ausfalls ganzer Serien erkennen. Die Lok 50 3011 wurde im Dezember 1943 noch versuchsweise mit geteiltem Brotankessel nach Vorschlag Nielebock ausgerüstet[96]), doch konnten auch dessen betriebliche Eigenschaften nicht so überzeugen, daß neben den Prototypen 42 0001 und 42 0002 weitere Brotanloks be-

stellt worden wären. Der Vorschlag eines Wasserrohrkessels von der Schmidt'schen Heißdampfgesellschaft[97]) wurde nur kurz besprochen und dann abgelehnt, weil bis zu einer Serienreife zu viel Zeit und Arbeit aufgebracht werden mußte.

Lentz-Ventilsteuerung

Versuche mit Ventilsteuerungen verschiedener Systeme haben zur Länderbahnzeit die Bahnen Oldenburgs und Preußens durchgeführt, ohne daß sie sich durchzusetzen vermocht hätten. In den dreißiger Jahren waren es österreichische und fran-

[96]) Ndschr. 25/26 (18./19. Januar 1944), Anlage 16.

[97]) Ndschr. 18 (28. Mai 1943), Anlage 9.

zösische Lokomotiven, deren Versuchsergebnisse zum probeweisen Einbau von Ventilsteuerungen bei den Einheitslokomotiven 03 175, 03 207 und 64 293 geführt hatten. Da sich ihre Leistungs- und Verbrauchswerte aber von denen der Normalausführungen nicht unterschieden, hielt man bei der Deutschen Reichsbahn (Prof. Nordmann) die Ventilsteuerung für abgetan. Ihr Hauptverfechter jedoch, Baurat Hugo Lentz, ließ sich davon nicht beirren, und suchte unter den Technikern in der nationalsozialistischen Partei nach Anhängern der von ihm inzwischen weiterentwickelten Steuerung. Auf deren Fürsprache ist zurückzuführen, daß Degenkolb, der sich zunächst gegen eine so komplizierte Steuerung für die Kriegslok ausgesprochen hatte, schließlich genehmigte, die Lok 52 4915 (MBA, F.-Nr. 13 985) mit der von Blohm & Voß gebauten Lentz-Steuerung zu liefern. In ihrer jüngsten Bauvariante wurde die Nockenwelle durch eine eigene Antriebswelle betätigt, deren Bewegung mittels eines Kegelradgetriebes von der Treibachs-Gegenkurbel abgenommen wurde. Die Lok wurde im November 1943 abgeliefert. Eine Skizze der Steuerung ist bei Stockklausner/Weinstötter[98]) veröffentlicht. Die Versuche in der Umgebung von Regensburg litten unter häufigem Hängenbleiben der Auslaßventile[99]), gerieten durch den Widerstand der Reichsbahn und die weitere

Entwicklung des Krieges auch bald in Vergessenheit.

Nach 1945 gelangte die Lokomotive 52 4915 zur DB. Dort erhielt sie 1948 eine Untersuchung L 3 und kam beim Bw Minden wieder zum Einsatz; ihr Kohlenverbrauch wurde zu 18,91 t/1000 km errechnet. Immer wieder trat sie hingegen durch lange Ausfallzeiten und hohen Reparaturaufwand hervor. Ihre letzten, zwischen dem 30. Oktober 1953 und dem 23. Februar 1954 mit der vorher teilweise aufgearbeiteten Lentz-Steuerung vor dem Meßwagen 2 des BZA Minden durchgeführten Fahrten bestätigten diese unbefriedigenden Ergebnisse: Die bei einem solchen Getriebe nach kurzer Zeit einwandfreier Funktion auftretenden Abnutzungserscheinungen verursachten ständig wachsende Abweichungen der tatsächlichen Füllungen im Indikatordiagramm von den Soll-Werten und damit, besonders bei niedrigem Schieberkastendruck, einen gegenüber der Schiebersteuerung wesentlich erhöhten spezifischen indizierten Dampfverbrauch[100]). Diese Unterlegenheit der Lentz-Ventilsteuerung ließ es nicht geraten erscheinen, die Lokomotive 52 4915 weiter zu unterhalten, so daß sie am 18. Oktober 1954 durch Verfügung der Hauptverwaltung der DB zur Ausmusterung freigegeben wurde. Am 9. Februar 1956 wurde sie vom BZA Minden (Westf.) zur Verschrottung verkauft.

Fertigung der Kriegslokomotiv-Baureihe 52

Die Produktion von 500 Lokomotiven im Monat

Seit der Einsetzung des Hauptausschusses Schienenfahrzeuge im März 1942 bereiteten alle im Reichsgebiet liegenden Lokbauanstalten die Großserienproduktion der BR 52 vor. Die Lieferung der 1. Kriegslok-Bauart sollte den im damaligen Sinne „deutschen" Firmen vorbehalten bleiben, während die BR 44 zu den französischen Firmen ausgelagert wurde und die belgischen Lieferer von den Überleitungsmaßnahmen an den bei ihnen bestellten Lokomotiven der BR 50 kaum betroffen wurden, ehe sie später reine Kriegslok-Aufträge erhielten. Der von Borsig vorgetragene Plan,

die BR 52 auch in Italien bauen zu lassen, scheiterte an der Devisenlage.

Jeder Arbeitsausschuß wirkte auf seinem Gebiet mit großem Eifer. Durch Typenbereinigung, Sammlung und Verlagerung von kleineren Aufträgen ins Ausland sowie das rigorose Verbot kriegsunwichtiger Konstruktions- und Entwicklungsarbeiten[101]) wurden die Werkhallen für die Kriegslokomotive freigemacht. Der Bestand an Werkzeugmaschinen wurde aufgestockt, die Zahl

[98]) Stockklausner/Weinstötter [38], S. 160.

[99]) Ndschr. 25/26 (18./19. Januar 1944), Anlage 12, S. 84—88; Ndschr. 27 (25. Februar 1944), Anlage 3, S. 23—29.

[100]) Vgl. Theodor Düring: Kriegslok BR 52 mit Lentz-Ventilsteuerung. — In: Mitteilungen des Vereins der Eisenbahnfreunde 9/1963, Blatt 3; ferner Düring: Versuchslok 03 175 mit Lentz-Ventilsteuerung. — In: LOK-MAGAZIN 53 (1972), S. 112—117.

[101]) Die Behandlung dieses Themas in den HAS-Anordnungen Nr. 25 (15. Mai 1942), Nr. 28 (21. Mai 1942), Nr. 58 (28. Juli 1942) und Nr. 96 (23. Dezember 1942) zeigt, wie sehr Degenkolb den Lokfabriken die Konstruktion aus der Hand nahm. Die dadurch freiwerdenden Kräfte sollten in der Bestzeitermittlung eingesetzt werden, fanden aber in neuen Konstruktionsaufgaben (Drei-Meter-Breitspurbahn, 3. Kriegslok) Beschäftigung.

der Arbeiter in den Werken erhöhte sich, auch durch den Einsatz russischer Kriegsgefangener[102]), von 25 000 im März 1942 auf 32 000 im Juni[103]). Das Stichwort „Kriegslokomotivbedarf", eingeführt durch HAS-Anordnung Nr. 35 vom 2. Juni 1942, sicherte allenthalben Vorrang. Indes läßt sich für den Spätsommer und Herbst 1942, mit dem neuerlichen Vorrücken der deutschen Truppen, ein gewisses Schwanken Hitlers zwischen der Tiefen- und der Breitenrüstung feststellen, das an einer Verringerung der Rüstung zu erkennen war[104]). Schon am 24. Oktober 1942 wurde die am 22. Mai 1942 geforderte Monatslieferung von 625 Einheiten (ab Juni 1943) auf 500 Loks herabgesetzt und ein neuer, der zweite Loklieferplan des HAS am 5. November 1942 aufgestellt. Durch HAS-Rundschreiben Nr. 130 vom 16. November 1942 wurden die Firmen aber aufgefordert, die Mindestlieferzahlen für Juni 1943 möglichst zu überschreiten, da die Endzahl der ab Juli 1943 zu liefernden Maschinen aufgrund der bis dahin vollzogenen Aufträge festgelegt werden sollte. „Um in der Planung und bei Produktionsdispositionen die Ausschüsse möglichst geschlossen zusammenhalten zu können, beanspruchten manche Leiter die Kapazität der für ihr Programm zuständigen Betriebe ausschließlich für die Abwicklung ihres Programms, und kamen damit manchen Konkurrenzvorstellungen oder langfristigen Planungen der Betriebe [. . .] in die Quere"[105]). Die Werke errichteten somit Kapazitäten, die in der Folgezeit wegen der beschränkten Stahlzuteilung häufig nicht voll ausgenutzt werden konnten. Diese wurde quartalweise von der Zentralen Planung gesteuert[106]), wo die Lokfabriken über die DR ihren Bedarf anmelden mußten. Im III. Quartal 1942 wurden ihnen monatlich 69 500 t Stahl zugewiesen, wovon pro Lok der BR 52 nur 156 t angesetzt wurden. Bei der BR 50 hatte das Kontingentgewicht noch 165 t betragen. Für die Quartale ab III/43, wenn die Höchstproduktion erreicht sein sollte, forderte der AA Kontingente im August 1942 monatlich 93 600 t Stahl für 600 Loks, erhielt aber nur 75 000 t für 500 Einheiten.
Wie sich die Produktionsziffern in den ersten Mo-

Abb. 60: Anzeige der Maschinenbau und Bahnbedarf AG, Berlin, im „Organ für die Fortschritte des Eisenbahnwesens", Heft 5/1943.

Abb. 61: Werbung der Lokomotivfabrik Arn. Jung im „Organ für die Fortschritte des Eisenbahnwesens", Heft 15—16/1943.

naten des Jahres 1943 entwickelten, ist aus den beiden Schaubildern Abb. 62 und Abb. 139 zu ersehen. Speer berichtete Hitler regelmäßig von den Steigerungen durch die Arbeit Degenkolbs, so daß dieser am 28. Juni 1943 mit einer Zuwendung von RM 250 000,— in die Dotationsliste des Führers aufgenommen wurde[107]). Der Minister war

---

[102]) Janssen [20], S. 85. Im Jahre 1943 betrug der Anteil der ausländischen Arbeiter, KZ-Häftlinge und Kriegsgefangenen in der AEG-Lokomotivfabrik Borsig-Henningsdorf 61 Prozent der gesamten Belegschaft.

[103]) Witte [46], S. 11.

[104]) Milward [23], S. 81.

[105]) Geer [13], S. 155—156.

[106]) Ebenda, S. 127—160; Milward [23], S. 80—82.

[107]) Boelcke [8], S. 273.

mit Degenkolbs Leistungen überaus zufrieden, da dieser nach seiner Meinung von „der bis dahin handwerklichen Herstellung von Lokomotiven [...] zur Serienfertigung"[108]) übergegangen war, wie Speer es sich vergebens auch bei der Erzeugung von Lastkraftwagen gewünscht hatte[109]). Dabei ließ er sich — wie schon bei der Henningsdorfer Ausstellung vom September 1942 festgestellt — durch das prahlerische Auftreten Degenkolbs und dessen in den Lieferzahlen allzu offensichtliche Erfolge von den wirklichen Ursachen der Leistungssteigerung ablenken. Handwerkliche Fertigung von Lokomotiven hat es seit der Einführung des Austauschbaus um 1925 nur noch dort gegeben, wo die Reichsbahn durch unzureichende Kontingentierung zu kleine Serien hatte auflegen müssen, und wo die Fabriken aus Gründen der Konkurrenz die zahlreichen Sonderwünsche der privaten Besteller erfüllt hatten.

Selbstverantwortung in der Lokomotivindustrie

Wie bewährte sich nun Speers System der industriellen Selbstverantwortung im Lokomotivbau, der monatlich mit immer höheren Lieferzahlen glänzte? Die Deutsche Reichsbahn, die mit den Kriegslokomotiven ihren Betrieb zu bestreiten hatte, stand dem Verfahren sehr kritisch gegenüber[110]). Es war leicht und manchmal gerechtfertigt, die Ausschüsse zu verdächtigen, sie handelten in ihrem eigenen kapitalistischen Interesse statt in dem der Partei und des Staates[111]). An einer Erhöhung der Preise für die Maschinen war jedoch nicht zu denken, denn es galt ein Festpreissystem aller im Krieg abgeschlossenen Verträge mit drei Stufen[112]). Die Werke konnte wählen zwischen dem Gruppenpreis I, auf den sie keine Steuern zu zahlen brauchten, oder dem üblichen Gruppenpreis II. Der Gruppenpreis III für besonders aufwendige Fertigungen kam im Lokbau nicht zur Anwendung.

	2. Halbjahr 1942	1. Halbjahr 1943
I	153 000,— RM	150 000,— RM
II	160 000,— RM	155 000,— RM

Diese Preise wurden noch wiederholt gesenkt, weil Degenkolb als von außen an die Lokindustrie herangetretener Manager seinen Ehrgeiz daran setzte, billig zu produzieren. Schließlich wurden nur noch 90 000,— RM für eine Lok gezahlt[113]). Demgegenüber hatten die Fabriken für eine Lok BR 50 ursprünglich RM 179 000,— erlöst.

Unter diesen Bedingungen, deren Eintreten die Leitung der DLV bei ihrem Vorgehen gegen das Reichsbahn-Zentralamt Berlin im Spätherbst 1941 keineswegs in ihre Überlegungen einbezogen hatte, war die Industrie weit entfernt von einer Besserung ihrer wirtschaftlichen Lage durch größere Aufträge. So ließen die Firmen in dem Willen, mit besonders hohen Produktionsziffern hervorzutreten, durch ihren allgemeinen Druck auf das Arbeitstempo immer wieder mangelhafte Maschinen aus den Werkhallen fahren. Ihr Bau war zwar überwacht, auch ein Abnahmeverfahren hatten sie durchlaufen, doch wurden diese ehemaligen Aufgaben der RZA-Abnahmebeamten seit dem Inkrafttreten der neuen Abnahmeordnung vom 1. Juni 1942 im Rahmen der Selbstverantwortung durch Reichsverpflichtete aus den Firmen selbst wahrgenommen. So erklären sich die unterschiedlichen Produktionsstatistiken von Steinhauser (Industrie) und Witte (Reichsbahn), weil die Bahnverwaltung nach ihren Kontrollen in den Ausbesserungswerken regelmäßig eine Anzahl von Maschinen zurückgeben mußte, die Mängel aufwiesen, oder bei denen gar der Tender fehlte.

Auch nach der Übernahme der Maschinen verblieben im Verhältnis zur Industrie zahlreiche Probleme. Klage wurde besonders über schlechten Anstrich, ungenügende Schweißungen, fehlerhafte Montage der vorderen Treibstangenlager, undichte Sandkästen und anfällige Kesselnähte geführt[114]). Bis zum Dezember 1943 dauerte die Auseinandersetzung um die Frage, wer für die Kriegslok gewährpflichtig sei, da das RZA Berlin zwar noch die Verträge abwickelte, es die Industrie aber nicht mehr kontrollieren konnte. Material, Konstruktion und Arbeitsausführung hatten Mängel, für die schließlich die Industrie geradestehen mußte[115]).

---

[108]) Speer [36], S. 238.

[109]) Janssen [20], S. 89.

[110]) Vgl. die Meinung Wittes [46], S. 26.

[111]) Milward [24], S. 26.

[112]) Milward [23], S. 65; Lutz Graf Schwerin von Krosigk: Wie wurde der zweite Weltkrieg finanziert? — In: Bilanz des zweiten Weltkrieges. Odenburg 1953, S. 313—328 (319).

[113]) Nach Wolfgang Messerschmidt: Zur Geschichte der Kriegslok BR 42 und 52. — In: Lokomotivtechnik 31 (1967), S. 33—36 (34); persönl. Mittlg. Friedrich Witte an den Verf.

[114]) HAS-Rundschreiben vom 3. Dezember 1942.

[115]) Ndschr. 20 (18. Juni 1943), Anlage 8, enthält einen Entwurf neuer Gewährleistungsbestimmungen, die die Kriegsumstände berücksichtigen und die Haftung für Mängel der Konstruktion der Allgemeinheit aufbürden sollten.

Höhepunkt und Kürzung des Lokomotivprogramms im Sommer 1943

Planmäßig steuerten die deutschen Lokomotivfabriken im Frühsommer 1943 ihr Programmziel — den Bau von 500 Maschinen in einem Monat — an. Im Juni 1943 war diese Marke zum erstenmal erreicht. Anläßlich dieses Ereignisses planten Degenkolb und der Hauptausschuß Schienenfahrzeuge mehrere Demonstrationen ihrer Leistungsfähigkeit gegenüber der deutschen Bevölkerung und dem Ausland. Minister Speer sollte vor Arbeitern eines Werkes sprechen, auch Wochenschau-Aufnahmen wurden vorbereitet.

Am 3. Juli 1943 besuchte Albert Speer die Babelsberger Produktionsstätten der Maschinenbau und Bahnbedarf AG. In seiner dort bei einem Betriebsappell gehaltenen Rede[116] kündigte er der Lokindustrie den zweiten großen Eingriff der Kriegszeit an. Zunächst wandte er sich den Erfolgen der letzten Monate zu: „Degenkolb ist heute unumschränkter Diktator in der Lokindustrie. Im Juni 1943 hat er das Ziel erreicht, das die Ausbringung von 5000 Loks in einem Jahr ermöglicht"[117]. Seine Berechnungen hatten ergeben, daß in den letzten vier Jahren bereits dreitausend bis viertausend moderne 1'E-Lokomotiven zur DR gekommen waren; genug, um die größten Lücken zu stopfen. Auf der anderen Seite fielen täglich mehr Loks durch Beschädigungen aus, und er fragte sich, ob ihre Reparatur nicht billiger einsatzfähige Maschinen hervorzubringen versprach als ein ungehemmter Neubau. So könnten Stahl und Arbeitskräfte anderen Kriegsaufgaben zugeführt werden[118]. Da Hitler seinen Militärs im März 1943 die Verdoppelung der Panzerzahlen versprochen hatte, mußte Speer nun in erster Linie das „Adolf-Hitler-Panzer-Programm" durchführen, von dem das Führerprogramm des Lokomotivbaus jetzt aus der Spitzengruppe der Rüstungsvorhaben verdängt werden sollte. Der Minister beauftragte deshalb seinen Amtschef Karl Otto Saur mit der Durchführung des neuen Programms und proklamierte abschließend in Babelsberg die „Aktion Saur" zum künftigen Schwerpunkt der Kriegswirtschaft.

Angesichts dieser Entwicklung blieb die Parade der Kriegslokomotiven im Rangierbahnhof Seddin bei Berlin am 7. Juli 1943 eine hohle Propagandaveranstaltung. Auf den Gleisen des ehemaligen Ausstellungsgeländes waren 51 Maschinen, die höchste erreichte Tagesleistung aller GGL-Fabriken, gewissermaßen beim Start zur Front für Aufnahmen der Wochenschau und der Presse[119] zusammengezogen worden. Nach längeren, auch mit Beschädigungen verbundenen Proben gelang es, alle Loks gleichzeitig in Fahrt zu bringen.

Speer hatte sich also angesichts der hohen Lieferzahlen sämtlicher Fabriken gegen einen im Juni 1943 geäußerten Plan entschieden, in den Werken eine beschränkte Ersatzteilfertigung zu Lasten der Neulieferungen aufzunehmen. Er war davon ausgegangen, daß auch eine verminderte Anzahl von Firmen genügend Maschinen liefern könnten, und erließ bald darauf die entsprechenden Ausführungsbestimmungen[120]. Damit wurde die erste Dringlichkeit aller Anforderungen zum Lokomotivbau beseitigt; ferner ordnete er an, daß Borsig und Krauss-Maffei ihre Produktion in den eigenen Werkstätten einzustellen, sie an andere Unternehmen abzugeben und dafür Bedarfsreparaturen für die Reichsbahn-Ausbesserungswerke durchzuführen hätten. Bei Krauss-Maffei mußte der Bau von Dampfloks für die DR bis zum 15. Oktober 1943 stillgelegt werden, nur die Montage von elektrischen Lokomotiven sollte weitergehen. Die beiden betroffenen Firmen führten aber die ihnen ursprünglich zugewiesenen Aufträge auch weiterhin in ihren Listen; die Anordnung AK 157 vom 29. Oktober 1943 sah vor, daß auch die Firmenschilder und Fabriknummern von Krauss-Maffei und Borsig weiterhin angebracht werden sollten, während der tatsächliche Erbauer nur an einem zusätzlichen Kesselschild zu erkennen war. Obwohl also die Bestellungen nicht zurückgenommen wurden, ordnete das Rüstungslieferungsamt eine Kürzung der Kontingente um 20 Prozent an, so daß der HAS und die GGL ab Oktober 20 Prozent weniger Lokomotiven ankündigten. Schon wenige Tage nach Verkündung des RLA-Erlasses erfuhr das Lokomotivprogramm die ersten Einbrüche durch dringlichere Kennungen. Es stand jetzt auf der gleichen Stufe wie die älteren Panzerkampfwagen III und IV, Panzerbefehlswagen und

---

[116] Janssen [20], S. 97. Die Rede Speers befindet sich unter R 3/1548, fol. 3, im Bundesarchiv.

[117] Boelcke [8], S. 274

[118] Im September 1943 wurden nach Pottgießer [30], S. 90, im Bereich der GVD Osten 649 Loks beschädigt, davon 357 zur Heimatreparatur, und 1943 insgesamt 5250 Loks durch Anschläge unbrauchbar gemacht. Janssen [20], S. 397, zitiert einen Bericht Ganzenmüllers, wonach 1943 durch den Luftkrieg 1512 Loks und 12 490 Waggons, durch Partisanen 4458 Loks und 19 400 Güterwagen zerstört wurden.

[119] Mit Fotografien beschrieben bei Witte [46], S. 8—13; vgl. auch Berliner Illustrierte Zeitung 32/1943, S. 376; ferner allgemein Zeitschrift „Vierjahresplan" 1942, S. 575 (Kriegslokomotiven in Großserien. Baureihe 52 bedeutet Umwälzung im Lokomotivbau); 1943, S. 184 (Bewährte Konstruktion. Der Serienbau von Kriegslokomotiven); Der Erfahrungsaustausch, Heft 5/1943.

[120] Erlaß RLA/Zi I-Mü/Kr. vom 9. August 1943.

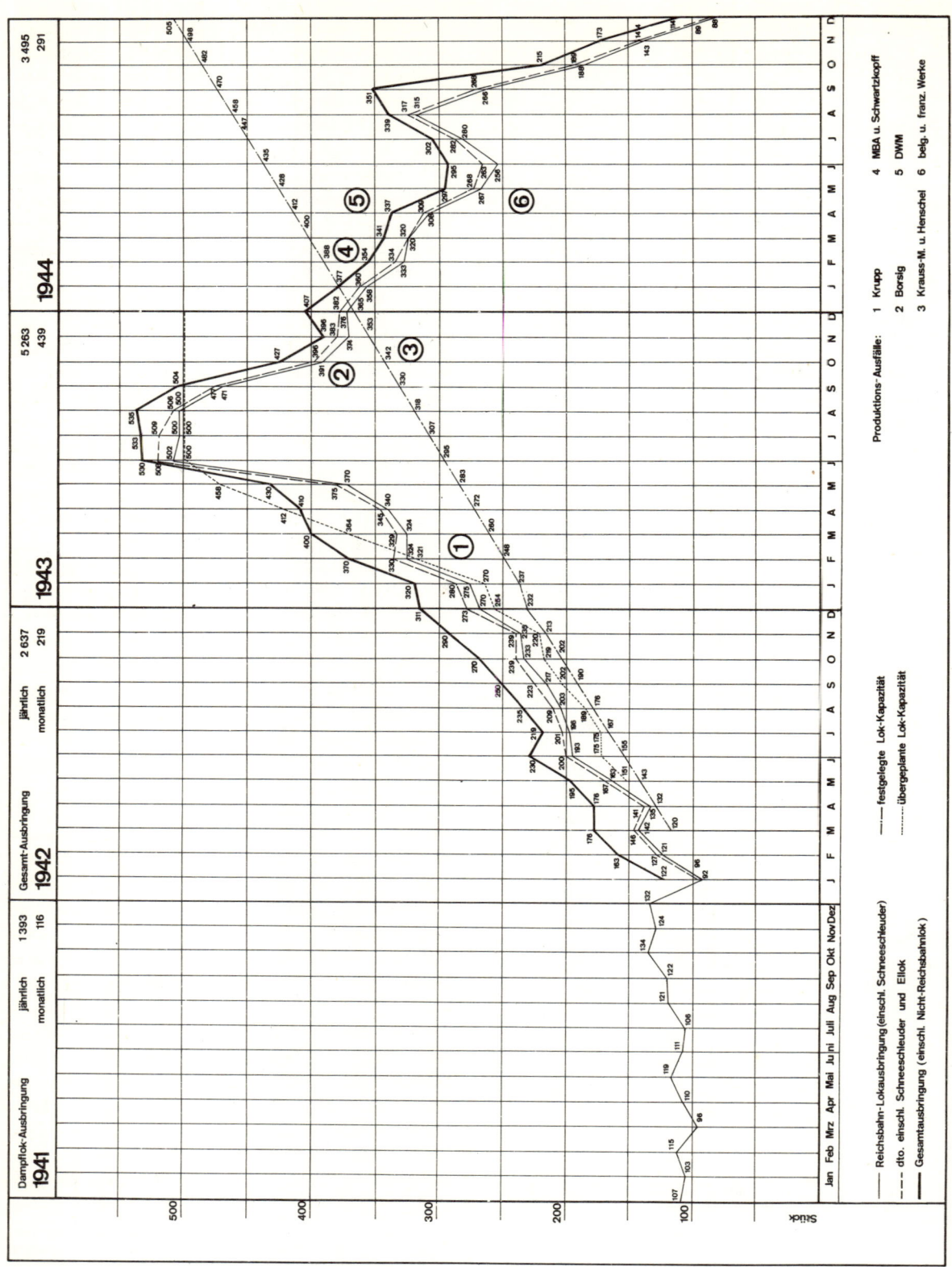

Abb. 62: Lieferungsübersicht des Hauptausschusses Schienenfahrzeuge vom 31. Dezember 1944.

(Aus Steinhauser [43], neu gezeichnet)

Panzerabwehrwaffen, der U-Boot-Bau, das Kriegsprogramm des Generalbevollmächtigten für das Kraftfahrwesen, das Flak-Programm einschließlich der Kommandogeräte, die Sprengstoffchemie im sogenannten Schnell-Plan und Flugzeuge der Muster Ju 88, Me 110, He 111 u. a.; davor jedoch stets das Mineralöl- und das Panzerprogramm.

Es ist nicht bekannt, ob Degenkolb von dieser Kürzung seines Programms vorher erfahren hatte, oder ob ihn Speer in Babelsberg damit überraschte. Jedenfalls sah er in dem Eingriff weniger eine Kränkung als den Ansporn, auch mit geringeren Mitteln noch Höchstleistungen zu vollbringen. Wie sehr Hitler und Speer seine organisatorischen Fähigkeiten schätzten, läßt sich daraus erkennen, daß er seit dem Frühjahr 1943 auch den Sonderausschuß A 4 zur Produktion der Rakete V 2 leitete und sich beim HAS meistens von Valentin Litz vertreten ließ[121]. Am 20. September 1943 erhielt Degenkolb das Ritterkreuz zum Kriegsverdienstkreuz; sein Ruhm aus diesen beiden Programmen reichte selbst so weit, daß Hitler ihn Anfang 1945 noch zum Sonderbeauftragten für den Messerschmitt-Kreis zum Bau des Strahljägers Me 262 machte[122].

Obwohl durch die Maßnahmen vom Sommer 1943 die Zeit des Hauptausschusses bereits ihrem Ende entgegenging, ist als dritter Sonderausschuß erst im Oktober 1943 der Ausschuß für die Rationalisierung des Feld- und Industriebahnmaterials unter Baurat Dr.-Ing. H. Lachmann und Dr. K. Freise entstanden, die besonders mit der Schaffung des vierachsigen Einheits-Rollwagens in geschweißter Bauweise für die Spurweiten 750 mm, 900 mm und 1000 mm beschäftigt waren.

Auftragsverlagerung zu westeuropäischen Fabriken

Bei der Durchführung des Lokomotivprogramms wurde auch den besetzten Ländern Westeuropas eine fest umrissene Rolle zugewiesen. Im Einklang mit dem Verhalten der übrigen Rüstungsindustrie forderten 1942 auch die Lokfabriken qualifizierte französische und belgische Arbeiter an, um die Einberufungen zur Wehrmacht auszugleichen und um ihre Kapazitäten zu erweitern. Diese Zwangsarbeiter entstammten den Rekrutierungsprogrammen des Beauftragten für den Arbeitseinsatz, Gauleiter Fritz Sauckel[123], dessen Methoden im Ausland wie im Ministerium Speer auf ständig wachsende Kritik stießen. Ab Sommer 1942 begann deshalb eine — durch den Besuch des jungen französischen Produktionsministers Jean Bichelonne in Berlin vom 16. bis 18. September 1943 von der Vichy-Regierung bestätigte — Bewegung seitens des Rüstungsministeriums, zivile und weniger wichtige militärische Fertigungen in die Werke des Westens zu verlagern, um im Reich neue Kapazitäten freizubekommen, um den Luftangriffen aus dem Weg zu gehen, und um in der Frage der Zwangsarbeiter eine Beruhigung eintreten zu lassen. Im Lokomotivbau wirkte sich diese Entscheidung so aus — da Serien der Baureihen 44 und 50 schon seit längerer Zeit in Frankreich, Belgien und Dänemark noch aus Reichsbahnaufträgen gefertigt wurden —, daß unter Degenkolb noch Lose über 200 Stück BR 52 in Belgien plaziert wurden[124]. Zu diesem Zweck bestand in Brüssel die Vermittlungsstelle West unter Hamacher, zu deren weiteren Aufgaben die Abwicklung solcher Bauverträge gehörte, die von Industriewerken und Privatbahnen über Loks aus dem KDL-Programm abgeschlossen worden waren. Wie schon dargestellt, wurden diese Verlagerungen in drei Serien ohne Kenntnis der Auftraggeber vorgenommen, um in den Fabriken der GGL ausschließlich Reichsbahn-Kriegslokomotiven bauen zu können. Einige Beispiele[125] für die Weitergabe nach Belgien sind: La Croyère baute 12 Stück C n2 t ähnlich KDL 7, weitere 15 Stück für Krupp wurden nicht mehr ausgeführt. Haine-St.-Pierre erhielt einen Auftrag über 40 Stück Schmalspurloks KDL 9, La Meuse über 39 Stück KFL 1, Energie über 50 Stück KDL 7 und Couillet über 33 Stück KFL 2, die sämtlich nicht ausgeführt wurden. Demgegenüber baute Tubize 22 Schneeschleudern aus Henschel-Aufträgen für die Reichsbahn. Nach Frankreich, dessen Lokomotivindustrie auch noch für die eigenen Nationalbahnen Maschinen der Typen 141 P und 150 P herstellte, wurden auch folgende Loks verlagert: 70 Stück KDL 4 zu Schneider, 18 Stück KDL 5 nach St. Chamond, einige KDL 6 zu Batignolles, 72 Stück Feldbahnloks KDL 11 zu Franco-Belge. Das letztgenannte Werk sollte auch zwei mechanische Teile für KEL 3 anfertigen, führte sie aber — wie auch die anderen Fabriken den größten Teil ihrer Bestellungen — vor Kriegsende nicht mehr aus. Über die tatsächlich gebauten Maschinen ist nur wenig bekannt, da Unterlagen nicht mehr vorhanden sind.

---

[121] Boelcke [8], S. 469; Janssen [20], S. 198; Speer [36], S. 375.

[122] Boelcke [8], S. 469

[123] Er wurde im Nürnberger Kriegsverbecherprozeß zum Tode verurteilt und hingerichtet.

[124] Janssen [20], S. 151; umfangreiches Material zum Lokprogramm befindet sich in den Beständen R 3/431 und 432 des Bundesarchivs.

[125] Die nachstehenden Angaben stützen sich auf eine Arbeit von Hanns Stockklausner [37].

Allgemein vollzog sich die Herstellung recht schleppend, denn schon die Rohstoffbeschaffung lief aus Protest gegen die Deportation der Arbeiter nur langsam an. Hinzu kam, daß die französische Industrie ohne diese Aufträge zwar dem wirtschaftlichen Ruin und einer gewaltigen Arbeitslosigkeit ausgesetzt gewesen wäre, daß die Verlagerungen aber nicht von gleichstarken Partnern ausgehandelt und von deutscher Seite oftmals erpresserisch durchgedrückt wurden[126]). Als 1944 die Invasion der Alliierten wahrscheinlicher wurde, ließ das Arbeitstempo abermals nach. Mit dem Beginn der Landungen setzte die industrielle Rückwärtsbewegung ein. Unter dem Stichwort Rückverlagerungen wanderten Maschinen, Rohstoffe und Vormaterial ins Reich — eine der übelsten Machenschaften der deutschen industriellen Kriegführung[127]). Zwar waren der belgische und der französische Lokomotivbau wegen der Größe und Schwere ihrer Werkzeugmaschinen von dieser Rückverlagerung nur zum Teil betroffen, doch im Herbst 1944 streikten die Arbeiter dieser Fabriken gegen die Demontage. Die 4. Bauserie der KDL-Maschinen wurde deshalb zu den Werkstätten des Reiches zurückübertragen; die im Westen noch ausstehenden Loks kamen teilweise zu den Staatsbahnen Belgiens und Frankreichs.

Lokomotivexporte in die Staaten Südosteuropas

Nicht alle von den GGL-Fabriken gebauten Kriegsloks kamen auch tatsächlich bei der Reichsbahn zum Einsatz. Zwar waren sie in erster Linie als ein direkter Beitrag zur Wehrmachtsrüstung entworfen und gebaut worden, doch sollten sie diese auch mittelbar stärken, indem man sie bei den Bahnverwaltungen Südosteuropas einsetzte. Hierzu beschritt man zwei verschiedene Wege: Wenn es um die Erweiterung einzelner Betriebsparks zugunsten deutscher Transporte in diesem Raum ging, wurden die Maschinen von einer Abwicklungsstelle bei der RBD Wien an die betreffenden Staatsbahnen vermietet. Sie blieben also Eigentum der Reichsbahn, wurden zumeist noch von ihren Werkstätten ausgebessert und kehrten später auch in ihren Bestand zurück, soweit sie nicht durch Kriegshandlungen von der Rückführung abgeschnitten wurden[128]).

Eine andere Gruppe bildeten diejenigen Lokomotiven, welche diese Staaten als Gegenleistung für ihre Rohstoffe aus den mit dem Deutschen Reich geschlossenen Handelsverträgen verlangten, und solche Maschinen, die günstig an unentschlossene Bündnispartner und Neutrale verkauft wurden, um deren Übertritt zu den Alliierten zu verhindern. Ihre Abgabe ins Ausland wurde vom Wirtschaftsministerium als Zahlungsmittel gefordert und auch vom Rüstungsministerium vorgenommen, weil diese Ziele anders nicht erreicht werden konnten. Der Staatssekretär im Reichsverkehrsministerium und auch der Leiter des Hauptausschusses Schienenfahrzeuge wollten hingegen wegen des sehr knapp kontingentierten Materials und wegen der eigenen betrieblichen Schwierigkeiten nicht auf die Maschinen verzichten. Sie konnten sich aber bei Speer nicht durchsetzen und erhielten nur sein Versprechen, bei Luftangriffen auf die Gleisanlagen auch Bau- und Rüstungsarbeiter an den Schadensstellen reparieren zu lassen[129]).

Für die Verhandlungen mit den Bahnen und Werken des südosteuropäischen Raumes bestand neben den verschiedenen Vertretungen der Reichsbahn und der Wehrmacht auch die Betreuungsstelle Ost des Sonderausschusses Lokomotiven, die von Dr.-Ing. Adolph Giesl-Gieslingen geleitet wurde. Als besonders problematisch erwies sich das Verhältnis zu Rumänien, dessen Beauftragte sich sehr selbstbewußt verhielten. Ähnlich wie bei der Reichsbahn war gegen Ende der dreißiger Jahre bei den dortigen Staatsbahnen die Frage nach Ersatz und Ergänzung ihrer Klassen 140.4 (preußische G 8²) und 50.1 (preußische G 10) entstanden. Wie schon früher hatte man wieder die Absicht, dem deutschen Vorbild zu folgen und die Konstruktionszeichnungen der BR 50 anzukaufen, um diese Type in einer auf die rumänischen Belange abgestimmten Form nachzubauen. Die Verhandlungen hierüber wurden jedoch zunächst nicht abgeschlossen, weil die Rumänischen Bahnen (CFR) 100 Loks der vereinfachten Baureihe 52 mit Barrenrahmen sowie 100 weitere Barrenrahmen und Feuerbüchsen zur Fertigstellung im eigenen Land als Kompensation für die im Handelsvertrag mit dem Deutschen Reich vereinbarten Warenlieferungen und Transportleistungen forderten. Dabei konnten sie sich auf eine Zusage des Reichswirtschaftsministeriums berufen. Obwohl es sich nur um die Produktion von fünf Tagen handelte, sah

---

[126]) Janssen [20], S. 150.

[127]) Ebenda, S. 152.

[128]) Zu diesem Fragenkreis vgl. allgemein S. 50—53 der Auflage 1970; ferner Griebl/Wenzel [15], S. 92—102; Hans

Sternhart: Die Geschichte der österreichischen Eisenbahnen und ihrer Lokomotiven. — 14 Forts. in: Eisenbahn 15 (1962) bis 17 (1964) passim; Durrant [11], passim.

[129]) Janssen [20], S. 256.

Degenkolb die Reichsbahnquote von monatlich 500 Loks als wichtiger an und wollte die Verträge nicht zulassen, weil zudem die rumänischen Fabriken und Ausbesserungswerke selbst unbeschäftigt waren. Die CFR zogen es vor, für Neubau und Reparatur deutsche Werke zu benutzen, da diese erheblich billiger lieferten und das Wirtschaftsministerium die Bezahlung übernahm. Überraschenderweise räumte sein Stellvertreter Dr. Litz ein, daß die Lokomotivindustrie dieses Geschäft angesichts ihrer im Sommer 1943 vorübergehend freien Kapazitäten ruhig wahrnehmen solle. Inzwischen hatte aber Staatssekretär Ganzenmüller in einem persönlichen Brief an den rumänischen Verkehrsminister die Lieferung der Maschinen völlig abgelehnt, da die Werke von Resita und Rogifer trotz Lieferfähigkeit keine einzige Lok bauten und etwa 38 Prozent des CFR-Lokparks abgestellt seien, so daß Bukarest selbst zur Annahme des Vorschlags nicht mehr zu bewegen war, 100 Blechrahmen-Loks zu erhalten und die Barrenrahmen und Feuerbüchsen aus Italien einzuführen. Auf der Basis des Vorschlags, die brachliegenden rumänischen Fabriken mit deutschen Industrie-Auslagerungsloks zu beschäftigen und diese mit den 52ern zu kompensieren, wurde zur großen Erleichterung des Wirtschaftsministeriums die Lieferung von 100 Einheiten (mit vergleichsweise hohen Fabriknummern) vereinbart:

150.1001—1020	Flor	16 144—16 163 Ba*)
1021—1030	Schk	12 391—12 400 Ba
1031—1040	MBA	13 884—13 839 Bl
1041—1043	MBA	13 908—13 910 Bl
1044—1060	Škoda	1 544— 1 560 Bl
1061—1100	He	28 070—28 109 Bl

*) Ba = Barrenrahmen; Bl = Blechrahmen.

Hiervon wurden die ersten 43 Maschinen noch 1943, der Rest 1944 exportiert. Zumindest die Floridsdorfer Loks hatten erweiterten Frostschutz, der ebenso wie die deutschen Tenderbauten später entfernt wurde. Die Beschaffung weiterer 100 Loks der BR 52 unterblieb; schließlich wurden im Oktober 1943 die Zeichnungen der BR 50 doch noch übernommen, nach denen bis 1958 fast dreihundert Loks der Serie 150.0 gebaut wurden.

In ähnlicher Weise trat auch Bulgarien in Erscheinung, das — da traditionell ein Kunde der deutschen Lokomotivfabriken — zu Anfang der vierziger Jahre einige Bestellungen plaziert hatte, die keine Aufnahme in das Kriegstypenprogramm gefunden hatten und deshalb nicht mehr ausgeführt werden durften. Unter Beratung von Professor Dr.-Ing. Felix Meineke kam man überein, die 25 im Jahre 1940 von Henschel, Schwartzkopff und

anderen für die Türkei als Reihe 56 gebauten, dann aber von der Reichsbahn als 58 2801 bis 2825 (1'E h2 G 56.18) in Dienst gestellten Güterzuglokomotiven an die Bulgarischen Staatsbahnen weiterzuverkaufen[130]). Insgesamt weisen die Verzeichnisse für 1942 noch 13, für 1943 sogar 31 Exportloks nach Bulgarien aus, unter denen sich wohl Kriegsloks der BR 52 befunden haben. Ihre Betriebsnummern sind aber nicht bekannt.

Die Weitergabe der zuerst für die Türkei geplanten Maschinen nach Bulgarien nimmt in der Eisenbahngeschichte eine merkwürdige Stellung ein, denn Anfang 1943 hatten sich die deutsch-türkischen Beziehungen dahin entwickelt, daß man auch dieses Land mit Lokomotiven versorgen mußte. Die Serien konnten aber wieder nicht programmgemäß abgeliefert werden, da die Fortführung des Krieges auf dem Balkan mehrmals zum Umdisponieren zwang. Einzelne Verschiebungen wurden auch durch das Konkurrenzstreben der Lokfabriken untereinander erforderlich. Ursprünglich hatten die Türkischen Staatsbahnen (TCDD) aus der BR 52 bei Schwartzkopff 10 Loks (56.501 bis 510; F.-Nr. 12 765 bis 12 774) und bei Krupp 9 Loks (56 511 bis 519; F.-Nr. 3129 bis 3137) bestellt. Das zweite Los war wegen Lieferunfähigkeit aus Essen nach Kassel abgegeben worden (Henschel F.-Nr. 27 937 bis 27 945), das erste sollte nach Kroatien gehen, so daß Henschel auch diese 10 Loks (F.-Nr. 27 735 bis 27 744) noch übernommen hatte. Um die Türkei nun nicht über Gebühr auf die neuen Loks warten zu lassen, wurden vorab zwischen September 1943 und Januar 1944 die folgenden 43 Fahrzeuge aus Beständen der Reichsbahn nach dort verliehen:

52 364— 368	Bors	15 461—15 465
4855—4865	MBA	13 918—13 928
6062—6063	Schk	12 503—12 504
6066—6073	Schk	12 507—12 514
7285—7292	Flor	16 738—16 745
7425—7434	Flor	16 878—16 887

Es handelte sich um neuwertige Maschinen, die nur wenige Wochen im Dienst gewesen oder sofort ab Werk in die Türkei gefahren waren. Sie sollten nach Anlieferung genügend eigener Lokomotiven wieder zur DR zurückkehren. Hierzu kam es allerdings nicht, denn nach dem Verkauf der ersten 10 Stück von Henschel war das Verhältnis zwischen beiden Staaten bereits so gespannt, daß für die 9 noch ausstehenden Einheiten ein neuer Kunde gefunden werden mußte. Man versuchte noch, der TCDD die Leihloks zu verkaufen, doch

130) Siehe LOK-MAGAZIN 33 (1968), S. 158—159.

ist über den Erfolg dieses Unternehmens nichts bekannt. Ab Anfang 1945 trugen sie die türkischen Betriebsnummern 56.511 bis 56.553.

Nach der Besetzung und dem Zerfall Jugoslawiens im Jahre 1941 wurden dort die Staaten Serbien und Kroatien unter starkem deutschem Einfluß errichtet. 1943 belieferte Schwartzkopff die Kroatischen Staatsbahnen (HDŽ) mit den 10 Kriegsloks, die erst für die Türkei gedacht waren, und schloß noch 5 weitere Maschinen an:

30 001—010	Schk	12 765—12 774
011—015	Schk	12 988—12 992
016—024	He	27 937—27 945

Bei den letzten 9 Fahrzeugen handelte es sich um die zweite Henschel-Serie für die TCDD, die nicht mehr nach dort gebracht werden konnte, und die im Herbst 1944 auf die HDŽ überging. Die Serbischen Staatsbahnen (SDŽ) kauften 1944 gleichfalls 15 Stück BR 52 bei Henschel & Sohn. Die zweite Serie war mit Kesseln von Borsig ausgerüstet:

33 001—004	He	28 370—28 373
005—015	He	28 041—28 051

Im Zusammenhang mit den Exporten der Lokomotivfabriken muß noch erwähnt werden, daß Maschinenbau-Bahnbedarf auch zehn Loks der BR 52 an deutsche Industriewerke geliefert hat, weil die Herstellung entsprechender Fahrzeuge nach besonderer Konstruktion als zu aufwendig angesehen wurde. Es handelte sich um die Fabriknummern 13 935 bis 13 940, also die sechs Stück zwischen 52 4870 und 4871 vom Juli 1943, sowie um 14 329 bis 14 332, die vier Loks zwischen 52 5124 und 52 7749 vom September 1944.

Die beiden Kriegs-Elektrolokomotiven der Reichsbahn

Um die bereits in Fahrleitungen und die Bahnstromversorgung investierten Mittel zufriedenstellend auszunutzen, mußten auch während des Krieges elektrische Lokomotiven beschafft werden. Besonders im süddeutschen und im vormals österreichischen Netz hatte der Fahrzeugpark beträchtliche Lücken. Degenkolb mußte deshalb trotz der hohen Stückpreise und der für eine Massenfertigung zu kleinen Serien im Rahmen des Hauptausschusses Schienenfahrzeuge auch die Herstellung der Reichsbahn-Elloks E 44 und E 94 betreiben. Von diesen Typen standen Anfang 1942 etwa 125 Stück E 44 und etwas mehr als 60 Stück E 94 im Dienst.

Die vierachsige, für Personen- und leichten Güterzugdienst geeignete Baureihe E 44 war bereits seit 1932 ohne Unterbrechung beschafft worden. Allmählich waren in ihrem elektrischen Teil immer mehr Leitungen und Geräte aus Kupfer durch solche aus Aluminium ersetzt worden, um Buntmetall zu sparen. So waren ab E 44 040 alle Stromschienen im Maschinenraum, ab E 44 063 auch alle Verbindungen im Nockenschaltwerk aus Aluminium. Beim Transformator liefen im Versuch die Loks E 44 055 und 056 mit Unterspannungswicklungen und die E 44 082 mit der gesamten Trafowicklung aus Aluminium[131]). Bei dieser Probelok war man bereits so weit gegangen, daß man von den früher erforderlichen 6,5 t Kupfer etwa 3,8 t einsparen konnte[132]). Bei der nächsten Serie, E 44 103 bis 125 (Lieferjahre 1939 bis 1941), wurde die Dauerleistung des Haupttransformators durch geänderte Konstruktion und verbesserte Lüftung von 1450 kW auf 2050 kW gesteigert, um der Lok auf Österreichs Strecken mehr Durchhaltevermögen zu verleihen. Auch der Einbau einer elektrischen Widerstandsbremse für längere Gefällefahrten wurde vorbereitet.

Die sechsachsige schwere Güterzuglok E 94 war erst Ende der dreißiger Jahre entwickelt und besonders für die Alpenstrecken gekauft worden. 1940 waren die ersten Maschinen zum Betrieb gekommen. Im Jahre 1942, bevor Degenkolb sein Amt antrat, befanden sich bei der AEG die Lokomotiven E 94 063 bis 084 in zwei Serien im Bau. Bei Siemens und der Lokfabrik Henschel, die bis dahin noch nicht als Lieferer von E 94 aufgetreten war, sollten die Loks E 94 085 bis 090 angefertigt werden. Auf der anderen Seite sollten von der Baureihe E 44 bei SSW und Krauss-Maffei die Maschinen E 44 126 bis 133 sowie bei SSW und Henschel die Loks E 44 134 bis 151 in Auftrag gegeben werden. Es lag nahe, hier die Serien zusammenzufassen und bei Henschel & Sohn in Zukunft die Fahrzeugteile für alle E 44 bauen zu lassen, so daß die E 94 zu Krauss-Maffei ausgetauscht wurde[133]).

Als wesentliche Neuheit erhielten die unter der Regie des Hauptausschusses gebauten E 44 ab Nr. 126 einen Haupttransformator mit Aluminiumwicklung, der 1900 kW Dauerleistung be-

[131]) Vgl. Dieter Bäzold und Günther Fiebig: Archiv elektrischer Lokomotiven. Die deutschen Einphasenwechselstrom-Lokomotiven. — 2. Auflage Ost-Berlin 1966, S. 204.

[132]) o. Verf.: Hundert elektrische Bo'Bo'-Lokomotiven. — In: Glas. Ann. 64 (1940), S. 98.

[133]) Einzelheiten finden sich bei Friedrich Schadow: Lokomotivverzeichnis der Deutschen Reichsbahn, DB und DR. Band 21: Elektrische Lokomotiven. — Krefeld o. J. [1972], S. 82—85 und S. 109—113.

Abb. 63: Der große Wannentender mit der Typenbezeichnung 2' 2' T 34 (leicht) war ein unmittelbarer Vorläufer des Kriegsloktenders. Diese Probeausführung wurde von den Borsig-Lokomotivwerken Henningsdorf mit der Maschine 44 1263 ÜK gekuppelt, die im Sommer 1942 mit Fabriknummer 15 149 von der Reichsbahn übernommen wurde.
(Werkfoto, Sammlung Bellingrodt)

Abb. 64: Die im September 1943 von Maschinenbau-Bahnbedarf gebaute 52 4885 war – wie die überwiegende Mehrzahl der Kriegslokomotiven – mit dem Wannentender vom Typ 2' 2' T 30 verbunden, der von Westwaggon nach den Grundsätzen des Kesselwagenbaues entwickelt worden war. Die Herstellung besorgten zahlreiche Fahrzeug- und Maschinenbaufirmen im gesamten Reichsgebiet für die einzelnen Lokfabriken.
(Foto: Hubert, Verkehrsmuseum Nürnberg)

Abb. 65: Um der Reichsbahn mit der Kriegslokomotive auch den Verzicht auf den Güterzug - Gepäckwagen zu ermöglichen, entwickelte Westwaggon auf der Grundlage des Wannentenders auch ein Modell mit Zugführerkabine. Es wurde bereits im September 1942 fertiggestellt und soll zur Kupplung mit der Lok 52 7000 vorgesehen worden sein.
(Werkfoto, Sammlung Bellingrodt)

Abb. 66: Vor der Abfahrt zur Ostfront wurde im März 1943 auf dem
Bahnhof Berlin-Schöneweide ein
Zug von Kondenslokomotiven zusammengestellt, die für den
Betrieb in den wasserarmen Gebieten der südlichen Sowjetunion
entwickelt worden waren. Dritter
von links: Der Bauartdezernent
im Reichsbahn-Zentralamt Berlin,
Oberrat Friedrich Witte.

(Foto: Sammlung Witte)

Abb. 67: Dieser Blick auf die
Kondensationslokomotive 52 1953
läßt deutlich die drei Kühlerlüfter
auf dem Tender erkennen, mit
deren Hilfe der Abdampf niedergeschlagen und wieder dem
Speisewasserbehälter zugeführt
werden konnte. Dadurch war es
möglich, etwa 1000 km ohne
Wassernehmen zu fahren. Die
hier gezeigte Lokomotive wurde
von Henschel im Februar 1944
(Fabriknummer 27 281) mit dem
langen fünffachsigen Tender geliefert, hat jedoch zum Betrieb
in den deutschen Westzonen bereits den kleineren Tender vom
Typ 2' 2' T 13,5 Kon erhalten. Sie
wurde 1952 ausgemustert.

(Werkfoto)

Abb. 68: Am 3. Juli 1943 hielt Rüstungsminister Speer seine Rede vor den Arbeitern im Werk Babelsberg der Maschinenbau und Bahnbedarf AG, mit der er die Kürzung des Lokomotivprogramms und den Vorrang des Panzerbaues verkündete.

(Foto: Ullstein Bilderdienst)

Abb. 69: Im Verschiebebahnhof Seddin waren die Kriegslokomotiven einer Tageslieferung in fünf Reihen zu Aufnahmen der Wochenschau aufgestellt.
(Foto: Sammlung Witte)

WIENER LOKOMOTIVFABRIK
AKTIENGESELLSCHAFT

Abb. 70: Werbeanzeige der Wiener Lokomotivfabrik AG im „Organ für die Fortschritte des Eisenbahnwesens" 1943, Heft 6, Seite III.

Abb. 71: Einen Teil des deutschen Lokomotivexports nach Rumänien besorgte die Wiener Lokomotivfabrik. Der Lokzug, bei dessen Maschinen die Treibstangen für den Transport angenommen sind, wird von der 150.1009 angeführt.

(Foto: Dr. Giesl)

Abb. 72: Während ihrer ersten Einsatzjahre wurden zahlreiche Kriegslokomotiven auf diese Weise am Laufgestell und am vorderen Rahmen beschädigt, wenn sie auf eine Mine gefahren waren, die sowjetische Partisanen an den Nachschubwegen der deutschen Truppen angebracht hatten. Unter erheblichem Aufwand konnten diese Zerstörungen repariert werden; die hier gezeigte Lokomotive 52 3159 lief noch bis in diese Tage in Jugoslawien.

(Foto: Sammlung Witte)

Abb. 73: Der meistgebaute Eisenbahnwaggon der Kriegszeit war der Mannschafts- und Behelfspersonenwagen 3. Klasse, der aus einem schnellfahrenden Güterwagen abgeleitet worden war. Er trug die Gattungsbezeichnung MCi 43 und enthielt 52 Sitzplätze.

(Foto: Claus)

saß. Die E 44 126 wurde mit einigem Aufwand fast völlig von Buntmetallen bereinigt und als „Heimstofflok" vorgestellt und erprobt. In der Bauserie 1943 (SSW/Henschel) ab Lok E 44 152 kam endlich auch die Widerstandsbremse zur Anwendung. In den folgenden Jahren wurden noch Bestellungen bis zur E 44 191 vergeben, die vor Kriegsende aber nur bis zur E 44 178 fertiggestellt werden konnten. Aus den dann noch vorhandenen Teilen hat die Deutsche Bundesbahn später die Maschinen E 44 179 bis 187 montieren lassen. Die Baureihe E 94 sollte bei AEG allein und bei SSW/Krauss-Maffei gebaut werden. In den Jahren ab 1942 waren die Loks bis zur E 94 285 vorgesehen, doch hielten die Lieferungen mit diesem Plan nicht Schritt. Zwar waren die Elloks bei Krauss-Maffei von dem Baustopp nicht betroffen, auch wurde ein kleinerer Auftrag (E 94 143 bis 150) nach Wien an Elin/Floridsdorf vergeben, doch das allgemeine Bautempo litt durch die Zulieferungsprobleme der zweiten Kriegshälfte schon sehr. Ein Versuch, die Fahrzeugteile ähnlich wie die Dampfl. oktender in den allgemeinen Maschinenbau auszulagern, wo sich etwa die Saarbrücker Firma Seibert für die Lieferung der E 94 interessiert hatte, mußte wegen der zu kleinen Kapazitäten und wegen Bedenken der Reichsbahn schon bald abgebrochen werden. In Wien wurden während der Montage zwei Maschinen durch Kriegseinwirkungen zerstört, so daß bis Kriegsende nur etwa 140 bis 150 Einheiten E94 abgenommen werden konnten. Auch bei dieser Baureihe ging jedoch die Montage aus Halbfertigteilen für die DB bis 1950 weiter; 1954/1955 folgten aus Neubau noch 43 etwas verstärkte Lokomotiven gleicher Konstruktion[134].

Der Bau von Eisenbahnwaggons

Bei der Errichtung des Hauptausschusses im Frühjahr 1942 war neben dem Sonderausschuß Lokomotiven auch ein Sonderausschuß für Eisenbahnwaggons gegründet worden, dessen erste Aufgabe ebenfalls die Steigerung der Produktionsziffern bildete. In seinen zahlreichen Arbeitsausschüssen wurden deshalb vor allem die Zeichnungen der Personen- und Güterwagen für die Reichsbahn in den Details vereinfacht, indem man bei den Ausrüstungsteilen, der Materialstärke, dem Anstrich und dem Arbeitsaufwand sparte. Gleichzeitig wurde die Typenanzahl beschränkt, um von

jeder Wagengattung nur noch ein Modell bauen zu müssen. Die ersten Erfolge bei der Arbeit dieses Sonderausschusses wurden bereits auf der Henningsdorfer Ausstellung im Zusammenhang mit der Lok 52 001 gezeigt.

Bald zeigte sich jedoch, daß diese Maßnahmen nicht ausreichten, um die von Hitler und der Wehrmacht geforderten Stückzahlen herzustellen. Auf der Grundlage des großräumigen gedeckten Güterwagens Glm (früher Gattungsbezirk Leipzig) wurde deshalb 1943 ein stark vereinfachter Mannschafts- und Behelfspersonenwagen[135] mit der Bezeichnung MCi 43 entwickelt und in die Fertigung gegeben. Sein Kastengerippe war vollkommen geschweißt und nur innen durch Holz verkleidet. Der Zugang erfolgte durch schmale offene Plattformen, die an den Stirnseiten der Wagen über den Puffern angebracht und auch mit Übergangsbrücken ausgerüstet waren. Sie boten nur wenig Fahrbequemlichkeit, besaßen einfache Holzbänke und nur das Minimum an Heizungs- und Beleuchtungseinrichtungen. Bei der Konstruktion wurde bereits vorgesehen, die Wagen später dem Güterverkehr zuzuführen. Sie dienten in den letzten Kriegsjahren dem Berufsverkehr ebenso wie den Wehrmachtstransporten[136]. Ende 1943 wurde nach den gleichen Grundsätzen auch eine vierachsige Weiterentwicklung MC 4 i aufgestellt, die gleichfalls offene Endbühnen, innen aber einen Seitengang mit neun Abteilen aufwies. In diesem „Landserschlafwagen" konnten 72 Soldaten — tagsüber sitzend, nachts schlafend — befördert werden. Daneben wurden drei- und vierachsige Untergestelle abgebrannter Reisezugwagen für den Bau entsprechender Behelfspersonenwagen verwendet.

Der Sonderausschuß war aber nicht nur für die Waggons der Reichsbahn zuständig, sondern betrieb außerdem noch den Bau von Spezialwagen für die Wehrmacht, soweit sie in den Werken der Waggonbau-Vereinigung hergestellt werden sollten. Es handelte sich dabei um die Auswahl, Kontingentierung, Bauüberwachung und Abrechnung einer Vielzahl kleiner Serien, von denen einige aus-

---

[134] Vgl. Heinrich Lehmann und Erhard Pflug: Der Fahrzeugpark der Deutschen Bundesbahn und neue, von der Industrie entwickelte Schienenfahrzeuge. — Berlin o. J. [1956], S. 33—34.

[135] Vgl. Werner Deinert und Werner Ohme: Wagenkunde. — Leipzig 1959, S. 169—170; Erhard Born: Lokomotiven und Wagen der deutschen Eisenbahnen. — 2. Auflage Mainz 1961, S. 139—140.

[136] Die Deutsche Bundesbahn übernahm davon 5001 Stück, rüstete einen Teil mit Polstersitzen aus, baute einige Wagen zu Leig-Einheiten um und führte einen weiteren Teil dem Güterwagenpark zu. Ab 1955 lief ein Umbauprogramm an, in dessen Verlauf jeweils zwei dieser Wagen zusammengesetzt, mit Sprengwerken und neuen Hauptquerträgern ausgerüstet und auf Drehgestelle montiert wurden, so daß 238 Stück Gepäck- und Expreßgutwagen MPw 4 ie-54 und MP 4 ie-55 daraus entstanden. Siehe hierzu Lehmann/Pflug (Anm. 134), S. 155—156.

gewählte Typen im Anhang noch besprochen werden.

Produktionsrückgang durch Luftangriffe

Bereits Mitte März 1943 war die Lokfabrik der Fried. Krupp AG in Essen durch alliierte Luftangriffe auf diesen Rüstungsschwerpunkt ausgefallen. Die anderen Werke hatten deren Aufträge noch übernehmen können, so daß dort nur noch Ersatzbauten der Reihe 50 und kleinere Serien der verschiedensten Typen angesetzt wurden. Ab Oktober 1943 war die Montage bei Henschel — nach dem Ausscheiden Krupps zunächst mit einem Auftragsbestand von über tausend Loks — durch Bombenschäden gleichfalls beeinträchtigt. Anfang 1944 wurden auch Krenau, die zuliefernden Ostrowieczer Werke Warschau und die WLF-Tenderfabrik Raxwerke weitgehend zur Reparatur statt zur Neufertigung herangezogen. Bei vielen anderen Fabriken — zum Beispiel bei Jung und Westwaggon — kam es durch Bombentreffer wiederholt zu Stockungen in der Fertigmontage. Der Hauptausschuß selbst wurde nun wegen der Bombengefahr mit den meisten Arbeitsausschüssen und dem GGL-Büro aus dem Lokomotivhaus in Berlin nach dem sächsischen Ort Mittweida verlegt, wo man ihn im Schulgebäude einquartierte. Ab Herbst 1943 bestand in Berlin nur noch die Verbindungsstelle, um den Verlagerungsort geheimzuhalten. Da Staatssekretär Ganzenmüller für Februar und März 1944 ein neues Verkehrschaos ankündigte, beschloß man in der Zentralen Planung, die Stahlzuteilung für das I. Quartal 1944 nicht nochmals zu kürzen[137]). Ein weiterer Rückgang der 52er-Abnahmen wurde jedoch durch den im Januar aufgenommenen Serienbau der neuen BR 42 verursacht: Esslingen, Schichau, Schwartzkopff und die Wiener Lokfabrik[138]) drosselten den Ausstoß an Lokomotiven der ersten Kriegsbauart oder gaben ihn vollständig auf, da diese Type nicht — wie im Juni 1942 geplant — in Frankreich gefertigt werden konnte. Bevor nun der Lokomotivbau im letzten Kriegsjahr beschrieben werden kann, ist es deshalb angebracht, zuvor auf die Entstehung und auf die Technik dieser zweiten Kriegsloktype sowie auf weitere Projekte einzugehen, die Ende 1943 entstanden sind.

Die 2. Kriegslokomotive, Baureihe 42

Entwurf einer mittelschweren Güterzuglok

Im Gegensatz zur Baureihe 52 handelt es sich bei der 2. Kriegsbauart, der BR 42, um einen Typ, der nicht auf eine Reichsbahn-Einheitsgattung zurückgeführt werden kann. Vielmehr ist die BR 42 eine Lokomotive, deren Planung lange vor der Errichtung des Arbeitsausschusses Konstruktion in Angriff genommen worden war, und deren Entwurf in der Folgezeit mehrfach überholt wurde, um auch sie unter Kriegsbedingungen produzieren zu können.

Betrachtet man die Entwicklung im Schnellzugdienst der DR, wo neben der Einheitslokomotive 01 (2'C 1' h 2 S 36.20) für die Reichsbahnstrecken mittlerer Tragfähigkeit 298 Einheiten der leichteren Baureihe 03 (2'C 1' h2 S 36.18) beschafft werden mußten, so überrascht es zunächst festzustellen, daß dieser Vorgang selbst fast zehn Jahre später noch keine Analogie bei den Güterzug-Streckenlokomotiven gefunden hatte, obwohl der Strecken-umbau langsamer als geplant vorangegangen war. Bis zum Einsatz deutscher Triebfahrzeuge aus der Länderbahnzeit auf den Strecken Österreichs, Polens und der Tschechoslowakei hatten die alten Maschinen für den Bedarf der DR jedoch ausgereicht. Indes vertrat der Betriebsdienst ab 1939/40 die Auffassung, daß der Einsatz von 15-Mp-Typen auf den 18-Mp-Strecken der besetzten Länder nach einer Übergangszeit sehr unwirtschaftlich sei, da die Streckenkapazität nicht ausgenutzt werde. Die hiervon besonders betroffene Ostbahn ließ deshalb im Werk Krenau Entwürfe zu einem Ty-41-Zwilling aufstellen und nahm für 1942 die Beschaffung von 20 dieser Maschinen in Angriff.

Etwas früher war jedoch auch für die Strecken des Reiches eine leistungsfähige Güterzuglokomotive 1'E h2 G 56.18 gefordert worden, die, wie es gern heißt, den „Kessel der BR 44 auf dem Laufwerk der BR 50" erhalten sollte. Das geringere

---

[137]) Janssen [20], S. 256.

[138]) Zunächst war daneben auch Henschel vorgesehen, schied jedoch wieder aus.

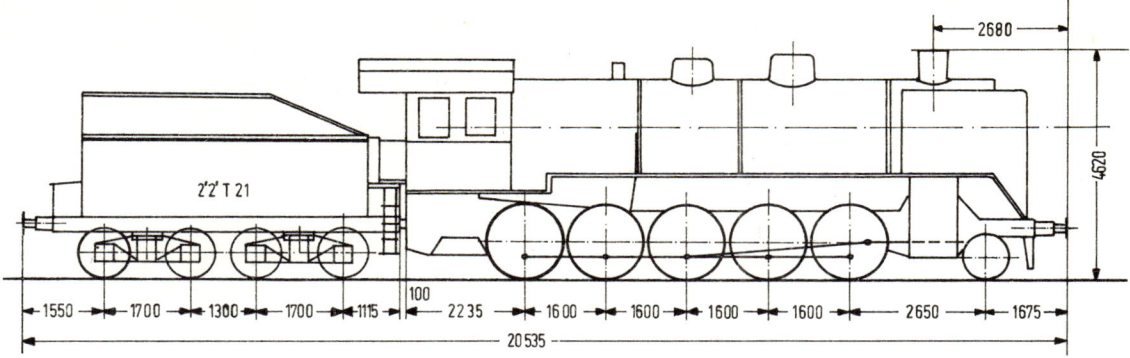

Abb. 74: Schema der polnischen Güterzuglokomotive Ty 37, die als Vorbild für die 2. Kriegslokomotive genannt wurde.

Gewicht sollte durch Entfall des Innentriebwerks und Verkürzung der Rohre auf 5500 mm bei unveränderter Rohrteilung erzielt werden; Ziel waren 5×18=90 Mp Reibungslast. Als diese Pläne Anfang 1941 baureif durchgezeichnet waren, stornierte auch die Ostbahn ihren Auftrag bei Krenau und erwartete die ersten Lieferungen der neuen DR-Gattung für Spätsommer 1942 nach Krakau.

Entwürfe zur Baureihe 42 der Reichsbahn

Die besonderen Richtlinien für die Kriegsproduktion ließen jedoch 1942 die Lieferung einer durchaus noch „friedensmäßig" erstellten Konstruktion nicht mehr zu, so daß unter anderem in der Sitzung des Arbeitsausschusses Konstruktion vom März 1942 angeregt wurde, den Entwurf nach den für die BR 52 geltenden Vorschriften zu revidieren. Auf Anraten der Generaldirektion der Ostbahn wurde die polnische Ty 37 als Vorbild für die einzureichenden Entwürfe besonders hervorgehoben[139]). Mit Rundschreiben AK 17 vom 4. August 1942 wurde den Firmen freigestellt, bis zum 31. August 1942 hierzu Entwürfe aufzustellen, wenn sie neue Gesichtspunkte vorschlagen konnten. Die Bedingungen lauteten:

PKP Ty 37	G 56.17	Richtwerte BR 42	
2 Q	17	18 (+3%)	Mp
d	630	650	mm
D	1450	1400	mm
H_v	197,8	200	m²
$H_ü$	...	75	m²

Daneben verfügte die Ty 37 über 4,5 m² Rostfläche, über 16,5 m² Strahlungsheizfläche, über 98,5 t Dienstgewicht und 86,4 Mp Reibungslast. Etwa zwanzig Vorschläge gingen bis Ende 1942 ein, so zum Beispiel von Borsig am 28. August 1942 ein Projekt mit Verbrennungskammer, am 4. Dezember 1942 ein Modell mit Brotankessel. Schon lange Zeit vorher, am 8. April 1942, wollte das RVM 1500 Einheiten BR 42 bestellen, was Degenkolb bereits am 23. April abgelehnt hatte, wie er sich auch am 17. August 1942 gegen eine Vorserie von 10 Einheiten noch für 1943 aussprach.

Die Entwürfe umfaßten nahezu alle Varianten einer Regelspur-Güterzuglok, zumal die Firmen häufig die Merkmale ihrer jeweils neuesten Auslandslieferungen und Eigenkonstruktionen auf das Projekt übertragen hatten. Allen Regelkessel-Vorschlägen gemeinsam war eine gewölbte Feuerbüchsdecke, wie sie sich gerade bei 52 002—006 in Arbeit befand. Nur der Henschel-Vertreter im Konstruktionsausschuß, Böhmig, schlug jedoch konsequent auch eine zur Feuerbüchsdecke parallele Stehkesseldecke vor. Einzelne Firmen hingegen, so etwa Arnold Jung, beteiligten sich wegen weiterer Auslastung ihrer Kapazitäten nicht an der Ausschreibung.

Eine solche Vielzahl verschiedener Entwürfe gerade zu Kriegszeiten erscheint dem unbefangenen Betrachter zunächst wenig sinnvoll, wurde jedoch seitens des Hauptausschusses bewußt angestrebt, um Auskunft über zahlreiche Ausweichmöglichkeiten für den Fall einer Störung des Zulieferungssystems zu erhalten. Aus den eingegangenen Projekten wählte man elf Entwürfe, um aus ihnen eine

[139]) Nach der Besetzung Polens wurden 29 Einheiten Ty 37 als 58 2901—2929 (die Loks 58 2919—2923 bis Oktober 1941 zunächst als 58 2718—2722) in den Reichsbahnbestand eingereiht. Zur allgemeinen Geschichte der Ostbahn im damaligen Generalgouvernement siehe auch: Adolf Gerteis: Die Ostbahn. — In: Ztg. des Vereins Mitteleuropäischer Eisenbahnverwaltungen (1941), S. 373 ff.; Werner Pischel: Die Generaldirektion der Ostbahn in Krakau 1939—1945. Ein Beitrag zur Geschichte der deutschen Eisenbahnen im zweiten Weltkrieg. — In: Archiv f. Eisenbahnwesen 74 (1964), S. 1—80.

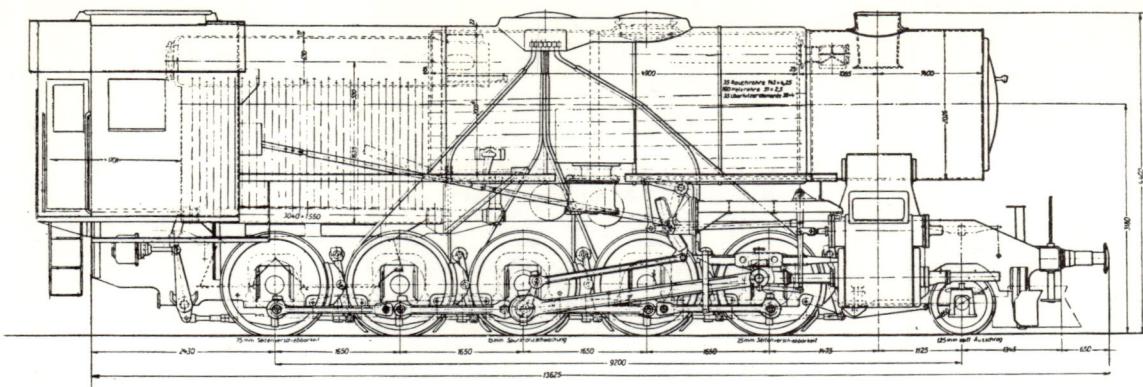

Abb. 75: Entwurf Borsig zur 2. Kriegslokomotive mit Blechrahmen und Brotankessel.
(Aus Stockklausner/Weinstötter [38], S. 167)

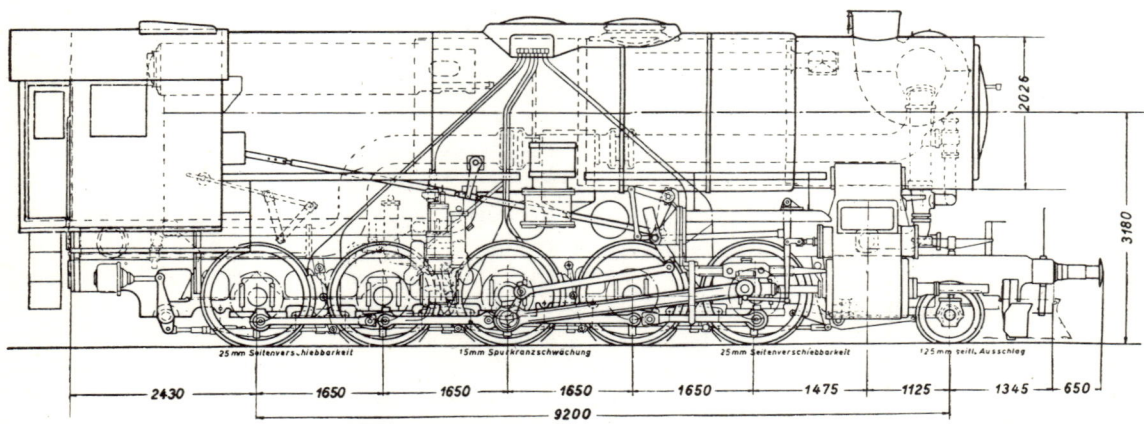

Abb. 76: Entwurf Henschel zur 2. Kriegslok mit Barrenrahmen, Brotankessel und Kondensationsanlage.
(Henschel-Zeichnung Nr. Sk II 1016 vom 15. April 1943)

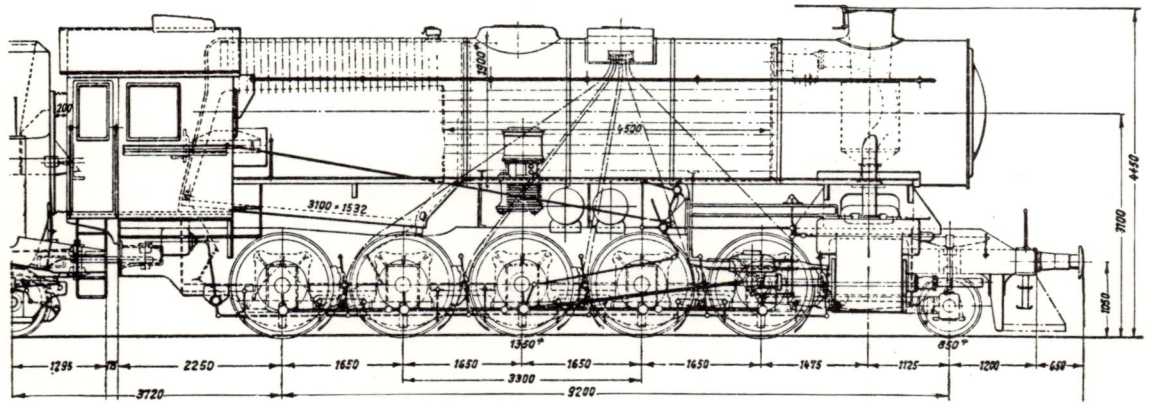

Abb. 77: Alternativentwurf des Arbeitsausschusses Konstruktion mit Blechrahmen und Regelkessel.
(Aus Stockklausner/Weinstötter [38], S. 168)

80

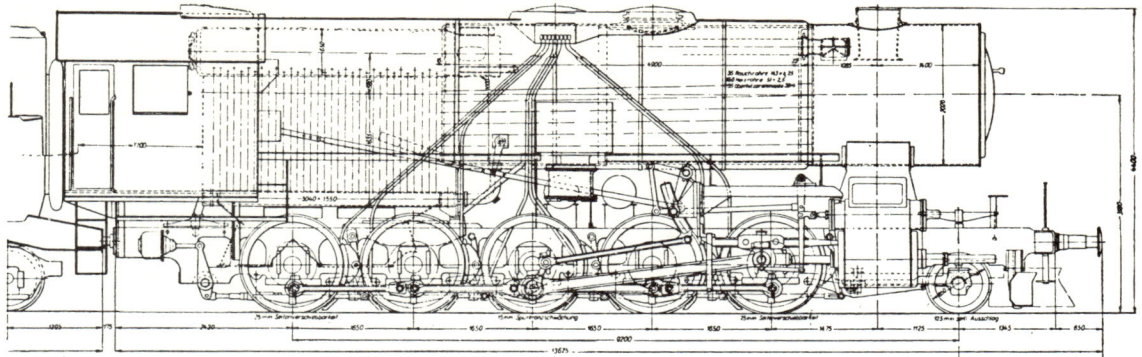

Abb. 78: Zweiter Entwurf des Arbeitsausschusses Konstruktion, ausgerüstet mit Barrenrahmen und Brotankessel.

(Aus Stockklausner/Weinstötter [38], S. 168)

Gruppe von Typen nach der Austauschbauweise für die 17/18-Mp-Lokomotivreihe der DR im Februar 1943 vorzulegen. Zwei Hauptbauarten der 2. Kriegslok wurden festgelegt: a) Typ mit Blechrahmen und Brotankessel; b) Typ mit Barrenrahmen und Stehbolzenkessel.

Hiervon waren nach den in der Hauptausschußsitzung vom 5. August 1942 gefaßten Beschlüssen 8000 Einheiten, nach Beschluß vom 5. September 1942 nur noch 5000 Einheiten, zur Beschaffung vorzusehen. Da man sich von der Brotanbauart fertigungstechnische und betriebliche Vorteile versprach, sollte zunächst nur der Typ nach a) beschafft werden, gegen den sich in der Folgezeit aber (abhängig von der Auswertung aller mit den 50 3011—3012 ÜK gewonnenen Erfahrungen) ein immer größerer Widerstand richtete. Als Vertreter der DR wies Friedrich Witte, Vorsitzender des Arbeitsausschusses Verbindung Reichsbahn, besonders auf die Gefahr hin, einen trotz der Bewährung dieses Kesseltyps bei tschechischen, österreichischen und ungarischen Bahnen dennoch relativ unerprobten Stehkessel etwa an der Südostfront einsetzen zu müssen, wo bereits der herkömmliche Stehbolzenkessel bis an die Grenze beansprucht werde. In der ausgedehnten Debatte auf der 17. Konstruktionsausschußsitzung vom 16. April 1943 einigte man sich schließlich von den drei möglichen Dispositionen — nämlich den Stehbolzenkessel zunächst aufzulegen und den Brotankessel an wenigen Loks zu erproben, oder den Brotankessel doch in Serie zu bauen und später notfalls rasch umzustellen, oder aber, die Serie von vornherein zu teilen, also praktisch zwei Loktypen zu bauen — auf die letztgenannte (vgl. Ndschr. 17 S. 2—9, 21—30). Hierauf hatte bereits ein Verteilungsvorschlag abgezielt, nach dem bestellt werden sollten: 2300 Loks mit Barrenrahmen und Stehbolzenkessel; 1150 Loks mit Blechrahmen und Brotan-

kessel. 650 Lokomotiven mit Brotanfeuerbüchse sollten Henschel-Abdampfkondensation mit fünfachsigen Tendern erhalten, nachdem zunächst nur 50 Kondensloks der BR 42 vorgesehen waren[140].

Bau von Vorauslokomotiven der Baureihe 42

Inzwischen lief der bereits in der 15. Sitzung vom 4. und 5. März 1943 an Henschel & Sohn (Barrenrahmen, Laufwerk, Montage) und die Wiener Lokfabrik (Brotankessel) vergebene Auftrag über die schon im voraus kontingentierte Probelok 42 0001 weiter, ebenso der Liefertermin 1. August 1943. Auch die 42 0002 wurde statt mit dem vorgesehenen Blechrahmen aller Brotanlokomotiven mit Barrenrahmen bestellt[141]. Die Auslieferung der Hauptserien sollte ab Januar 1944 bei Borsig, Esslingen, Krauss-Maffei, Schwartzkopff, Schichau und WLF statt der BR 52 erfolgen; als Übergangsfrist waren drei Monate vereinbart worden. Die ersten 42er von Henschel wurden hingegen erst für Oktober 1944 erwartet, da das Werk außerdem die BR 42 Kon (Prototyp im Mai 1944) zu liefern und die BR 52 Kon fortzuführen hatte. Auf der Grundlage einer Monatslieferung von 500 Maschinen hatte Staatssekretär Ganzenmüller ursprünglich die folgende Verteilung auf die verschiedenen Typen vorgesehen:

250 Loks BR 52
 30 Loks BR 52 Kondens
204 Loks BR 42
 16 Loks BR 42 Kondens

---

[140] Nach dem Ausschußprotokoll vom 5. August 1942. Auch 500 Wasserwagen zur Baureihe 42 waren geplant.

[141] Ndschr. 15 (5. März 1943), Anlage 1; Ndschr. 17 (16. April 1943), Anlage 2. Krauss-Maffei soll jedoch technisch nicht mehr in der Lage gewesen sein, Barrenrahmen herzustellen.

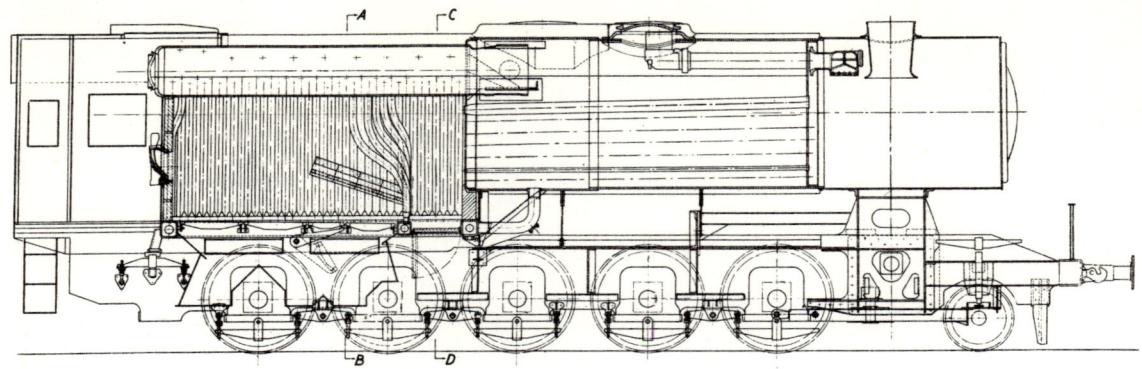

Abb. 79: Im März 1943 legte die Wiener Lokomotivfabrik einen Entwurf zum Brotankessel mit Verbrennungskammer vor, der auf dem Blechrahmen laufen sollte. (Ndschr. 17, Anlage 25)

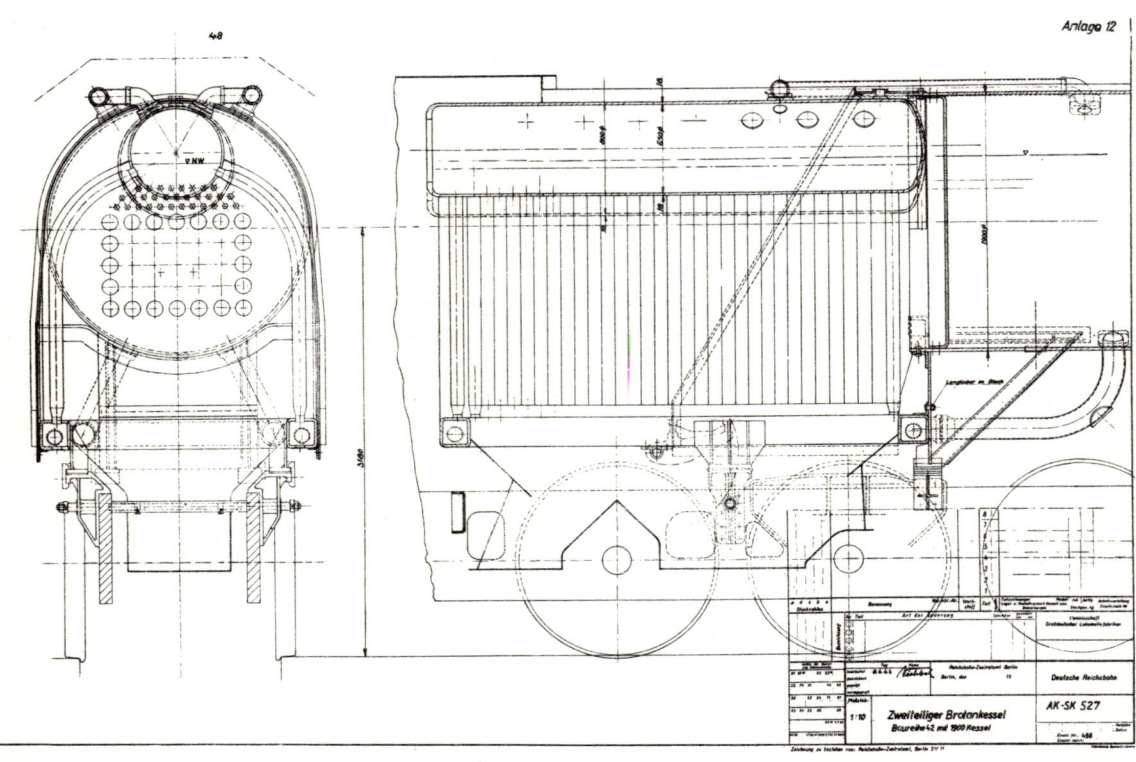

Abb. 80: Zweiteiliger Brotankessel, Bauart Nielebock, vorgeschlagen am 8. Juni 1943 für die 2. Kriegsloktype.
Im Vergleich zu anderen Brotan-Entwürfen fällt die geschlossene Trommel sogleich auf. (Ndschr. 21, Anlage 12)

Bereits Ende April 1943, kurze Zeit nach Friedrich Wittes Stellungnahme gegen den Brotankessel im Konstruktionsausschuß, hatte Degenkolb jedoch entschieden, daß nur noch die WLF die BR 42 Brotan bauen sollte, um das Risiko einzugrenzen. Bis zur 20. Sitzung am 18. Juli 1943 ordnete er vor-

läufig die ausschließliche Serienfertigung der Steh-bolzenausführung an, wovon Schwartzkopff noch vor Jahresende 1943 zwei Einheiten abliefern sollte.

Schon in den letzten Julitagen konnte die 42 0001 (Henschel F.-Nr. 28 000; Kessel WLF-Nr. 10881/I)

82

zu Probefahrten benutzt werden; Abnahme RAW Göttingen am 5. August 1943. Wie Ende 1942 die Lok 52 001, ging sie bis zum 10. September 1943 auf eine Rundfahrt zu den Lokomotivfabriken in der GGL. Die Versuche ergaben zunächst keinen Anlaß zu größeren Beanstandungen. Wie bereits 1942, als die Produktion der Baureihe 52 aufgenommen worden war, betrieb die Industrie ein Jahr später auch die Umstellung auf die 2. Kriegslok mit großer Energie. Vorläufig waren kaum vorstellbare Lose, nämlich Pakete über jeweils 500 Maschinen zugesprochen worden:

42 0001—0500	Henschel
0501—1000	Schwartzkopff
1001—1500	Schichau
1501—1800	Esslingen
1801—2300	Borsig
2301—2800	Floridsdorf
2801—3300	Krauss-Maffei

Die militärisch-politische Entwicklung hatte jedoch bereits neue Maßstäbe gesetzt, so daß es üblich wurde, die Verträge über je 20 Maschinen aus diesen Serien abzuschließen. Dies entsprach den mittlerweile recht eingeschränkten Möglichkeiten der Industrie weit eher, denn von den sieben vorgesehenen 42er-Lieferfirmen waren Borsig und Krauss-Maffei im Herbst 1943 gerade zu Bedarfsreparaturen für die Reichsbahn-Ausbesserungswerke übergegangen[142]), so daß für die Fertigung der neuen Lokomotiven nur noch die Lokbauanstalten Esslingen, Henschel, Schwartzkopff, Schichau und WLF zur Verfügung standen, die jedoch auch nicht mehr uneingeschränkt lieferfähig waren. Nachdem die 42 0001 im Einsatz und bald darauf die 42 0002 (H & S, F.-Nr. 28 001; WLF F.-Nr. 10 881/II) gefolgt war, traf man bei Henschel in Kassel nur noch vorbereitende Maßnahmen, um den Brotantyp mit Wannentender in Zusammenarbeit mit der Wiener Lokfabrik möglicherweise doch zu fertigen. Als dieses Modell aber ausfiel und auf einer Sitzung der Leiter aller Arbeits- und Betriebsausschüsse am 5. Oktober 1943 darüber gesprochen werden sollte, wie nun die mit Brotankesseln vorgesehenen 650 Kondensloks der BR 42 auszuführen seien, erklärte die Reichsbahn, sie benötige durch die veränderte militärische und betriebliche Lage weniger Maschinen mit dieser Einrichtung. Eine endgültige Entscheidung, ob neben den 240 Einheiten der BR 52 Kon noch eine Reihe 42 Kon aufgelegt werden müsse, wurde auf Januar 1944 vertagt. Zu diesem Zeitpunkt machte jedoch auch die Lokfabrik Henschel

ihre Bedenken geltend, daß sie bei durch Kriegseinwirkungen beeinträchtigter Produktion nicht mehr in der Lage sei, nur die Tender 2'2' T 13,5 Kon für die BR 52 in ausreichender Anzahl herzustellen. Somit haben beide Bauarten der BR 42 mit Brotankessel weder im Bau noch im Einsatz bei der DR eine wesentliche Rolle gespielt.

Etwas später als geplant erschien die 42 501 (auch 42 0501; Schwartzkopff F.-Nr. 12 818) Mitte Januar 1944. Anläßlich ihrer Besichtigung wurden die 25. und 26. Sitzung des Konstruktionsausschusses in Wildau abgehalten (18./19. Januar 1944), wo endgültig von der Ausführung der Brotan-42er, auch in der inzwischen wieder erwogenen Kleinserie von 30 Maschinen, Abstand genommen wurde. Die in der Literatur[143]) erwähnten Lieferschwierigkeiten der Röhrenhersteller hatten auch zu diesem Zeitpunkt keinen Einfluß auf die Entscheidung.

Zu den beiden Standardausführungen der BR 42 wurden jedoch noch mehrere Varianten vorgeschlagen. Die Wiener Lokfabrik empfahl bereits im März 1943 auch einen Brotankessel mit Verbrennungskammer, falls ihr erster Entwurf nur im Detail beanstandet werden sollte. Er wurde aber von Degenkolb gleichfalls abgelehnt. Daneben sind hier die Bemühungen um einen mechanischen Rostbeschicker zu erwähnen, der dem Heizer seine Tätigkeit erleichtern sollte. Ursprünglich hatte, um die deutsche Produktion damit nicht zu stören, Schneider-Creusot einige Loks der BR 44 mit Stoker liefern sollen. Als hier Verzögerungen durch den französischen Widerstand gegen die Deportation von Arbeitern zu den Rüstungsfabriken des Reiches eintraten, war bei der 21. Sitzung des Konstruktionsausschusses am 16. Juli 1943 die Firma Schwartzkopff mit der Projektierung von 10 bis 20 Loks der BR 42 mit Stoker beauftragt worden. Am 21. Oktober 1943 (24. Sitzung) wurden die ersten Pläne vorgelegt, wonach die Antriebsmaschine auf der Lok untergebracht werden sollte. Ein Schüttelrost war nicht vorgesehen. In Zusammenarbeit mit Henschel sollten Stokeranlagen für Kondensloks untersucht werden, so daß eventuell 40 Maschinen diese Einrichtung erhalten sollten. Auf der 25. und 26. Sitzung in Wildau legte die BMAG die Pläne zur Versuchsausführung nach Anl. 18 der Niederschriften vor, die zwar den Hulsonrost aufwiesen; dennoch wurde auch ein Versuch mit festem Rost und engen Spalten vorgesehen. Die praktische Ausführung der Anlage wurde indes zurückgestellt.

---

[142]) Dies wegen der inzwischen begonnenen „Aktion Saur".

[143]) Pieper [29], S. 232; Stocklausner/Weinstötter [38], S. 175; Born [10], S. 30.

Technischer Aufbau

Rahmen, Laufwerk und Dampfmaschine

War der Blechrahmen wegen Stahlmangels zunächst auch für umfangreiche Lieferungen der BR 42 vorgesehen, so verhinderte doch nicht nur die Verbindung mit Brotankessel und Kondensanlage seine Anwendung völlig, auch der Betriebsdienst hatte wiederholt die relative Unzugänglichkeit und Unübersichtlichkeit des alten Blechrahmens bemängelt. Der Übergang vom Siemens- zum Thomas-Stahl ermöglichte es, die Kriegslok mit einem kriegsmäßig vereinfachten Barrenrahmen, dessen Ausschnitte autogen ausgebrannt waren, in Betrieb zu nehmen. Der Langkessel und das Stehkesselende sind mit dem Rahmen durch Pendelbleche verbunden. Die Verbindung der Rahmenplatten bestand in einem waagerechten, vom Rauchkammerträger bis zum Gleitbahnträger durchlaufenden Versteifungsblech, ergänzt durch weitere Querverbindungen. Gleichfalls gegensätzlich zur BR 52 wurden wieder Stellkeile in den Achslagern angeordnet, da sich deren Fehlen schon nach kurzer Zeit als möglicherweise größter Nachteil der Kriegsfertigung erwiesen hatte, wenn die vorgeschriebenen Anfangstoleranzen nicht eingehalten wurden.

Da der gleiche Gesamtachsstand von 19 m gefordert war, entsprach das eigentliche Laufwerk in hohem Maße jenem der BR 52. Auslenkung der Laufachse (± 125 mm), Seitenverschieblichkeit der äußeren Kuppelachsen (± 25 mm) und Spurkranzschwächung der Treibachse (15 mm) waren bei beiden Baureihen gleich, so daß auch die Bogenlaufverhältnisse übereinstimmten. Für Strecken mit besonders häufig wiederkehrenden scharfen Gleisbögen war an die Verwendung einer Spurkranzschmierung an der ersten und letzten Kuppelachse

nach Wiederkehr normaler Verhältnisse im Werkstättendienst gedacht; 20 Loks sollten bereits probeweise ausgerüstet werden. Erstmalig bei Lokomotiven der Reichsbahnbauart kamen in der BR 42 runde Achslagerschalen zur Anwendung, die mehrfach gegen axiale Verschiebung und Verdrehen gesichert sind. Um Schmiedearbeit einzusparen, waren die Achswellen ohne Bunde ausgeführt, so daß die Radnaben die seitlichen Anlaufkräfte übernahmen. Dazu wurden die Anlaufflächen wesentlich vergrößert und mit Weißmetallauflage WM 10 versehen.

Die beiden Zylinder (d=630 mm, s=660 mm) lagen waagerecht 70 mm über dem Achsmittel. Besondere Isolierung, angegossene Ausströmkästen, Bruchscheiben und Kolbenschieber (ϕ=300 mm) entsprachen der 1. Kriegslokomotive. Der Winterthur-Druckausgleicher unterschied sich von der Ausführung der BR 52 dadurch, daß die Dichtungsflächen in einer Ebene liegen. Die Naßdampfanwärmung der Zylinderräume blieb unverändert. Der Kreuzkopf hatte die bei den Einheitsloks der DR übliche einschienige Führung. Das Gestänge war wie bei der BR 52 durch Stumpfschweißung der im Gesenk geschmiedeten Stangenköpfe mit dem Stangenschaft aus Walzprofil hergestellt. Alle Stangenköpfe haben nicht nachstellbare Buchsenlager; die Schmiergefäße sind auf die Stangenköpfe aufgeweißt. Die Heusingersteuerung ist in der gleichen Weise wie bei der 1. Kriegslokomotive vereinfacht durchgebildet; die Bilder geben hierüber Auskunft.

Die Kesselbauarten

Der Kessel war durch eine relativ große Feuerbüchse und demzufolge auch eine größere Rostfläche (3070×1530 mm; 4,7 m²) ausgesprochen ge-

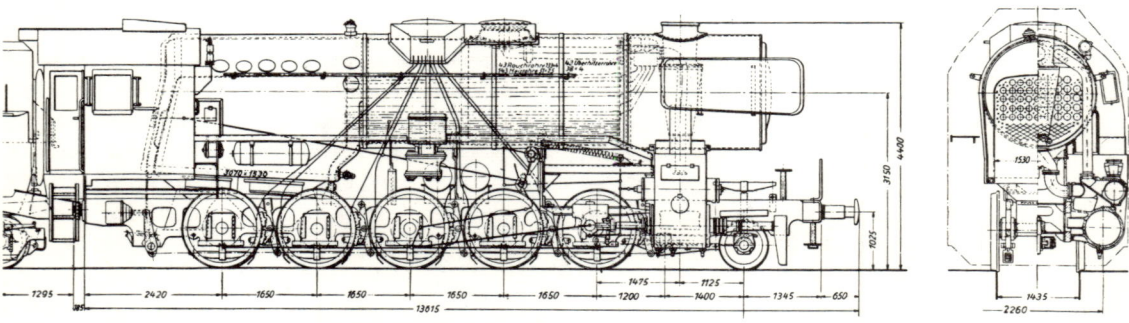

Abb. 81: Güterzug-Kriegslokomotive der Baureihe 42 mit Regelkessel   (BZA Minden, Zeichnung Nr. Fld. 1.01 Blatt 43)

ringer Neigung (1:22,41) gekennzeichnet; dies hauptsächlich mit Rücksicht auf die im vierten Kriegsjahr qualitativ unzureichende Lokomotivkohle. Der gleiche Grund galt für die Ausrüstung des Aschkastens mit reichlich bemessenen Luftklappen (insbesondere mit Seitenklappen), so daß nach Veränderung des Blasrohrdurchmessers von normal 155 mm durch einen Steg von 13 mm auch geringwertige Braunkohle ohne nennenswerte Leistungsverminderung verfeuert werden sollte.

Bemerkenswert war die bei der BR 42 erstmals serienmäßig angewandte Feuerbüchsdecke mit nahezu radial angebrachten und über den Umbug der Decke durchlaufenden festen Stehbolzen und Deckenankerreihen, wodurch die waagerechten Queranker der Kessel mit ebener Decke entfallen konnten. Deckenankerenden wie Stehbolzen wurden auf der Innenseite der Feuerbüchswände verschweißt. Die gewölbte Feuerbüchsdecke stellte, wie bereits mehrfach angedeutet, für nordamerikanische Bahnen die Regelausführung dar und wurde selbst bei den größten Maschinen erfolgreich angewandt. Gleich vorteilhafte Erfahrungen ließen sich jedoch in Europa nicht ohne weiteres erwarten, da besonders in der Qualität des Speisewassers erhebliche Unterschiede bestanden. Während nämlich in den USA fast stets enthärtetes Wasser zur Kesselspeisung herangezogen wurde, standen die entsprechenden Einrichtungen in Mitteleuropa, besonders während des Krieges, kaum zur Verfügung, so daß überwiegend nicht enthärtetes Speisewasser von teilweise recht hohen Härtegraden benutzt werden mußte. Tatsächlich war die Fb.-Decke ein Fehlschlag, da die Stehbolzen in den Umbügen häufig reihenweise brachen; später Grund für die frühe Ausmusterung der BR 42. Man wollte dem Mißstand noch mit dem Einbau beweglicher Stehbolzen begegnen, kam jedoch vor Kriegsende nicht mehr dazu. Die Seitenwände der Feuerbüchse, die insgesamt aus dem üblichen I Z II-Stahl gefertigt wurde, standen senkrecht, während die Seitenwände des aus einem Stück bestehenden Stehkesselmantels nach unten leicht eingezogen waren.

Der zweischüssige Langkessel hatte einen Durchmesser von 1900 mm bei nur 4800 mm Rohrlänge; auf dem vorderen Schuß war allein der Dampfdom angebracht, doch ließen die Gewichtsverhältnisse auch die Anbringung eines Speisedoms mit Schlammabscheider sowie des (1943 etwa serienreifen) Mischvorwärmers zu einem späteren Zeitpunkt noch zu. Der Überhitzer Bauart Schmidt mit doppelter Umkehr bestand aus 43 Einheiten 38×4 mm mit einer Gesamtheizfläche von 75,8 m². Der Überhitzer-Sammelkasten war wie bei der BR 52 einteilig ausgeführt.

Die Strahlungsheizfläche H_{vs} des Kessels betrug 19,30 m² (z. Vgl.: BR 44 = 18,3 m² [144]) und brachte damit eine gewisse absolute Vergrößerung der höherwertigen direkten Heizfläche [145]); das Strahlungsflächenverhältnis $\varphi_s = \dfrac{R}{H_{vs}}$ betrug allerdings 4,11 und übertraf die Werte 3,88 bzw. 3,96 der BR 44 nur unwesentlich. Anders hingegen beim für die Überlastbarkeit und den höheren Leistungsbereich der Lokomotive maßgebenden Heizflächenverhältnis zwischen direkter und indirekter Heizfläche: Für $\varphi_H = H_{vb} : H_{vs}$ ergaben sich nur 9,34 gegenüber 11,98 bzw. 12,20 der BR 44, womit also der mit der BR 45 eingeschlagene Weg [146]), dem Zwang der Zeitumstände folgend, endgültig wieder verlassen worden war.

Der Kessel war als für deutsche Verhältnisse recht verdampfungswillig anzusprechen und wurde als erster Regelkessel der DR für eine höhere als die damals übliche „Grenzbelastung" von 57 kg/m²h, nämlich für $b_H = 65$ kg/m²h, zugelassen. Bei dieser Dauerhöchstleistung wurden bei 199,54 m² Verdampfungsheizfläche als D_N 12 970 kg/h Dampf von 16 kg/cm² und bis zu 400 °C erzeugt. Allgemein werden 13 t/h als Nenndampfleistung angegeben. Sowohl die Einführung des höheren Anteils der Strahlungsheizfläche an der Gesamtheizfläche als auch die Abkehr vom übertriebenen Langrohrkessel spätwagnerscher Prägung bedeuteten für die Deutsche Reichsbahn unbedingt einen Fortschritt im Sinne einer Öffnung zu neuen Konstruktionsprinzipien, die im Ausland längst mit Erfolg angewandt worden waren. Zu günstigeren Zeiten hätte diese Entwicklung auf die weitere Entwurfs- und Beschaffungspraxis der DR umwälzende Einflüsse haben müssen, wie es sich bereits an den Vorschlägen zur 3. Lokomotive der Kriegsbauart zeigte. Eine erste praktische Auswirkung hatte sie jedoch erst längere Zeit später, als die neuen Nachkriegs-Baugrundsätze des EZA Göttingen für die Rekonstruktionskessel und Dampflokneubauten der DB aufgestellt wurden.

Doch zurück zur Kesselausrüstung der BR 42. Die beiden Dampfstrahlpumpen Friedmann von 180 l/min Förderleistung waren ähnlich wie bei den Lokomotiven 52 005 und 006 unten an der Stehkesselrückwand angebracht (geringe Saug-

---

[144]) Lokomotiven 44 066 ff. mit verbreitertem Bodenring.

[145]) Vgl. oben den Abschnitt „Der Kessel der Baureihe 52". Für die Baureihe 45 als letzter Vorkriegs-Güterzuglok waren es 18,8 m², ab der Lok 45 003 nur 18,7 m² (DV 939 a).

[146]) BR 45: $\varphi_H = 14,35$; ab 45 003 $\varphi_H = 15,63$. Vgl. statt aller: Theodor Düring: Die schwere 1'E 1'-Güterzuglokomotive BR 45. — In: LOK-MAGAZIN 15 (1965), S. 5—15.

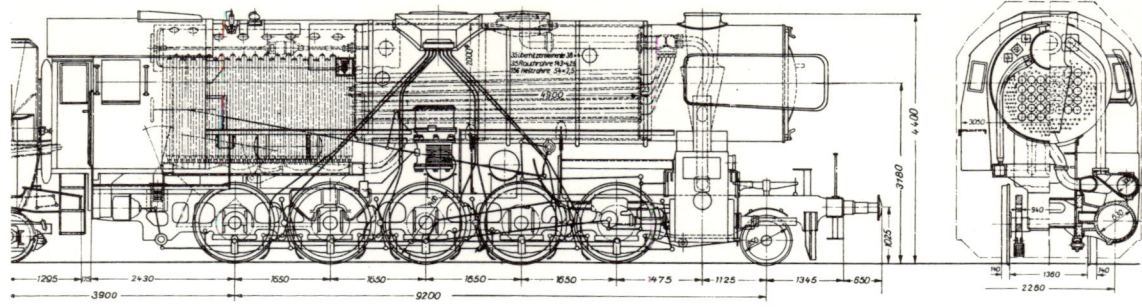

Abb. 82: Güterzug-Kriegslokomotive der Baureihe 42 mit Wiener Brotankessel.

(BZA Minden, Zeichnung Nr. Fld. 1.01 Blatt 41)

höhe), von wo Rohre durch den Stehkesselraum zu den Verteilerkästen im Langkessel führten. Die Speiseanlage war deshalb sehr gut gegen Frost geschützt, ohne so unzugänglich zu sein wie bei der BR 52. Außer in der Anordnung der Strahlpumpen unterschied sich die BR 42 von ihrer Vorgängerin auch in der Ausführung des Dampfentnahmestutzens. Er faßte alle Dampfentnahmestellen im Führerhaus auf dem Stehkesselscheitel zusammen und wurde schräg nach vorn unten geneigt, so daß Ventilspindeln und Rohranschlüsse besser als bei der BR 52 zu erreichen waren. Auch die Reihenfolge der Spindeln wurde gemäß der neuen Position der Speisepumpen in Strahlpumpe I, Hilfsbläser, Dampfheizung, Lichtmaschine und Strahlpumpe II geändert. Im Dampfdom des Langkessels befand sich der Ventilregler Bauart Schmidt/Wagner. Ackermann-Sicherheitsventile kamen nur zum Teil neben Popp-Ventilen mit einstellbarem Stauring zur Anwendung.

Wie bei der BR 52, so können auch bei der BR 42 zahlreiche weitere Vereinfachungen und Veränderungen gegenüber der herkömmlichen DR-Bauweise aus den Textabbildungen, den Tafelbildern dieser Lok sowie aus der eingehenden Beschreibung des RZA Berlin[147] entnommen werden, da der Raum hier für eine detaillierte Darstellung nicht ausreicht.

Der Brotankessel sollte trotz seiner geringen gebauten Stückzahl nicht unter die Sonderausführungen gerechnet werden, da er zumindest als eine der Regelausführungen der BR 42 geplant war.

Die Feuerbüchse war bei dieser Bauart durch Wasserrohre begrenzt. Diese beginnen in Vierkantrohren — statt des üblichen Bodenringes — und münden in eine hinter dem Langkessel liegende Vor-

kammer; gegen Abzehrung ist die Feuerbüchse massiv ausgemauert.

Der Langkessel war gegenüber der Stehbolzenausführung leicht vergrößert und wies als Durchmesser 2000 mm und als Rohrlänge 4900 mm auf. Daraus ergaben sich weitere veränderte innere Abmessungen und Kesselkennzahlen: Rostfläche R = 4,71 m², Strahlungsheizfläche H_{vs} = 20,85 m² und Verdampfungsheizfläche H_v = 210,99 m². Als D_N folgen bei b_H = 57 kg/m²h hieraus etwa 12 025 kg/h; für die höchste Belastung 65 kg/m²h wären 13,7 t/h anzunehmen. Aus R, H_{vs} und H_v ergeben sich die ausgezeichneten Verhältnisse φ_s = 4,43 und besonders φ_H = 9,12 zum erstenmal seit längerer Zeit im Lokomotivbau der Reichsbahn wieder. Diese Werte schlugen sich auch in den bald nach der Ablieferung der 42 0002 vom Lok-Vers-A Grunewald mit ihr durchgeführten Versuchen und Meßfahrten nieder, so daß man den Brotankessel zunächst als eine dem Stehbolzentyp durchaus ebenbürtige Bauart bezeichnen kann.

Allgemeine Einrichtungen, Bremse, Tender und Wasserwagen

Über die allgemeinen Einrichtungen, sofern sie nicht aus den Zeichnungen und den Abbildungen hervorgehen, bleibt wenig zu sagen, da auch hier die Vereinfachungen der BR 52 weitgehend übernommen wurden. Die BR 42 war mit der üblichen selbsttätigen Einkammer-Druckluftbremse, Bauart Knorr, einseitig auf die Vorderseite der Kuppelräder wirkend, ausgerüstet; der höchste Betriebsdruck der Doppelverbund-Luftpumpe Nielebock-Knorr betrug 8 atü. Die Laufachse war ungebremst. Der einfache Frostschutz wurde von der BR 52 übernommen, auch das Norweger-Schutzführerhaus und später die Panzerkojen entsprachen der ersten Kriegslok. Witte-Windleitbleche fanden durchwegs Anwendung.

[147] Beschreibung des RZA Berlin [3].

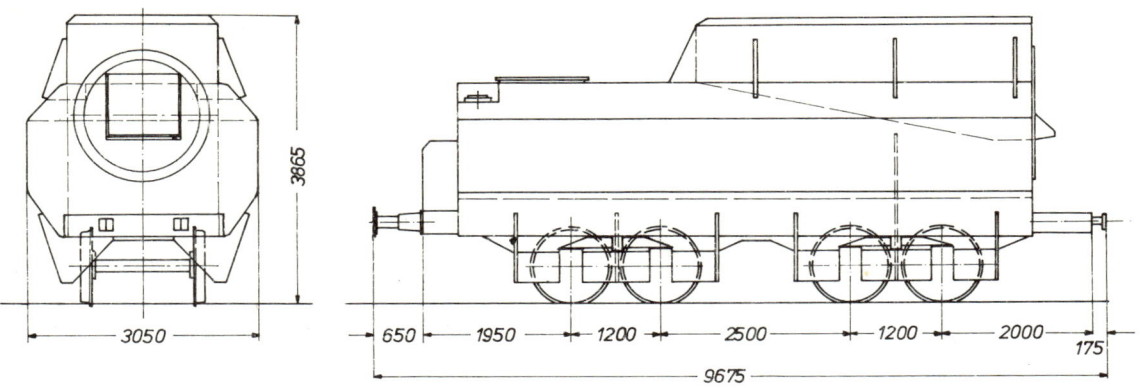

Abb. 83: Steifrahmen-Oktogontender nach einem Vorschlag der Wiener Lokomotivfabrik. Siehe auch die Abbildungen 40 und 123.
(WLF-Zeichnung Nr. 1957 vom 5. Mai 1944)

Ursprünglich hatte das Reichsverkehrsministerium zumindest für einen Teil der Maschinen einen größeren Tender gefordert. Die Wiener Lokfabrik reichte daraufhin einen Entwurf K 4 T 40 mit Steifrahmen und Beugniothebeln ein; Westwaggon als Erbauer des Wannentenders der BR 52 arbeitete eine ganze Reihe von Projekten aus. Hierzu gehören ein 2'2' T 40 (12 t Kohle) mit nach hinten verlängertem Wasserbehälter und 7800 mm Gesamtachsstand, der für Lok BR 42 und Tender einen Achsstand von 21 145 mm ergeben hätte, und ein kürzerer 2'2' T 38 (12 t Kohle), mit dem die 20-m-Drehscheibe noch befahren werden kann. Dieser Tender weist gegenüber dem BR 52-Wannentender zusätzlich 6 m³ Wasser in einem Zusatzbehälter hinter dem Kohlenkasten auf. Die Befüllung ist über ein Steigrohr und einen kleinen Luftsauger aus dem unteren Wasserkasten vorgesehen. Die Firma Schwartzkopff legte einen ganz ähnlichen Tenderentwurf als 2'2' T 38 (10 t Kohle) und als 2'2' T 40 (11 t Kohle) vor, der die Fahrwerksabmessungen des Wannentenders K 2'2' T 30 unverändert übernahm. Sie wurden jedoch auf der 15. Sitzung des Arbeitsausschusses Konstruktion (Ndschr. 15, Anl. 13—15) nicht mehr behandelt, da das RVM inzwischen auf einen vergrößerten Tender für die BR 42 verzichtet hatte und annahm, auf bestimmten Strecken könne die Lok mit einem der neu entworfenen Zusatz-Wasserwagen gekuppelt werden.

Zeichnungen hierzu legte Westwaggon auf der 17. Sitzung am 16. April 1943 (Ndschr. 17 Anl. 26) vor. Es handelte sich um einen modifizierten Wannentender, dessen Kohlenkasten gleichfalls als Tank dienen sollte (32+12 m³), auch mit der Möglichkeit des späteren Umbaus zu einem Regeltender, ferner um einen normalen Wannentender ohne Kohlenbehälter, sowie um einen Wagen gleichen Typs mit verlängertem Halbzylinder (34 bzw.

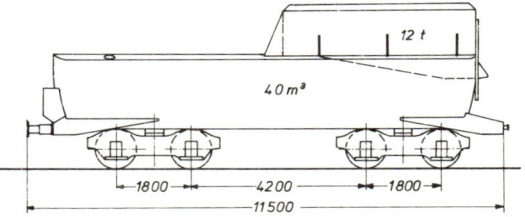

Abb. 84: Langlauftender für die Baureihe 42, Vorschlag Westwaggon.
(VWW-Zeichnung Nr. SKP 1042 vom 1. März 1943)

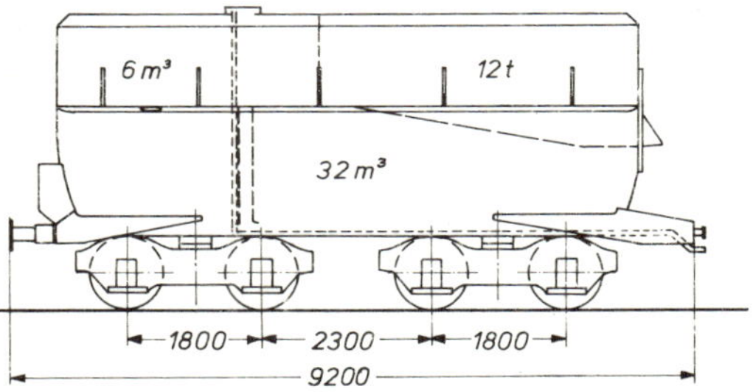

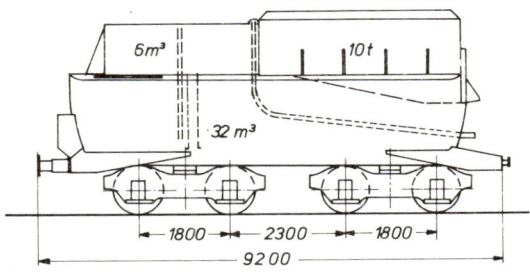

Abb. 85: Wannentender-Projekt von Westwaggon für die Baureihe 42 mit Wasser-Zusatzbehälter hinter dem Kohlenkasten.
(VWW-Zeichnung Nr. SKP 1041 vom 27. Februar 1943)

Abb. 86: Entsprechender Vorschlag von Schwartzkopf, 1. Alternative.
(BMAG-Zeichnung Nr. P 3738/I vom 18. Februar 1943)

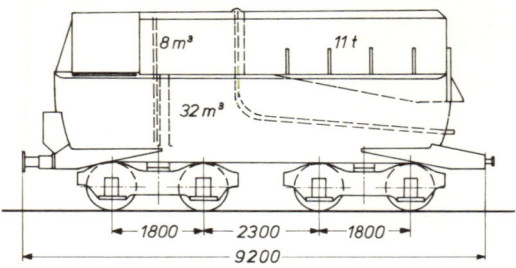

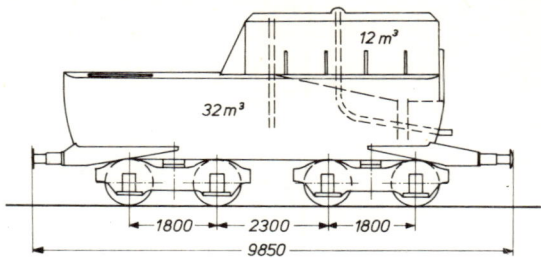

Abb. 87: Der zweite Entwurf von Schwartzkopff sah einen Zusatzbehälter vor, der höher und breiter ausgeführt werden sollte.

(BMAG-Zeichnung Nr. P 3738/II vom 18. Februar 1943)

Abb. 88: Bei diesem Westwaggon-Projekt eines Wasserwagens, der bei Bedarf auch in einen Wannentender umgebaut werden konnte, war der Kohlenkasten ebenfalls als Wasserraum eingerichtet.

(VWW-Zeichnung Nr. SKP 1061 vom 10. April 1943)

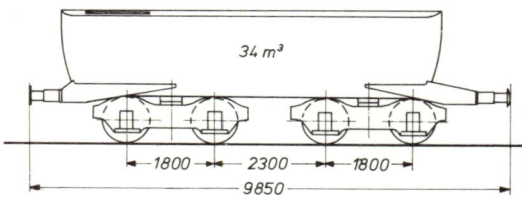

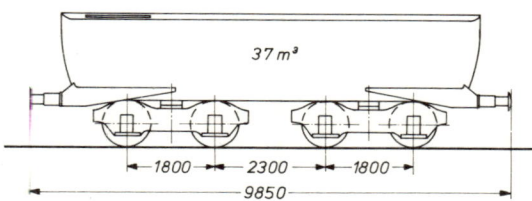

Abb. 89: Einfacher, aus dem Wannentender der Kriegslok abgeleiteter Zusatz-Wasserwagen.

(VWW-Zeichnung Nr. SKP 1059 vom 8. April 1943)

Abb. 90: Bei diesem Projekt von Westwaggon war der Wasserkasten verlängert, der Achsstand des Wannentenders aber beibehalten worden.

(VWW-Zeichnung Nr. SKP 1060 vom 9. April 1943)

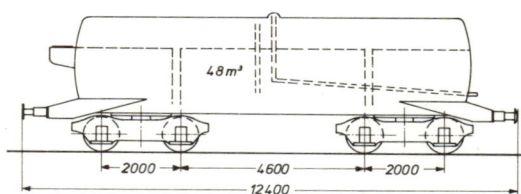

Abb. 91: Der Großraum-Wasserwagen in Kesselwagenbauart besaß niedrige Einläufe und einen Zwischenboden, um ihn aus gewöhnlichen Wasserkränen befüllen zu können.

(VWW-Zeichnung Nr. SKP 1062 vom 10. April 1943)

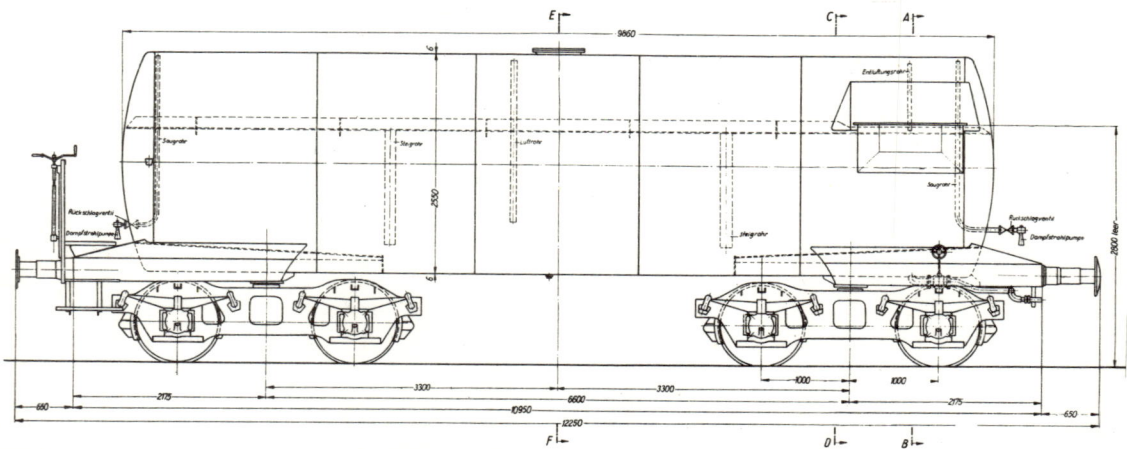

Abb. 92: Bis auf die Verlegung der Einläufe zum Nicht-Handbremsende entspricht dieser Wasserwagen dem Modell von Abbildung 93.

(VWW-Zeichnung Nr. SKG 714, Juni 1943)

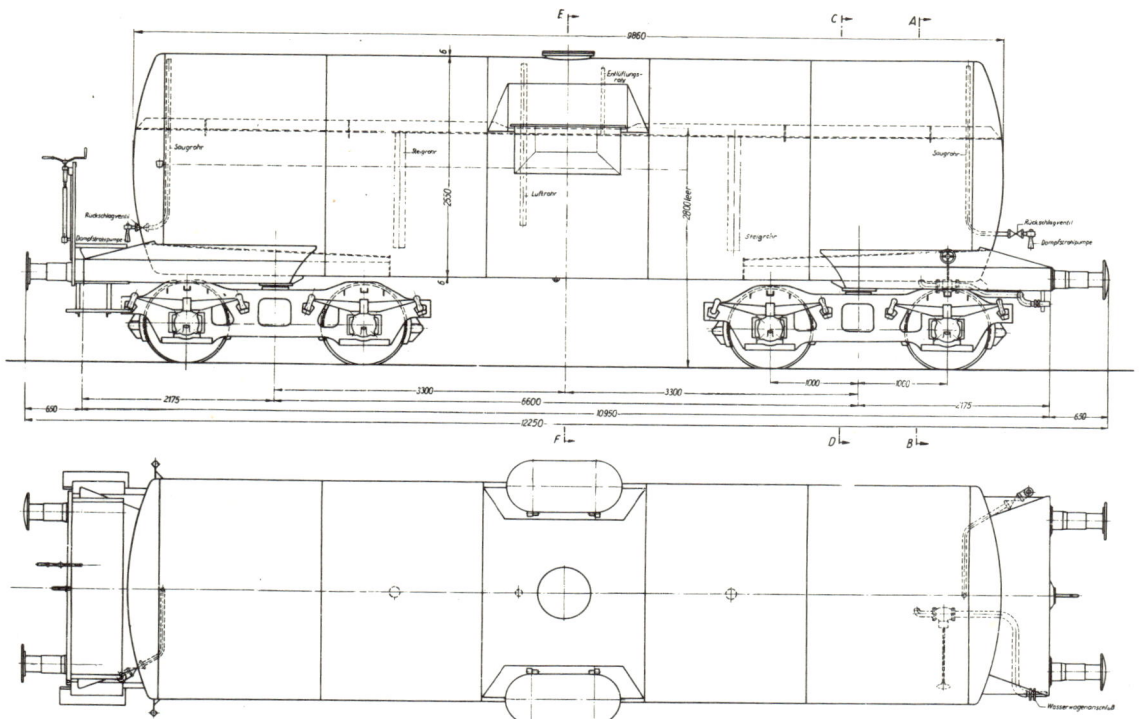

Abb. 93: Dieser Wasserwagen (Fassungsvermögen 47,5 m³) sollte Einläufe in Wagenmitte erhalten.

(VWW-Zeichnung Nr. SKG 716, Juni 1943)

37 m³ Wasservorrat). Diese Vorhaben verfielen sämtlich der Ablehnung, weil man sich zur Beistellung eines Wagens entschloß, der aus dem bewährten vierachsigen Kesselwagen der untergestellfreien Bauart entwickelt werden sollte. Dieser Wagen sollte bei 16 t Eigengewicht 48 m³ Wasser fassen, also mit dem Wannentender der Lok zusammen fast 80 m³ Wasservorrat ermöglichen. Nach dem ersten Entwurf, der Wassereinläufe in einer Konsole an der Wagenvorderwand vorsah, legte Westwaggon zwei Bearbeitungen auf der 21. Sitzung am 16. Juli 1943 (Ndschr. 21 Anl. 10—11) vor, welche die Einläufe in Einpolterungen am Nicht-Handbremsende und in Wagenmitte aufwiesen. Man entschloß sich daraufhin, bei der endgültigen Ausführung die beiden Einläufe auf der Seite des Bremserstandes unterzubringen, um ihre Bedienung zu erleichtern. Alle Wasserwagen waren zur Betankung aus den üblichen Wasserkränen vorgesehen; der Raum oberhalb der Einläufe war abgetrennt und wurde durch Steigrohr und eine mit Heizdampf betriebene Luftsaugepumpe befüllt. Zur Lieferung kam es wegen der geschwundenen Dringlichkeit nicht mehr. Vielmehr wurde die BR 42 ausschließlich mit dem 30-m³-Wannentender geliefert, dessen Preßblech-Güterwagendrehgestelle jetzt gegen die Beanspruchungen durch Seitenquerkräfte verstärkt waren.

Versuchsergebnisse und Bewährung im Betrieb

Den beiden mit verschiedenen Kesseln gelieferten Unterbauarten der Baureihe 42 gemein war das Leistungsprogramm, das die Beförderung eines 1600-t-Güterzuges in der Ebene mit 60 km/h und auf 7‰ Steigung (1:140) mit 20 km/h forderte. Aufgrund der verschiedenen Kesselabmessungen und -verhältnisse erwartet man für beide Typen leicht unterschiedliche Versuchsergebnisse, obwohl eine größtmögliche Identität der Leistungen wegen der damit verbundenen gleichen Einsatzmöglichkeiten angestrebt worden war.

Rechnerisch wurde der erste Punkt des Betriebsprogramms bei einer etwas über 57 kg/m²h liegenden Belastung, der zweite Punkt jedoch ohne weiteres erreicht. Die Versuchsfahrten ergaben jedoch durchwegs Ergebnisse, die günstiger lagen und zum Beispiel in der Ebene 1650-t-Güterzüge zuließen. Nachstehend daher wieder die wichtigsten Schaubilder. Zu ihnen ist jedoch zu bemerken, daß die wenigen noch vorliegenden und ausgewerteten Berichte zum größten Teil auf die Bauart mit Brotankessel (Versuchslok 42 0002) und nur in geringem Umfang auch auf den Stehbolzentyp (Lok

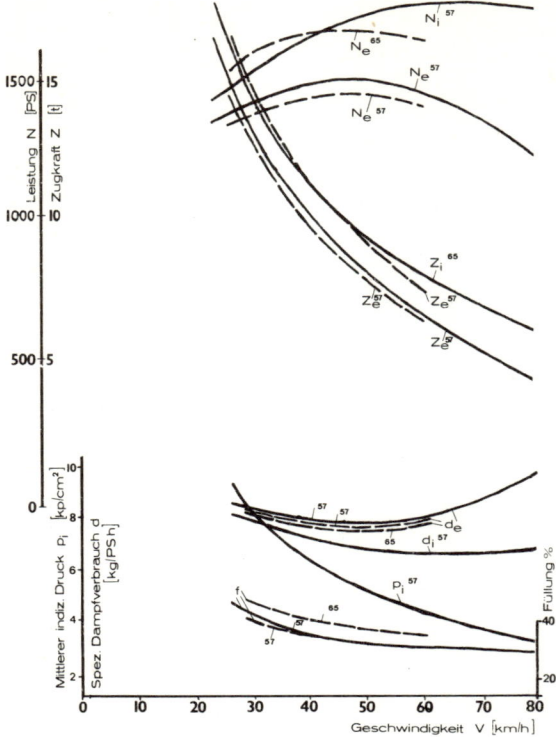

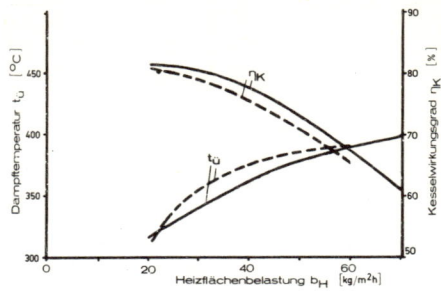

Abb. 95: Kesselwirkungsgrade und Dampftemperaturen in Abhängigkeit von den Heizflächenbelastungen für die Lokomotiven 52 180 (voll gezeichnet) und 42 0002 (durchbrochen).

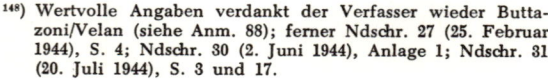

Abb. 94: Leistung und Zugkraft der Lokomotiven 42 0002 und 42 501 (durchbrochen), durch Versuchsfahrten ermittelt, bei Kesselbelastungen von 57 und 65 kg/m²h. Der untere Teil zeigt die jeweils entsprechenden Werte von d_e, d_i und p_i mit den zugehörigen Füllungen für die 42 0002 (voll gezeichnet) und 42 501 (durchbrochen) bei 57 und 65 kg/m²h Verdampfungsleistung.

keln lassen. Die relative Verbesserung gegenüber den rechnerischen Werten geht aus der Abbildung 94 hervor, welche außerdem einige Angaben zum spezifischen indizierten und effektiven Dampfverbrauch, dem mittleren indizierten Druck und der eingestellten Skalenfüllung enthält. Unter Berücksichtigung der verschiedenen Heizflächen und deren Verhältnisse weichen die Leistungsergebnisse der beiden untersuchten Maschinen 42 0002 und 42 501 nur unwesentlich voneinander ab.

Weiterhin soll das leider nur von der Lokomotive mit Brotankessel vorliegende Diagramm mit Kesselwirkungsgrad und Überhitzungstemperatur bis zu 60 kg/m²h Heizflächenleistung mit dem bis $b_H = 70$ reichenden Schaubild der 52 180 verglichen werden. Die Werte des spezifischen Dampfverbrauchs sind bei beiden Baureihen nahezu gleich, während die mittleren indizierten Drücke infolge der kleineren spezifischen Zylinderabmessungen bei der 2. Kriegslokomotive höher liegen mußten. Ein derart schlüssiger Vergleich ist hinsichtlich des Wirkungsgrades und der Überhitzungstemperatur leider nicht möglich, da einerseits die Zahl der ausgewerteten Versuche hierzu nicht ausreicht, andererseits auch Zahlen zum Stehbolzentyp überhaupt nicht vorliegen. Einen ersten Einblick kann die Abb. 95 vermitteln.

Bald nach den Probefahrten und Messungen brachte jedoch die Reichsbahn zum Ausdruck, trotz des Leistungsunterschieds zwischen der BR 42 und der BR 52 erfülle die 2. Kriegslok nach ihrer Auffassung nicht die in sie gesetzten Erwartungen. Ihr Brief vom 23. Februar 1944 an den Hauptausschuß lautet[149]:

„Die bisherigen Versuchsergebnisse der Lok R 42 lassen erkennen, daß die verstärkte Kriegslok nicht

42 501) entfallen[148]). So liegen für die ZV-Diagramme wie auch für die Tafeln der Verbrauchszahlen und Kennwerte von der Lok 42 0002 nur Werte mit $b_H = 57$ kg/m²h vor, während die mit $b_H = 57$ und $b_H = 65$ ausgeführten Untersuchungen mit der 42 501 nur bis $V = 60$ km/h reichen. Seinerzeit war sie jedoch bis $b_H = 70$ belastet worden. Dennoch läßt sich die Leistungscharakteristik der beiden Typen gut erkennen, besonders auch, wie dank der nicht gerade schlechten Kessel alle Ergebnisse höher als die entsprechenden rechnerisch ermittelten Werte liegen. Einschränkend muß jedoch hinzugefügt werden, daß die Vorausberechnung der Werte im internationalen Vergleich etwas zaghaft erfolgte und sich innerhalb der gegebenen Raum- und Gewichtsgrenzen noch wesentlich leistungsfähigere Güterzugmaschinen hätten entwik

---

[148]) Wertvolle Angaben verdankt der Verfasser wieder Buttazoni/Velan (siehe Anm. 88); ferner Ndschr. 27 (25. Februar 1944), S. 4; Ndschr. 30 (2. Juni 1944), Anlage 1; Ndschr. 31 (20. Juli 1944), S. 3 und 17.

[149]) Brief 31 Fkl 1259 vom 23. Februar 1944, zitiert nach Ndschr. 28 (13. März 1944), Anlage 1, S. 14.

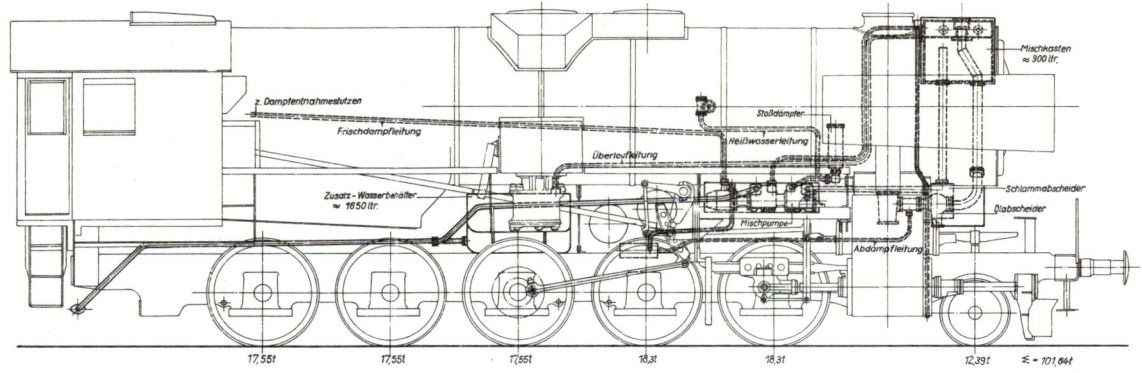

Abb. 96: Mischvorwärmeranlage zur Leistungssteigerung bei der Baureihe 42.

(Ndschr. 31, Anlage 2)

die von uns erwartete Mehrleistung bringt. Wie aus den wohl auch Ihnen bekannten Teilberichten des Lokversuchsamtes hervorgeht, liegt der Grund in einem gegenüber der R 52 höheren spezifischen Dampfverbrauch bei kleinen und mittleren Geschwindigkeiten und in der Nichtausnutzung des zugelassenen Achsdruckes von 18 t. Der Vorteil, den die Lok R 42 mit Stehbolzenkessel in ihrer jetzigen Ausführung gegenüber der R 52 bringt, ist zu gering, als daß der Bau einer neuen Kriegslokreihe gerechtfertigt wäre. Wir bitten daher, durch entsprechende Konstruktionsänderungen, jedoch ohne Einbau toter Gewichte, die gegebenen Gewichtgrenzen voll auszunutzen und die Leistung der verstärkten Kriegslok zu steigern, daß sie etwa 20 % höher als die der Lokreihe 52 liegt, damit die Lok den an sie durch den Krieg gestellten Forderungen gerecht werden kann. Über das Veranlaßte bitten wir uns zu unterrichten.

[gez.] Kühne".

Die Verteidigung des Konstruktionsausschusses, der das Projekt zu verantworten hatte, bestand auf der 27., 28., 30. und 31. Sitzung (März bis Juli 1944) in dem Hinweis, Verkehrsministerium und Reichsbahn seien an der Entwicklungsarbeit ständig beteiligt gewesen und hätten die polnische Ty 37 selbst als Entwurfsvorbild hingestellt. Dann schlossen sich ausführliche Berechnungen an, daß für die BR 42 als Höchstbelastung $b_H = 60$ kg/m²h angesetzt werden müsse, so daß die 20 Prozent Mehrleistung gegenüber der BR 52 bei $b_H = 57$ kg/m²h voll erreicht worden seien. Falls aber darüber hinaus noch eine weitere Vergrößerung von Leistung und Reibungsgewicht der 2. Kriegslok erwünscht sei, so könnten Wasserzusatzbehälter unter dem Kessel, Mischvorwärmer und mechanische

Rostbeschicker eingebaut werden[150]). Eine gewisse Bestätigung der Vorwürfe kann man darin erblicken, daß schon im Juli 1944 die Lok 42 2637 von Floridsdorf mit einem Heinl-Mischvorwärmer geliefert wurde, um dieses Bauteil zu erproben. Ursprünglich hatten Heinl und Knorr gemeinsam einen kriegstauglichen Vorwärmer entwickeln und liefern sollen, doch konnten sie sich nicht über die Ausführung einigen. So baute Schwartzkopff gleichzeitig die Lok 42 591 als Vergleichsmuster mit Knorr-Mischvorwärmer. Die allgemeine Verwendung des früher üblichen Oberflächenvorwärmers war schon bald nach Kriegsbeginn aufgegeben worden. Sein Messingbedarf von 130 kg (160 m Rohr 19×1,5 mm) war zu groß gewesen, so daß Knorr den Mischvorwärmer entwickelt und probeweise bereits bei einigen Loks der Baureihen 50 und 57¹⁰⁻⁴⁰ (pr G 10) angewandt hatte. Dabei wurde der Abdampf in einen Mischkasten geleitet und mit dem von der Mischpumpe geförderten Kaltwasser vermengt, das sich dabei auf bis zu 100 °C erhitzte. Darauf drückte der Heißwasserteil derselben Pumpe das vorgewärmte Speisewasser über das Speiseventil in den Kessel. Die ganze Anlage zeichnete sich also außer durch ihre Unabhängigkeit von Messingteilen durch große Einfachheit und Widerstandsfähigkeit gegen Kesselstein aus. Die Mischvorwärmung des Speisewassers erbrachte für die BR 42 eine Kohlenersparnis oder eine Leistungssteigerung von rund 10 Prozent. Während des Krieges wurden jedoch keine Versuchsfahrten mehr durchgeführt.

Ferner mußte aufgrund der betrieblichen Kritik

150) Eine stark verkürzte Wiedergabe des Sitzungsprotokolls findet sich auch bei Stockklausner/Weinstötter [38], S. 175; siehe auch Adolf Wolff: Die Speisewasservorwärmung bei Dampflokomotiven. — In: Glas. Ann. 71 (1947), S. 114—120.

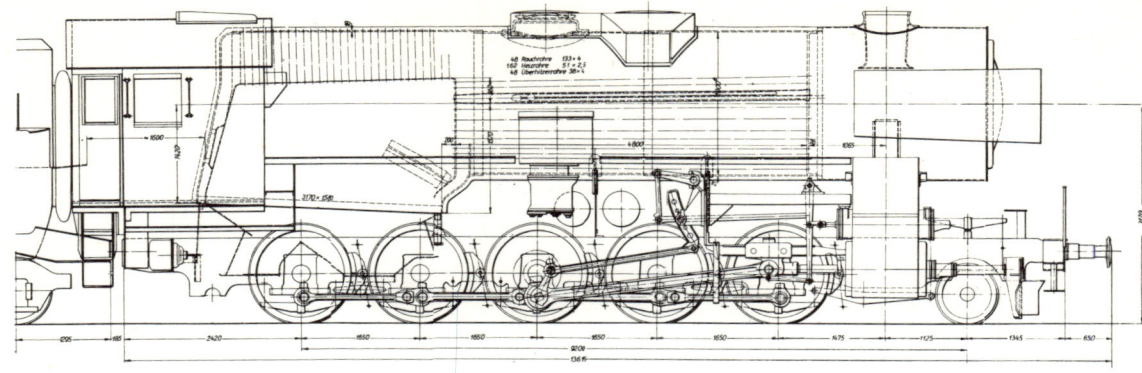

Abb. 97: Projekt des Arbeitsausschusses Konstruktion zur verstärkten Baureihe 42.
(GGL-Zeichnung Nr. Pr 145 vom 7. März 1944)

die Kurzbezeichnung der Lokomotive durch Anweisung AK 171 vom 15. August 1944 unter Berücksichtigung der tatsächlichen Achslasten von G 56.18 in G 56.17 abgeändert werden. Daneben hatte man bereits im März 1944 — also kaum zwei Monate nach Erscheinen der ersten Stehbolzenlok der BR 42 — für die 28. Sitzung einen Entwurf mit vergrößertem Kessel aufgestellt. „Rahmen, Triebwerk und Steuerung der verstärkten Maschinen sollten gleich bleiben, jedoch sollte der Zylinderdurchmesser auf 650 mm vergrößert werden. Der Kessel war für 2 m Durchmesser vorgesehen, blieb aber weiterhin genietet. Der Dom wäre aus Gewichtsrücksichten auf den zweiten Schuß verlegt worden. Die Rostfläche war mit 5 m² größer ausgelegt. Entsprechend dem größeren Kesseldurchmesser mußte dieser tiefer gelegt werden (3120 mm über SO)"[151]. Es handelte sich um das Projekt 145 der GGL mit und ohne Vorwärmer, das nach dem Abschlußbericht des LVA Grunewald über die Untersuchungen der Stehbolzen-42 auf der 31. Sitzung wegen der Planungen zur BR 42/2. Auflage schließlich abgelehnt wurde.

Da die grundlegenden Verbesserungen des Pr 145, bei dem es sich fast um einen neuen Typ gehandelt hätte, längere Produktionsunterbrechungen erfordert hätten, baute man ab Anweisung AK 192 vom 4. Januar 1945 an den 42ern zum späteren Einbau von Mischvorwärmern die erforderlichen Träger, Speiseventil-Untersätze usw. ein, und wandte sich mit dem Rundschreiben AK 268 (29. November 1944) und Anweisung 197 vom 26. Januar 1945 wegen einer „BR 42 Zweite Auflage" an die Industrie[152]. Bei den von Juli 1945 an auszuliefernden Lokomotiven sollten Mischvorwärmer, kleinere Rahmenausschnitte, ein Wasservorratsbehälter von 1,5 m³ vor dem Stehkessel, ein verstärkter Aschkasten, geschlossene Achslager, besser ausgeglichene Kuppelradsätze[153]) und eine höhere Überhitzertemperatur zur Anwendung kommen. Über dreißig kleinere Änderungen, die wegen des Ausfalls einer Vorserie nun erst berücksichtigt werden konnten, sollten zum gleichen Termin vorgenommen werden.

---

[152]) Ferner Ndschr. 31. (20. Juli 1944), S. 4.

[153]) War doch bisher darauf zu achten, daß im Stillstand zwischen Lok- und Wagenpuffern ein Spiel von 2 cm vorhanden sein mußte, um zu verhindern, daß bei der zugelassenen hohen Geschwindigkeit der aus dem mangelhaften Massenausgleich sich ergebende Zuckweg auf den Wagenzug übertragen wird.

---

[151]) Ebenda. Skizze in Ndschr. 28 (13. März 1944), Anlage 3.

Abb. 98: Der deutsche Minister für Rüstung und Kriegsproduktion, Albert Speer, und der französische Minister für industrielle Erzeugung, Jean Bichelonne, beim Besuch eines deutschen Rüstungsbetriebes. Bei ihrem Treffen im September 1943 wurde die Verlagerung weiterer Aufträge über Industrielokomotiven nach Frankreich vereinbart.

(Foto: Bundesarchiv Nr. 72/28/61)

Abb. 99: In den Anordnungen und Rundschreiben zur Vorbereitung der schweren 3. Kriegslokomotive ist mehrfach erwähnt, wie sehr die deutschen Feldeisenbahner von einer erbeuteten sowjetischen Güterzuglokomotive der Klasse FD-20 beeindruckt waren. Allein ihr Tender von 120 t Gewicht erregte großes Aufsehen. Das Bild der FD-20-340 entstand 1942 auf einem Abstellgleis des Bahnhofs Orscha Zentral. (Foto: Sammlung Kläschen)

Abb. 100: Beratung im Hauptausschuß Schienenfahrzeuge beim Reichsminister für Bewaffnung und Munition. Von links nach rechts: Norpoth (Ingenieur im Hauptausschuß), Dr. Litz (stellvertretender Leiter), Degenkolb (Vorsitzer des Hauptausschusses).

(Foto: Kempe, Sammlung Dr. Ewald)

Abb. 101: Die mittelschwere polnische Güterzuglokomotive Ty 37 wurde von der Generaldirektion der Ostbahn in Krakau als Entwicklungsvorbild für die 2. Reichsbahn-Kriegslokomotive, Baureihe 42, empfohlen. Eine Anzahl dieser polnischen Maschinen kam während des Krieges auch in den deutschen Lokomotivpark, so daß sich die beschädigte 58 2912 später auf einem süddeutschen Abstellgleis befand.
(Foto: Dr. Scheingraber)

Abb. 102: Beim Brotankessel, der während des Krieges versuchsweise von WLF mit zwei Lokomotiven der Baureihe 50 und den beiden Maschinen 42 0001 und 42 0002 geliefert wurde, handelt es sich um eine Feuerbüchsbauart, die ohne Stehbolzen auskommt. Der Feuerraum wird durch Wasserrohre gebildet, die vom Bodenring unten zur Vorkammer oben verlaufen. Gegen Abzehrung wird der Innenraum noch ausgemauert. (Werkfoto, Sammlung Kramer)

Abb. 103: Am Äußeren der Brotanfeuerbüchse für die Lok 42 0001 fällt besonders die obenliegende Vortrommel auf. Der nach vorn angeschlossene Langkessel ähnelte der Regelausführung, war jedoch etwas dicker.
(Werkfoto, Sammlung Kramer)

Abb. 104: Kurz vor ihrer Ablieferung an die Reichsbahn im Juli 1943 wurde die Prototype der 2. Kriegslokbauart, die Lokomotive 42 0001 mit Wiener Brotankessel, auf dem Gelände der Erbauerfirma Henschel in Kassel neben der leichten Kriegslok 52 2444 aufgestellt.
(Werkfoto)

Abb. 105: Ein Blick in die Werkhallen der Berliner Maschinenbau-AG, vormals L. Schwartzkopff, zeigt im Oktober 1943 eine Reihe von Kriegslokomotiven in der Endmontage. Zuvorderst die 23. von 52 in diesem Monat geplanten Maschinen der Baureihe 52. (Werkfoto)

Abb. 106: Neben der Reichsbahn-Kriegslokomotive hatte Schwartzkopff im Oktober 1943 auch eine nur vier Einheiten umfassende Serie der dreiachsigen Wehrmachts-Diesellok WR 360 C 14 in Arbeit, deren Rahmen rechts vorn zu erkennen sind. (Werkfoto)

Abb. 107: Im Sommer 1944 sollte über die Kriegslokomotive ein Lehrfilm für die Bediensteten der Reichsbahn angefertigt werden. Als die dazu benutzte Maschine 52 1325 von DWM/Posen nicht mehr fabrikneu aussah, wurde sie zur Fortsetzung der Dreharbeiten durch die Lok links ersetzt. Diese trug vorübergehend die gleiche Betriebsnummer; ihre spätere Nummer ist nicht bekannt. (Foto: Maey, Sammlung Bellingrodt)

Abb. 108: Um Material und Arbeitsaufwand zu sparen, wurde bei den Kriegsloks auf die üblichen Fabrikschilder am Rahmen verzichtet. An ihrer Stelle wurden eine Abkürzung für das Lieferwerk und die Fabriknummer mit Stahlstempeln in die Rahmenwangen eingeschlagen. Bei der Lokomotive 52 3660, die von Krauss-Maffei zu den Deutschen Waffen- und Munitionsfabriken abgegeben worden war, wurden beide Firmen markiert. (Foto: Schreiber)

Abb. 109: Die Lokomotive 42 555, von Schwartzkopff im September 1944 fertiggestellt, gehört zu den mehr als achthundert Einheiten der Regelausführung mit Stehbolzenkessel. Schon beim ersten Blick fällt auf, daß der Langkessel den gleichen Durchmesser aufweist wie die Rauchkammer, während er bei den Maschinen mit Brotan-Hinterkessel etwas dicker ausgeführt ist. (Foto: Bellingrodt)

Lokomotivprojekte der letzten beiden Kriegsjahre

Baugrundsätze
für die 3. Kriegslokomotive

Bei näherer Betrachtung der beiden deutschen Kriegslokomotiven, die nun seit 1942 entstanden waren, fällt sogleich auf, daß sich ihre Leistungsfähigkeit, obwohl sie zum fast ausschließlichen Einsatz in Osteuropa vorgesehen waren, mit 1 620 PS$_i$ und 1 800 PS$_i$ überwiegend an den auf mitteleuropäischen Bahnen üblichen Zuglasten orientierte, während eine den langen, schweren Nachschubzügen der großen besetzten Gebiete angemessene Dampflokomotive nicht produziert wurde. Dies hatte seinen Grund auch in der Überlegung, daß leichtere Lokomotiven eben auf allen Strecken laufen können, während schwerere Maschinen bei der im Kriege häufigen Umleitung von Zügen über Nebenstrecken zu betrieblichen Schwierigkeiten führten.

Mitte 1943 schienen sich aber bei der Reichsbahn die Wertungen zu wandeln; die Forderung nach der Bespannung längerer Züge rückte langsam vor den Wunsch nach universellem Triebfahrzeugeinsatz und Schonung der Strecken. Von Adolf Wolff[154] wird mitgeteilt, die Verwaltung habe erstmals im Juli 1943 eine Lok mit größerem Kessel für die Einsatzstellen im Osten gefordert. Inwieweit dieses Bedürfnis tatsächlich bestand, ist nur schwer zu sagen. Es darf auch nicht übersehen werden, daß zu diesem Zeitpunkt die Entwicklungsarbeiten an der BR 42 abgeschlossen und einzelne Konstrukteure deshalb um ihre weitere Beschäftigung besorgt waren. Um wieder alle Möglichkeiten zwischen der kriegsmäßig vereinfachten Lieferung einer bereits erprobten Reichsbahngattung (BR 44, BR 45) und der völligen Neuentwicklung einer geeigneten Maschine zu erkunden, lud der Arbeitsausschuß Konstruktion des Sonderausschusses Lokomotiven am 13. Oktober 1943[155] zur vorsorglichen Aufstellung eines Entwurfs für eine schwere Güterzuglok ein. Die Angebote sollten bis zum 15. November 1943 in Berlin eintreffen. Der Begriff der vorsorglichen Entwicklung weist uns darauf hin, daß sich die Ausschußmitglieder über die Möglichkeiten der Verwirklichung der neuen Gattung durchaus nicht sicher waren, zumal von der Konstruktion dieser Lok bis zu ihrem Bau über ein Jahr vergehen würde. In dieser Zeit könnten sich die Betriebsanforderungen, von den militärischen Ereignissen bestimmt, schon wieder grundlegend ändern. So baut die Konstruktionsarbeit, ähnlich wie bei Planung der Drei-Meter-Breitspur-Transkontinentalbahn, auf der unberührbaren Prämisse auf, der Krieg sei noch zu gewinnen. Der Verzicht auf Projekte dieser Größenordnung hätte die gleiche Bedeutung besessen, wie sie später dem deutschen Verzicht auf den Bau von Bombenflugzeugen innewohnte, also die Erkenntnis, daß die Initiative inzwischen auf die Alliierten übergegangen war.

Dem Arbeitsausschuß Konstruktion auf seiner relativ subalternen Ebene war es nicht möglich, auf solche Überlegungen seine Handlungen einzurichten. Auch die Frage, womit der Verzicht hätte begründet werden sollen, und welches Schicksal seine Befürworter erwartet hätte, gehören hierher. Unter Berücksichtigung der kriegsbedingten Fertigungsbeschränkungen sollten als Hauptbedingungen erfüllt werden: Beförderung von 1700 t Anhängelast auf 8‰ im anhaltenden 360-m-Bogen mit $V \geq 20$ km/h; Höchstgeschwindigkeit vw/rw 80/80 km/h; Achslast 20 Mp, Metergewicht $<$ 8,18 t/m; Durchfahren der Weiche 1:7 mit anschließendem 140-m-Bogen ohne Verdrückung; Möglichkeit der Benutzung von 23-m-Drehscheiben, Einbau einer Mischvorwärmeranlage und eines Stokers[156].

Die Bedingungen für die Verwendung in der besetzten Sowjetunion wurden besonders hervorgehoben, die FD-20/21-Klasse der SZD als Beispiel erwähnt: 2 m Kesseldurchmesser, 6 m Rohrlänge, 300 m² Heizfläche, 7 m² Rostfläche und Verbrennungskammer. Aus dem Betriebsdienst wurde mitgeteilt, die Steigungen für diese Lok seien bis zu 15 km lang, auch wünsche man eine große Kesselreserve, um bei Kälte den Schwerlauf der Wagen durch erhöhte Leistung ausgleichen zu können[157]. So wurde wegen der klimatischen Verhältnisse und der mangelhaften Gleislage als Reibungswert nur 175 kg/t bis 180 kg/t angesetzt; als Brennstoff wurde Donezkohle angegeben, deren Heizwert bei hohem Aschegehalt und besonderer Feinkörnigkeit nur zwischen 4 900 und 6 300 kcal/kg beträgt[158]. Die freie Rostfläche, die in der Regel

---

[154] Karl-Ernst Maedel: Adolf Wolff und die Borsig-Projekte der Jahre 1931—1945. In: LOK-MAGAZIN 50 (1971) S. 819—827.

[155] Rundschreiben AK 148 vom 13. Oktober 1943, also zehn Wochen nach Auslieferung der 42 0001.

[156] Rundschreiben AK 154 vom 27. Oktober 1943.

[157] Rundschreiben AK 173 vom 30. Dezember 1943.

[158] Rundschreiben AK 159 vom 3. November 1943.

etwa 43 Prozent beträgt, sollte deshalb auf 50 Prozent vergrößert werden.

Bereits nach einem Monat, in der zweiten Novemberhälfte 1943, legten die Konstruktionsbüros der interessierten Werke ihre Entwürfe in Berlin vor. In fast allen Plänen ist die Abkehr von der traditionellen Reichsbahnlokomotive offensichtlich. Unter der durch den Krieg hervorgerufenen Notwendigkeit, robuste Leistungsmaschinen zu beschaffen, wurden die modernen Konstruktionsmerkmale besonders deutlich und erstmals von allen Beteiligten angewandt: „Ausländische Bauelemente", wie Verbrennungskammer, Feuerschirmtragrohre, Doppelschlote, Boosteranlagen und Achslastumsteller, sollten nun auch Eingang in den deutschen Lokomotivbau finden. Dabei bemühte sich jede Lokbauanstalt, unter Verwendung verschiedener dieser Elemente in Verbindung mit ihren eigenen, bewährten Baugrundsätzen Maschinen zu projektieren, die den Hauptbedingungen entsprachen, so daß die Vielfalt der Entwurfszeichnungen anmutet wie ein Überblick über die Versäumnisse, die während des letzten Jahrzehnts der Beschaffung von Reichsbahnlokomotiven begangen worden waren.

Dem Entwurf des Gesamtaufbaus mußten die folgenden Überlegungen zugrundegelegt werden: Maßgebend ist die Frage des erforderlichen Reibungsgewichts. Der in der Ausschreibung empfohlene Reibungswert $f_o \sim 180$ kg/t bezieht sich auf die Zugkraft am Radumfang, also die Zughakenkraft zuzüglich des reinen Laufwiderstandes aller Lok- und Tenderachsen sowie des Luftwiderstands. Für den geforderten 1 700-t-Zug auf 8‰ im 360-m-Bogen ergibt sich als Zughakenkraft 20 300 kg entsprechend einer Zugkraft am Radumfang von 22 600 kg, zu deren Ermittlung als Widerstände eingesetzt wurden: V = 20 km/h, Gegenwind 8 . km/h; Wagenzug: Widerstandsformel nach Strahl, Konstante = 2, Koeffizient = 0,032; Lok u. T.: Laufwiderstand nach Strahl, für Laufachsen 2,5[159]). Aus der Zugkraft am Radumfang von

[159]) Berechnungen der Wiener Lokomotivfabrik, zitiert nach Projektvorschlag WLF I und II.

22 600 kg errechnet sich bei $f_o = 180$ kg/t als erforderliches Reibungsgewicht $G_{Lr} = 125$ t. Bei 20 t (Mp) höchstzulässigem Achsdruck, wie ihn die Hauptbedingungen verlangten, bestehen somit zunächst drei Möglichkeiten der Achsanordnung:

a) Mehr als 6 Reibungsachsen in einer Gelenklokomotive; Vorteile: Guter Kurvenlauf, hohes Reibungsgewicht; Nachteile: Höherer Materialverbrauch und Arbeitsaufwand bei Herstellung, Betrieb und Instandhaltung;

b) 6 Reibungsachsen und Boosterachse(n); Vorteile: G_{Lr} mit einer Boosterachse bis 140 Mp; Nachteile: Hohe Herstellungskosten und unerprobter Booster;

c) 6 Reibungsachsen und Achslastumsteller, um kurzzeitig 2Q auf 20,8 Mp × 6 = 124,8 Mp zu erhöhen; Vorteile: Einfachste Bauart; Nachteile: Überhöhter Achsdruck, jedoch relativ selten.

Es zeigte sich jedoch, daß von einigen Firmen auch eine etwas niedrigere Reibungslast für ausreichend befunden wurde, so daß auch sechsfach gekuppelte Lokomotiven ohne Hilfsmaschine und Fünfkuppler mit doppelter Boosterschleppachse eingereicht wurden. An der Ausschreibung beteiligten sich neun Firmen sowie das Konstruktionsbüro der Gemeinschaft Großdeutscher Lokomotivfabriken (GGL) mit insgesamt siebzehn Projekten, die unter Benutzung der entsprechenden Firmenbeschreibungen in ihren wichtigsten Teilen dargestellt werden sollen.

Die Entwürfe im einzelnen

a) Borsig I: (1'C) D h4 G 78.20

Um bei Bedarf auch höheren Ansprüchen an den Kurvenlauf der neuen Lok genügen zu können, legte das Konstruktionsbüro Borsigs unter Adolf Wolff zuerst eine Malletmaschine mit vier Zylindern vor (Projekt 426—821). Bei 6,5 m² Rostfläche besitzt der Kessel auch noch eine Verbrennungskammer; vier Feuerschirmtragrohre sind vorgesehen. Der Langkessel weist bei 6000 mm Rohrlänge als Verdampfungsheizfläche 279,5 m² auf und erweitert sich von 2000 mm Durchmesser an

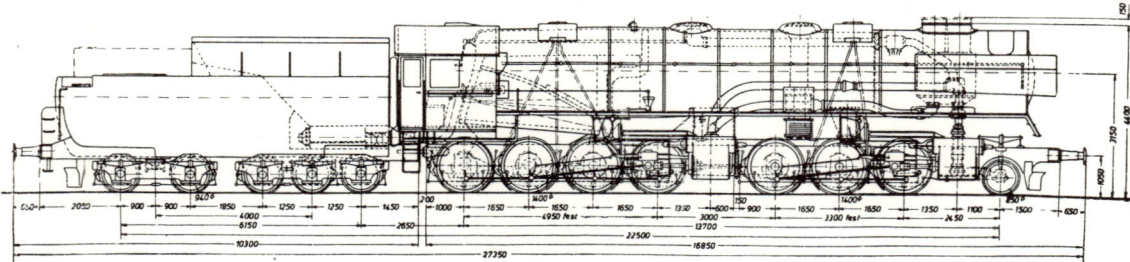

Abb. 110: Entwurf Borsig I für eine Mallet-Gelenkbauart zur 3. Kriegslokomotive

(Aus Stockklausner/Weinstötter [38], S. 181)

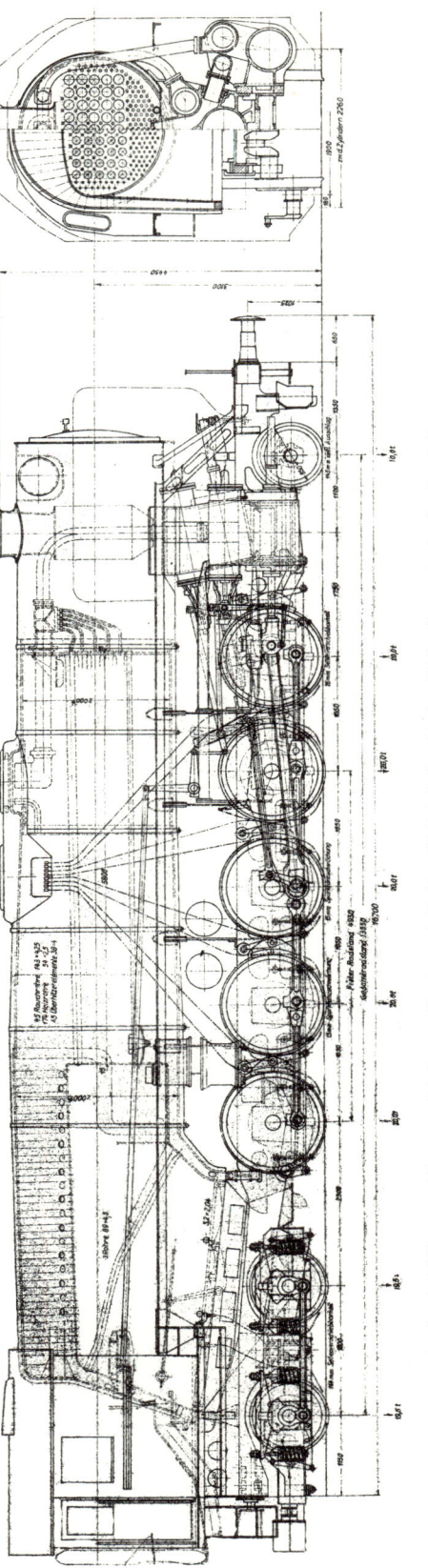

Abb. 111: Entwurf Borsig II mit Hilfsmaschine am hinteren Drehgestell. Deutlich ist der kleine Zylinder unterhalb der Führerhaustreppe zu erkennen.
(BLW-Zeichnung Nr. 426—824 vom 12. Oktober 1943)

der Rauchkammer konisch auf 2200 mm am Steh-kessel. Ein Schmidt-Weitrohrüberhitzer war eben-falls vorgesehen.

Beide Triebgestelle besitzen Rahmenplatten von 90 mm Stärke. Die vordere Kesselhälfte liegt in einer Drehpfanne über dem ersten Triebgestell. Die Rückstellung erfolgt durch Keilflächen.

Obwohl versucht wurde, die Gestelle möglichst einheitlich zu halten (in beiden Fällen ist die dritte Kuppelachse Treibachse), mußten die beiden Zylinderpaare mit Rücksicht auf die ungleiche Zahl der Kuppelachsen vorn mit 465 mm Durchmesser und hinten mit 535 mm Durchmesser bemessen werden. Die Laufachse wurde mit der ersten Kuppelachse zu einem Krauss-Helmholtz-Gestell zusammen-gefaßt.

b) Borsig II: 1'E 2' h3 G 58.20

Um bei grundsätzlicher Ablehnung von Gelenk-lokomotiven noch mit einer anderen Maschine in der Ausschreibung zu liegen, gingen die Konstruk-teure der BLW hier davon aus, daß das Trak-tionsprogramm — außer der Belastung in Kurven — noch von der BR 44 erfüllt werden könne. Sie schlugen deshalb für die Hauptleistung einen Fünfkuppler (Projekt 426—824 vom 12. Okto-ber 1943) vor, den sie bei Spitzenleistungen durch eine Zweizylinder-Hilfsmaschine im hinteren Au-ßenrahmen-Drehgestell unterstützen wollten. Das aus der BR 44 abgeleitete Triebwerk sollte 570 mm Zylinderdurchmesser erhalten. Die Hilfsmaschine besitzt 320 mm Durchmesser und 260 mm Hub. Es handelt sich um einen Schnelläufer, dessen Steu-erung mit fester Füllung arbeitet. So werden Teile eingespart, allerdings der Dampfverbrauch erhöht. Die Dampfmaschine, deren Übersetzung 1 : 3 be-trägt, stützt sich durch Tatzlager auf der hinteren Achse ab. Ein Zwischenritzel kann durch Druck-luft oder Handbetätigung ausgerückt werden, bei Erreichen von 25 km/h schaltet es selbsttätig den Booster ab. Die vordere Drehgestellachse wird durch eine Kuppelstange und Hallsche Kurbeln angetrieben.

Die BLW nahmen eine Zugkraft am Radumfang von 23 600 kg an. Von der Zylinderzugkraft von 25 000 kg sollte die Hauptmaschine rund 18 000 kg, der Booster rund 7000 kg übernehmen. Einige für den Betrieb errechnete Werte lauten:

	bei 20 km/h	bei 25 km/h
Leistung	1330 + 520 PS	1592 + 630 PS
Verbrauch	8,3 + 13,0 kg/PS$_i$h	7,64 + 13,0 kg/PS$_i$h
Dampfmenge	11 040 + 6800 kg/h	12 180 + 8200 kg/h
Belastung	60 kg/m²h	68,6 m²h

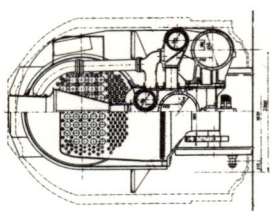

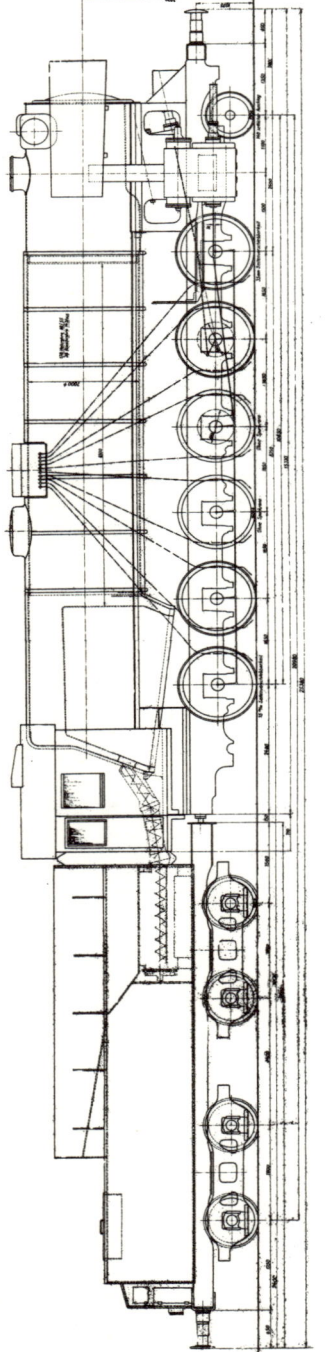

(DWM-Zeichnung Nr. 8000-1 vom 12. November 1943)

Abb. 112: Der Vorschlag der Deutschen Waffen- und Munitionsfabriken, Werk Posen.

Die Heizflächenbelastung läßt uns erkennen, daß der Kessel (R = 6,5 m²) eine Verbrennungskammer sowie drei Feuerbrückentragrohe aufweist. Die Strahlungsheizfläche beträgt 31,28 m², so daß sich als φ_s = 4,81 ergeben. Die Rohre sind 5800 mm lang und besitzen 265,5 m² Heizfläche, somit φ_H = 8,47. Mischvorwärmer und HT-Stoker waren vorgesehen. Der Barrenrahmen entspricht der klassischen Reichsbahn-Bauart, wäre jedoch mit den Vereinfachungen der Kriegsfertigung hergestellt worden.

Der Wannentender 2'2' T 40,5 faßt im Halbzylinder 34 m³ Speisewasser. Weitere 6,5 m³ befinden sich in einem Zusatztank hinter dem Kohlenbunker, können wegen der hohen Lage jedoch nur durch eine zusätzliche Strahlpumpe eingefüllt werden. Diese Bauweise war erforderlich, weil der Gesamtachsstand von 22,4 m und die Länge über Puffer von 27,0 m keinen einfacheren Tender mehr zuließen.

c) Deutsche Waffen- und Munitionsfabriken, Werk Posen: 1'F h3 G 67.20

Die deutschen Konstrukteure in den ehemaligen Cegielski-Lokomotivwerken warteten mit einem bei den Kriegsverhältnissen besonders erfolgversprechenden Projekt auf. Nachdem sie zunächst eine Malletlok (1'D) D 1' in Erwägung gezogen hatten, waren sie zu einer simplen sechsfach gekuppelten Drillingsmaschine (Projekt 8000-1 vom 12. November 1943) gekommen, die bei G_{Lr} = 120 Mp auch im Anfahrbereich ohne Booster auszukommen versprach, sofern die Bedingungen nicht ausgesprochen ungünstig waren.

Das unkomplizierte Laufwerk (Barrenrahmen, Krauss-Helmholtz-Gestell) war mit einem gleichfalls wenig auffälligen Kessel verbunden, der bei 6500 mm Rohrlänge und 2000 mm Durchmesser aus zwei Schüssen von 21 mm Wandstärke ohne Längslaschen stumpf zusammengeschweißt werden sollte. Der Bodenring und der Übergang zum Stehkessel sind konventionell genietet; der Feuertürring konnte durch Schweißen der entsprechend gekümpelten Ausschnitte in den Hinterwänden von Stehkessel und Feuerbüchse entfallen. Die Feuerbüchse, vgl. die Zeichnung, war allerdings eher von überholter Form: Ohne Verbrennungskammer nur mit 5,9 m² Rostfläche und 23,48 m² Strahlungsheizfläche versehen, ergab sich φ_s = 4,05. Im Verhältnis zu dem mit 304,6 m² sehr großen Langkessel war sie durch φ_H = 12,9 zu klein.

Die Rauchkammer ist ohne Zwischenring angenietet und weist die für Vorwärmer und Schieber erforderlichen Einpolterungen auf. Die Außenzylinder befinden sich 30 mm über Achsmitte. Der In-

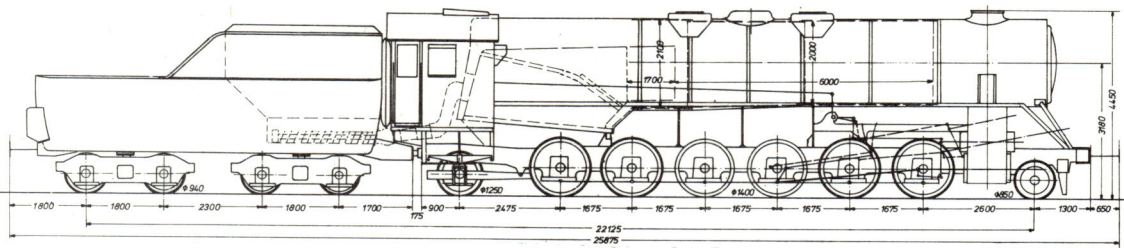

Abb. 113: Projekt Henschel & Sohn mit Verbrennungskammer und konischer Langkesselerweiterung auf sechs Kuppelachsen.
(Henschel-Zeichnung Nr. P I 1383 vom 22. Februar 1944)

nenzylinder, der auf die zweite Kuppelachse wirkt, ist um 10° geneigt angebracht; der Schwingenantrieb erfolgt durch eine Hubscheibe auf der dritten Achse. Der Tender, dessen Konstruktion mit besonderem Rahmen wenig Aussicht auf Verwirklichung hatte, mußte durch die Unterbringung der Stoker-Antriebsanlage von Stein & Roubaix, Paris, über dem vorderen Drehgestell insgesamt sehr lang ausfallen. Der Kohlenkasten für den 10-t-Vorrat (34 m³ Wasser) erscheint zu lang und zu flach. Ein abschließendes Urteil über den Entwurf DWM zu fällen, gelingt nur schwer. Einige gute produktionstechnische Ansätze sind mit unzeitgemäßen Konstruktionselementen zu einer Lokomotive verbunden worden.

d) Henschel I: 1'F 1' h3 G 68.20
Henschel & Sohn legte zwei Pläne mit gleichen Kesseln und Tendern vor, die jedoch in der Laufwerksanordnung grundsätzlich voneinander abwichen. Zunächst soll der Entwurf PI 1383 vom 22. Februar 1944 mit herkömmlichem Triebwerk und neuem Kessel beschrieben werden. R = 7,0 m²; l_r = 6000 mm; d_K zwischen 2000 mm (an der Rauchkammer) und 2100 mm (am Stehkessel) sowie Feuerschirmtragrohre und Verbrennungskammer kennzeichnen den Kesselentwurf. Das Laufwerk, dessen Kurvenbeweglichkeit nach den Erfahrungen mit Henschel-Exportlieferungen festgelegt werden konnte, verwendet ein führendes Krauss-Helmholtz-Gestell mit geschweißter Deichsel. Die vier inneren Kuppelachsen liegen fest; dritte und vierte Kuppelachse sind spurkranzlos ausgeführt, während die letzte wieder seitenverschieblich vorgesehen wurde. Die Schleppachse läuft in einem Bisselgestell mit geschweißten Außenrahmen. Als Tender war ein vergrößerter Wannentender mit Stoker-Förderanlagen geplant.

e) Henschel II: 1'E 2a' h3 G 58.20
Führendes Krauss-Helmholtz-Gestell und verschiebliche letzte Kuppelachse dieses Sonderent-

wurfs entsprechen noch der Norm, während das hintere Drehgestell, dessen Drehpunkt nur 400 mm hinter der letzten Kuppelachsmitte liegt, eine nicht angetriebene Laufachse von 850 mm Raddurchmesser und die Boosterschleppachse mit Rädern von 1000 mm Durchmesser aufweist. Die Hilfsmaschine, die nur fallweise zugeschaltet wird, ist an der Hinterachse und am Drehgestellrahmen befestigt.

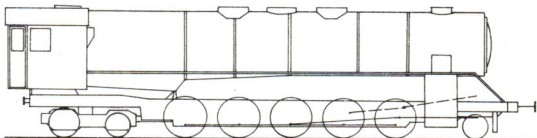

Abb. 113 a: Schema des Entwurfs Henschel II mit Boosterachse im Schleppgestell; allgemeine Ausstattung wie bei der vorigen Zeichnung.
(Skizze: Buchholz)

f) Krauss-Maffei I: 1'F h3 G 67.20
Beide Krauss-Maffei-Entwürfe unterscheiden sich voneinander bei gleichen Rahmen und Triebwerken vor allem in den Kesselabmessungen sowie in den Tenderbauarten. Als Kessel wurde der zunächst wegen guten Dampfmachens — unbeschadet späterer Entwicklungen[160] — noch als erfolgversprechend angesehene Typ mit Krauss-Wellrohrfeuerbüchse vorgeschlagen (Projekt A 537). Ein Vergleich mit der Konstruktionsskizze, nach der die Loks 52 3620—3624 gebaut wurden, zeigt jedoch eine Verlängerung der Feuerbüchse über den Rost hinaus nach vorn, um durch diese Vergrößerung der Berührungsheizfläche dem Kessel eine gewisse Verbrennungskammer-Charakteristik zu geben. Der Rost von 5,35 m² Fläche wird durch eine senkrechte Feuermauer begrenzt; unterhalb des Rosts ist das Well-Flammrohr gegen Ascheablagerungen mit Schutzblechen abgedeckt. Ein geschweißter Langkessel herkömmlicher Bauart mit

---

[160] Siehe oben den Abschnitt „Besondere Kesselbauarten", wo über die Alterungsbeständigkeit dieser Konstruktion Nachteiliges berichtet wird, und vgl. Ndschr. 15 (4./5. März 1943), Anlage 11.

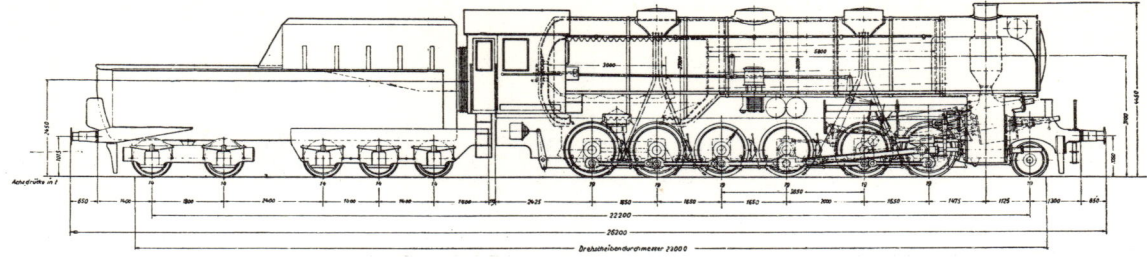

Abb. 114. Entwurf Krauss-Maffei I. Als besondere Kennzeichen sind die Ausstattung mit Dampfdom und der Tender zu nennen.

(Krauss-Maffei-Zeichnung Nr. A 537)

Rohren von 5800 mm Länge schließt sich nach vorn an.

Der Blechrahmen aus 35-mm-Platten weist keine Besonderheiten auf. Das Laufwerk beginnt wieder mit einem Krauss-Helmholtz-Gestell, die zweite bis vierte Kuppelachse liegen bei spurkranzloser Ausführung der dritten und vierten fest. Um nun mit dem Sechskuppler auch den 140-m-Bogen bewältigen zu können, stand zunächst eine erhöhte Seitenverschieblichkeit der letzten Kuppelachse wie beim Entwurf „Krupp II" zur Diskussion. Es wurde jedoch eine Konstruktion vorgezogen, die erst mit dem österreichischen K 4 T 30 der BR 52 praktisch erprobt worden war, nämlich die Zusammenfassung der beiden letzten Kuppelachsen durch Beugniothebel, für die aber bisher kaum Erfahrungen an Lokomotivachsen vorlagen. Die geführte Länge ist dadurch gleich dem Abstand zwischen den Drehzapfen des Laufgestells und des Beugniotgestells, hier also 8975 mm.

Während die Außenzylinder auf die dritte Kuppelachse einwirken, lenkt der Innenzylinder wie beim Entwurf „Krupp II" auf die zweite Kuppelachse an. Die zum Antrieb der inneren Steuerung übliche Kropfachse wird vermieden, indem zwei Paar Schraubenräder auf der dritten Kuppelachse eine Hilfswelle antreiben, die alle drei Steuerungen bedient.

g) Krauss-Maffei II: 1'F h3 G 67.20

Das zweite Projekt von Krauss-Maffei (A 539), das erst im Februar 1944 nachgereicht wurde, wies einen Kessel auf, der nach den Erfahrungen mit der Wellrohrlok 52 3620 verändert war. Der Bodenring war überarbeitet, der Kessel insgesamt niedriger gerückt, weil statt des Dampfdoms beim ersten Entwurf wieder ein Dampfsammelrohr eingezeichnet war. Der Tender, vormals ein vergrößerter Wannentender 3 2' mit leicht abgeschrägtem Kohlenkasten über den drei festen Achsen, war in der herkömmlichen Form beim zweiten Entwurf aufgegeben. Um nämlich die Stokeranlage einfach und ohne Kuppelstücke zwischen Lok und Tender ausführen zu können, war der rechteckige Kohlenkasten für 11 t unmittelbar hinter der Führerhausrückwand auf einer Verlängerung des Lokrahmens angebracht und über einen Drehzapfen auf die vordere Dreiachsgruppe des Tenders abgestützt. Der Wasserbehälter war wieder als selbsttragende Wanne geplant, mit 34 m³ Inhalt aber eher zu klein.

h) Krupp I: 1'E 1' h3 G 57.20

Beide Entwürfe des Essener Werks, das sich trotz seiner Bombenschäden wieder an der Ausschreibung beteiligte, besitzen den gleichen Kessel mit 5800 mm Länge zwischen den Rohrwänden, drei Feuer-

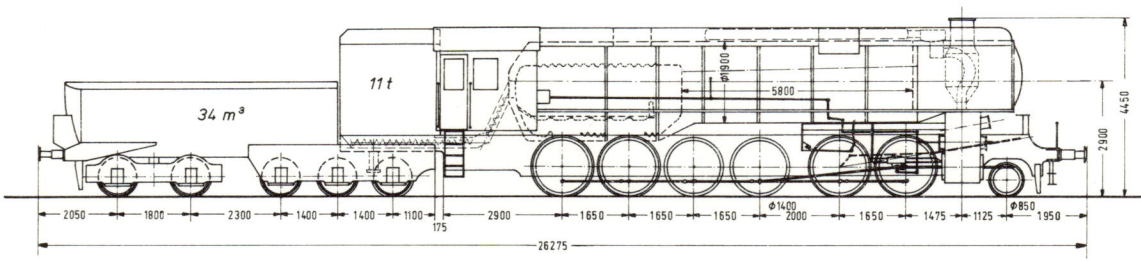

Abb. 115: Der spätere Krauss-Maffei-Vorschlag II ist wieder mit einem längeren Dampfsammelrohr konstruiert. Besonders auffällig ist die Anbringung des Kohlenkastens am Führerhaus, um bewegliche Leitungen für den Stoker zu umgehen.

(Krauss-Maffei-Zeichnung Nr. A 539)

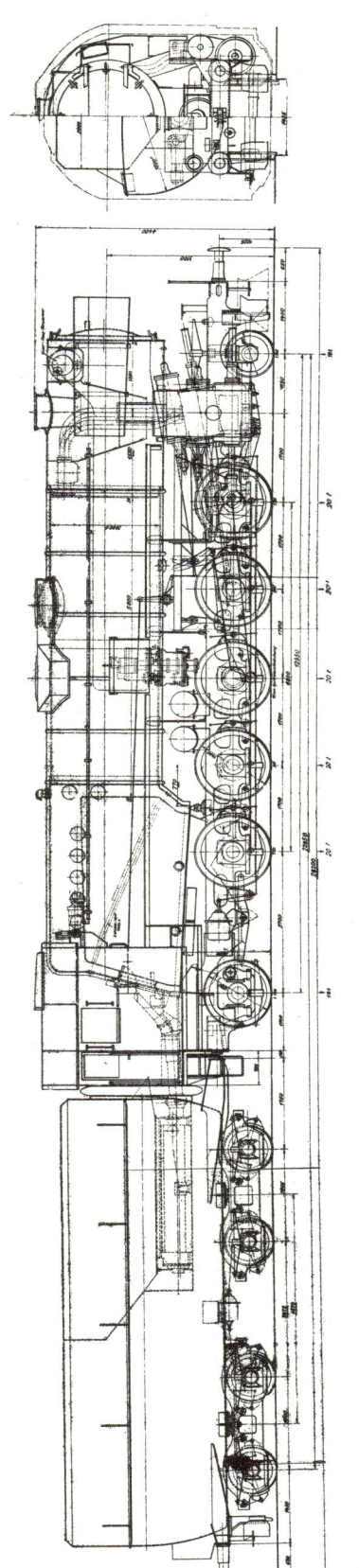

Abb. 116: Entwurf Krupp I mit einem Triebwerk, das sich an die Einheitslokomotive-Baureihe 44 anlehnte. (Krupp-Zeichnung Nr. Lh 53 042 vom 15. Oktober 1943)

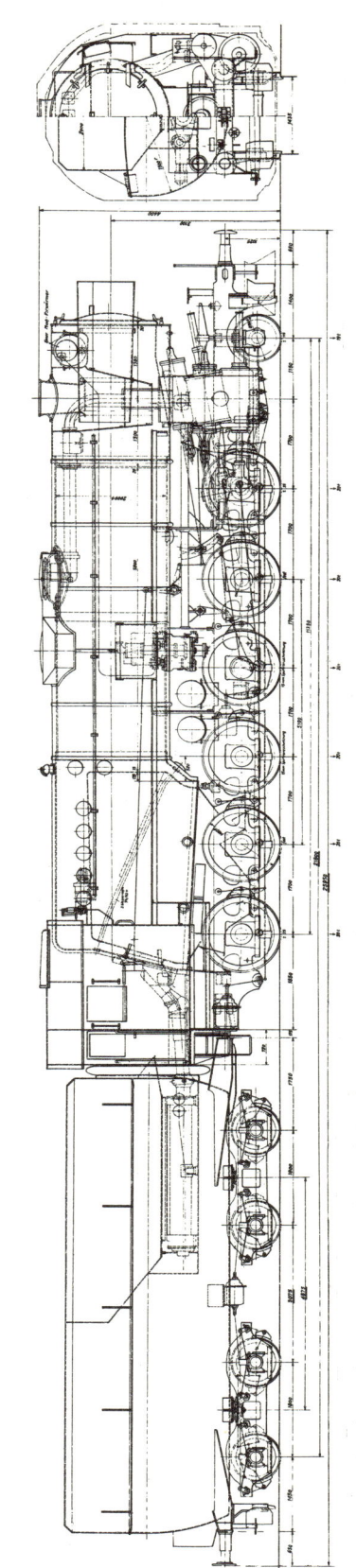

Abb. 117: Wie die meisten anderen Lokomotivfabriken, legte auch Krupp noch einen Sechskuppler-Entwurf vor. (Krupp-Zeichnung Nr. Lh 53 086 vom 11. Dezember 1943)

schirmtragrohren, jedoch keine Verbrennungskammer, sind also noch nicht völlig vom mit dem Bau der BR 45 beschrittenen Weg abgegangen. Beide Fahrgestelle und Laufwerke sind konventionell ausgebildet, wobei sich die Version 1'E 1' (Projekt Lh 53 024 vom 15. Oktober 1943) eng an die BR 44 anlehnt, mit der sie Zylinderabmessungen, Gestänge und Radsätze gemein hat, wodurch sich die Ersatzteilhaltung und die Austauschbauweise für die neue 3. Kriegslokomotive sehr erleichtert hätten. So kamen auch das vordere Krauss-Helmholtz-Gestell sowie die Verschiebbarkeit der fünften Kuppelachse um ± 15 mm der BR 44 nahe; die Schleppachse sollte eine Adamsachse werden. Erstaunlicherweise besitzt die Lok keinen Booster. Daneben war mit Skizze Nr. Lh 53 072/2.01 noch ein Kessel vorgeschlagen, der ausschließlich mit festen Stehbolzen bestückt werden sollte.

i) Krupp II: 1'F h3 G 67.20

Um die 1'F-Lokomotive (Projekt Lh 53 086 vom 11. Dezember 1943) die vorgeschriebene Weiche befahren lassen zu können, wurden die auf das Krauss-Helmholtz-Gestell folgenden Achsen bis zur fünften Kuppelachse festgelegt, die Spurkränze der dritten Kuppelachse um 15 mm geschwächt und die letzte Kuppelachse um ± 25 mm seitenverschieblich eingerichtet. Das Innentriebwerk sollte auf die zweite Kuppelachse wirken. Für beide Projekte war ein Tender vorgesehen, wie er auch zum Entwurf Borsig I vorgeschlagen war, doch sollte der Zusatzwassertank etwas kleiner ausgeführt werden: 2'2' T 40, mit 12,6 t Kohle. In beiden Projekten sind Stoker HT 1 zu 4,5 t Kohlenförderleistung je Stunde vorgesehen.

k) Maschinenbau und Bahnbedarf I: 1'F h3 G 67.20

Auch Maschinenbau und Bahnbedarf, Babelsberg, versuchte mit der 1'F-Lokomotive (Projekt Ba 18 vom 12. Dezember 1943), für den geforderten Verwendungszweck eine möglichst einfache Maschine zu liefern. Die hierzu angestellten Überlegungen erbrachten ähnliche Ergebnisse wie bei DWM, nämlich einen Kessel von 2000 mm Durchmesser, aus zwei Schüssen stumpf verschweißt, gleichfalls ohne Verbrennungskammer. Das Rohrbündel ist 6800 mm lang. Aus den Zahlenwerten Rostfläche = 7,0 m², Strahlungsheizfläche = 20,5 m², Rohrheizfläche = 291,5 m² ergeben sich als Strahlungsverhältnis φ_s = 2,93 und als φ_H = 14,22, die schlechtesten Ergebnisse unter den Projekten. Auch die fertigungstechnischen und konstruktiven Vereinfachungen gehen nicht so weit wie beim Posener Projekt. Die Rauchkammer ist mit Zwischenring angenietet, auch der Boden- und

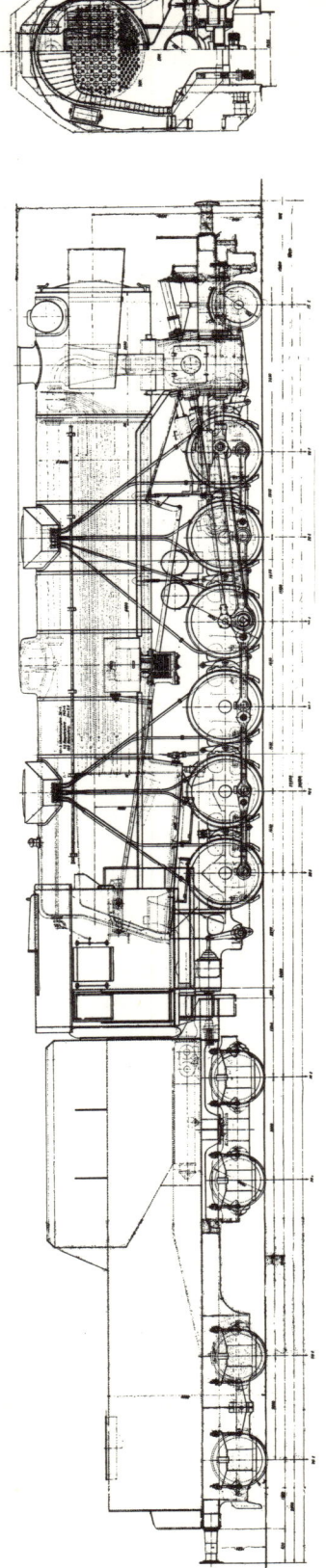

(MBA-Zeichnung Nr. Ba 18 vom 12. Dezember 1943)

Abb. 118: Projektskizze MBA I

der Feuertürring sind nicht angeschweißt. Neu ist lediglich die Einführung des Stokermunds durch eine Öffnung im Rost zur inneren Feuerbüchs-hinterwand.

Das Laufwerk hingegen hatte größere Aussichten, verwirklicht zu werden, da es — im Grundaufbau mit „Krupp II" identisch — der bei anderen 1'F-Entwürfen bestehenden Gefahr von Gleisverdrückungen durch eine um 45 mm verschiebliche letzte Kuppelachse begegnete. Als Lieferer der Lokomotive 52 4915 wollte MBA auch bei der 3. Kriegslokomotiv-Bauart die Lentz-Ventilsteuerung anwenden. Der rotierende Antrieb war mit der Treibachse der Außenzylinder, der dritten Kuppelachse, verbunden; der Innenzylinder wirkte auf die zweite Kuppelachse.

Der Tender 2'2 T 40 ist eine klassische Rahmenkonstruktion von rechteckigem Querschnitt und aufgesetztem Wasserkasten, zeigt aber im vorgerückten Kohlenkasten und der großen Baulänge typische Züge des Stokertenders.

l) Maschinenbau und Bahnbedarf II:
(1'D 1') (1'D 1') G 2 × 46.20.
War schon die Konstruktion „Borsig I" als Gelenklokomotive nach Mallet aus dem Rahmen der Reichsbahnmaschinen gefallen, so brachte die Modified Fairlie[161] der MBA ein Bauschema nach Deutschland, das bisher nur von den Exportlieferungen Henschels nach Südafrika praktisch gezeigt worden war. Dennoch war die Konstruktion bestechend zusammengestellt: Zwei symmetrische Triebgestelle mit Barrenrahmen waren überlegt von der BR 52 übernommen, deren (Ventil-)Steuerung gleichfalls zu verwenden war. Ein Brotankessel des gleichen Aufbaus wie in der BR 42 konnte wegen der größeren Unabhängigkeit einer Modified Fairlie vom Umgrenzungsprofil mit einem Langkessel von 2100 mm Durchmesser (2 Schüsse, ohne Längslaschen stumpf zusammengeschweißt) verbunden werden. Nach vorn schließt sich eine

---

[161] Diese abgeänderte Fairlie wird besser als Günther-Meyer-Bauart bezeichnet, da sie keine Vorräte vor dem Kessel besitzt. Siehe Ewald [18], S. 151.

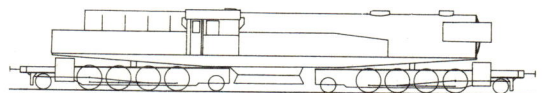

Abb. 119: Schematische Anordnung der Hauptbauteile einer Modified-Fairlie-Gelenklokomotive in Kriegsbauart, wie sie der Entwurf MBA II vorsah; Achsfolge (1' D 1') (1' D 1') h4.   (Skizze: Buchholz)

kurze Rauchkammer mit kleiner Tür an, die mit einem Zwischenring an den Langkessel genietet ist. Der geschweißte Brückenrahmen trägt sowohl beiderseits des Kessels als auch hinter dem Kohlenkasten Wasserkästen, die 36,5 m³ fassen. Als Kohlevorrat werden 12 t angegeben.

m) Schichau: 1'G h2 G 78.20
In der Elbinger Lokomotivbauanstalt ging man von einer etwas höheren erforderlichen Reibungslast aus, um einem möglicherweise geringeren Reibungswert als 175 kg/t noch wirkungsvoll begegnen zu können. Um jedoch mit dem ersten Siebenkuppler für die DR (Projekt 1 G 500.001) das Weichenproblem lösen zu können, war das von der Konkurrenz bei deren 1'F-Lokomotiven angewandte Krauss-Helmholtz-Gestell selbstverständlich nicht mehr ausreichend. Im bei der BR 84 (Serienausführung) benutzten Schwartzkopff-Eckhardt-Gestell stand jedoch bereits ein Mittel zur Verfügung, um die Laufachse um 145 mm und die beiden folgenden Kuppelachsen um je 24 mm verschiebbar einzurichten. Die dritte und sechste sind um 15 mm spurkranzgeschwächt, die vierte und fünfte Kuppelachse spurkranzlos ausgebildet, während der letzte Radsatz wieder um ± 30 mm verschoben werden kann. Mit Rücksicht auf den vereinbarten Höchstradstand konnten die Räder nur 1300 mm Durchmesser erhalten, doch verhilft der fünffachsige Tender 2' 3' T 35 (14 t Kohle) der Lok immerhin noch zu einem Gesamtachstand von 22 577 mm. Bei der Höchstgeschwindigkeit von 80 km/h beläuft sich die Triebwerksdrehzahl auf 326 U/min.

Bei sieben Treibachsen konnte die Länge zwischen den Rohrwänden auf l_r = 7300 mm (!)[162] festge-

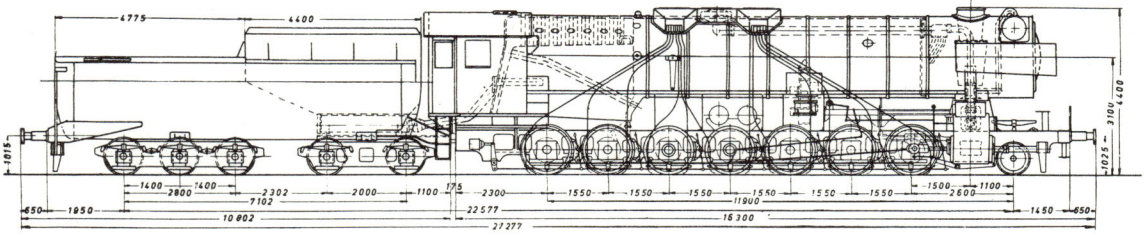

Abb. 120: Der Entwurf von Schichau zur 3. Kriegslok war mit sieben Kuppelachsen ausgestattet.
(Aus Stockklausner/Weinstötter [38], S. 184)

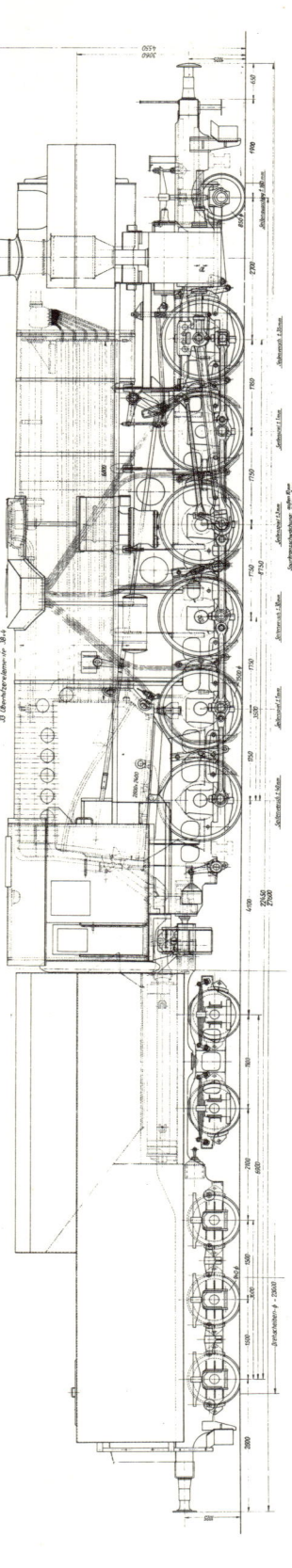

Abb. 121: Erster Vorschlag der ehemaligen Schwartzkopff-Werke zur 3. Kriegslokomotive mit Zwillingstriebwerk.

(BMAG-Zeichnung Nr. P 3780 vom 30. September 1943)

setzt werden, so daß 274 m² indirekter Heizfläche erreicht werden. Die Rostfläche beträgt 6,0 m², die Strahlungsheizfläche 28 m²; die Feuerbüchse hat zwei Nicholson-Wasserkammern erhalten. Die Kesselverhältnisse lauten $\varphi_S = 4,67$ und $\varphi_H = 9,78$. Dabei ist der Kessel für 20 kg/cm² Betriebsdruck und 18,7 t/h Nenndampfleistung bei 62 kg/m²h Heizflächenbelastung vorgesehen.

Eine Berechnung des voraussichtlichen Verbrauchs im Betrieb ergab, daß bei Wiedergewinnung von 2720 kg Wasser je Stunde durch den Knorr-Mischvorwärmer die Lok mit ihrem Wasservorrat 2¹/₂ Stunden, mit ihrem Kohlevorrat 4¹/₂ Stunden laufen könnte.

n) Schwartzkopff I: 1'F h2 G 67.20

Die Entwürfe der Berliner Maschinenbau A. G. vormals L. Schwartzkopff waren, was sich bei vielen Projekten der anderen Firmen zweifellos hätte auch erreichen lassen, bereits von Anfang an untereinander durchkombiniert: Aus zwei Fahrgestellen, dem Zwilling und dem Drilling, sowie zwei Kesseln, nämlich einem Typ mit Verbrennungskammer und einem ohne diese, waren insgesamt vier Varianten entstanden. Leider liegen Daten gerade über den Verbrennungskammer-Kessel nicht mehr vor; bekannt ist lediglich, daß er — gleich dem Regelkessel — 6800 mm Rohrlänge und 2000 mm Durchmesser erhalten sollte, so daß für ihn eine kürzere Rauchkammer vorgesehen wurde. Der nach herkömmlichen Reichsbahnprinzipien entworfene zweite Kessel sollte 6,72 m² Rostfläche, 4 Wasserumlaufrohre, 22,8 m² Strahlungsheizfläche und 259,3 m² Rohrheizfläche besitzen, demnach $\varphi_S = 3,39$ und $\varphi_H = 11,35$. Das Zwillings-Fahrgestell (Projekt P 3780 vom 30. September 1943) war mit Rädern von 1500 mm Durchmesser und 720-mm-Hub geplant[163]). Im Krauss-Helmholtz-Gestell haben die Laufachse 160 mm und die erste Kuppelachse 35 mm Seitenausschlag, die letzte Kuppelachse 40 mm Verschiebbarkeit nach jeder Seite. Der feste Radstand beträgt 5250 mm, darin hat die vierte Kuppelachse ±30 mm Seitenspiel. Obwohl darüber hinaus versucht wurde, die festen Achsen um 1 mm und die Treibachse um 3 mm nach jeder Seite verschieblich einzurichten, außerdem letztere im Spurkranz außen um 10 mm und innen um 6 mm zu schwächen, ließen die Berechnungen

---

[162]) BR 44 = 5800 mm; BR 45 = 7500 mm; BR 45 (Umbau der Bundesbahn) = 6500 mm.

[163]) Es handelt sich um die erste Konstruktionszeichnung zur 3. Kriegslok, die bereits vor dem Rundschreiben AK 148 entstanden ist.

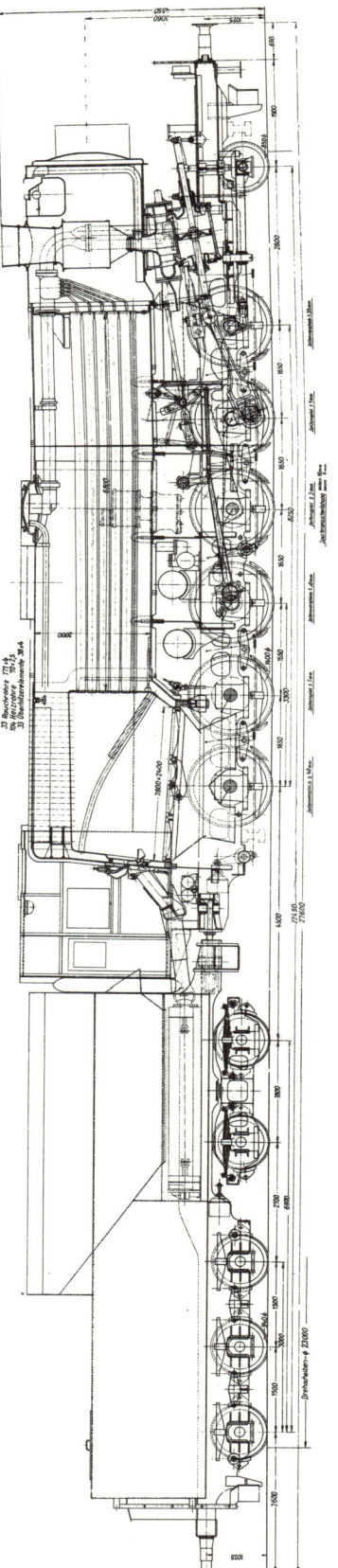

(BMAG-Zeichnung Nr. P 3832 vom 12. November 1943)

Abb. 122: Entwurf Schwartzkopff II mit zusätzlichem Innentriebwerk und kleineren Kuppelrädern.

schlechte Anlaufverhältnisse, Zwängen und Entgleisungen in mehreren Weichen und in überhöhten Kurven erwarten.

o) Schwartzkopff II: 1'F h3 G 67.20

Um diese Schwierigkeiten zu vermeiden, sollte die Dreizylinderlok (Projekt P 3832 vom 12. November 1943) nur 1400-mm-Räder erhalten, sonst aber die gleichen Ausschläge und Verschiebbarkeiten aufweisen wie der Zwilling. Durch den um 300 mm kürzeren festen Radstand war ein besserer Kurvenlauf zu erwarten. Außenzylinder (d = 600 mm; s = 660 mm), äußere Triebwerke und äußere Steuerung sollten mit der BR 52 austauschbar sein, die gesamte Mehrleistung sollte vom Mittelzylinder aufgebracht werden. Der Tender 2' 3 T 44 (15 t Kohle) mit Rahmen und rechteckigem Querschnitt des Wasserkastens sollte auf einem Kriegstender-Güterwagendrehgestell und drei festen Achsen ruhen, wobei die letzten beiden Achsen auch in einem Beugniot-Gestell ausführbar waren. Es handelt sich um den größten Tender unter den Projekten, dessen Fassungsvermögen durch die Anbringung der Stokermaschine (amerikanische Bauart BK) auf der Lok weiter gesteigert werden konnte.

p) Wiener Lokomotivfabrik I: 1'CC 1' h4 G 68.20

Die Wiener Lokomotivfabrik, deren oben im Abschnitt „Baugrundsätze" wiedergegebene Überlegungen für die 3. Kriegslokomotive eine Reibungslast von 125 Mp unabdingbar machten, konnte sich mit einem Sechskuppler ohne Booster nicht zufriedengeben, neigte aber auch wenig zu einer Gelenklokomotive mit mehr Achsen, um die Herstellung nicht unnötig zu verteuern, und um beweglichen Dampfleitungen aus dem Weg zu gehen. Als Ersatz oder als Alternative des unerprobten Boosters wurde von Floridsdorf der druckluftgesteuerte Achslastumsteller theoretisch entwickelt, durch den die im Regelbetrieb jeweils mit 12 Mp belasteten Laufachsen jeweils um 2,5 Mp entlastet werden, so daß sich als $G_{Lr} = 6 \times 20 + 5 = 125$ Mp ergeben. Die dauernde Inanspruchnahme des höheren Achsdrucks, der nur bei schwierigen Anfahrten erforderlich ist, wird dadurch vermieden, daß dazu eine ständige Einflußnahme des Lokführers (ähnlich Sifa) erforderlich ist.

Die Lokomotive mit sechs Treibachsen, die so entstanden war, wurde jedoch nicht als Sechskuppler 1'F 1' durchgezeichnet, sondern als 1'CC 1'-Maschine mit zwei vollkommen gleichen Trieb- und Laufwerken vorgeschlagen. Die Vorteile des ungewohnten WLF-Projekts, das die Typenbezeichnung „Non-Articulated" führt, wurden den Ausschuß-

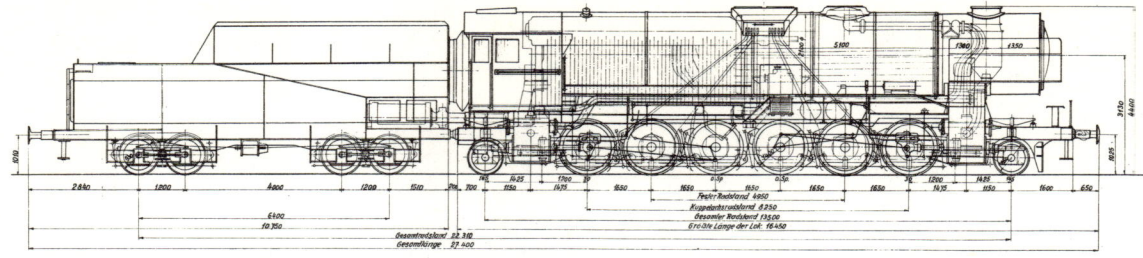

Abb. 123: Entwurf der Wiener Lokomotivfabrik, ausgerüstet mit Verbrennungskammer-Brotankessel.
(WLF-Zeichnung Nr. 1935 vom 11. November 1943)

mitgliedern durch folgende Gegenüberstellung aufgezeigt[164]):

1'CC 1' h4	1'F 1' h3
4 gleiche Triebwerke mit je einer Treib- und	3 Triebwerke mit 2 verschiedenen Treibstangen
2 Kuppelstangen	5 verschiedene Kuppelstangen
4 gleiche Zylinder	2 gleiche Außen-, 1 Innenzylinder
3 Radsatztypen glatte Achsen	5 Radsatztypen Kropfachsen
4 gleiche Steuerungen	2 gleiche Außen-, 1 Innensteuerung

Der für die vierzylindrige Lok etwas höhere Dampfverbrauch in kg/PS$_i$h war durch den geringeren Widerstand der Dreifachkupplung auszu-

---
[164]) Zitiert nach Projektvorschlag der Wiener Lokfabrik AG vom 12. November 1943, S. 2.

gleichen. Kleinere Zylinder ermöglichen ein leichteres Triebwerk und tragen zur Verringerung der Zylinder-Reaktionskräfte am Rahmen um 35 Prozent bei, so daß der Blechrahmen Wangen von nur 28 mm erhalten konnte.

q) Wiener Lokomotivfabrik II: 1'CC 1' h4 G 68.20
Mit Rücksicht auf die hohe Leistung und die schlechten Kohlen wurde ein Brotankessel mit Verbrennungskammer (WLF I), jedoch auch auf demselben Fahrwerk ein Kessel ohne Verbrennungskammer (WLF II) entworfen. Als Heizflächenbelastungen sind für „WLF I" 67 kg/m²h, für „WLF II" nur 60 kg/m²h zugelassen. Auch erklärt die WLF, der VK-Kessel werde wegen günstigerer Verbrennungsverhältnisse wohl den besseren Kesselwirkungsgrad aufweisen. Bei einem Verbrauch von 6,55 kg/PS$_i$h bei Kesselhöchstlast und 7,7 kg/PS$_i$h bei Reibungsgeschwindigkeit waren somit maximal 2600 PS$_i$ zu erzielen. Der Tender hat nach WLF-Grundsätzen wieder Steifrahmen und Beugniothebel erhalten. Als K 4 T 40

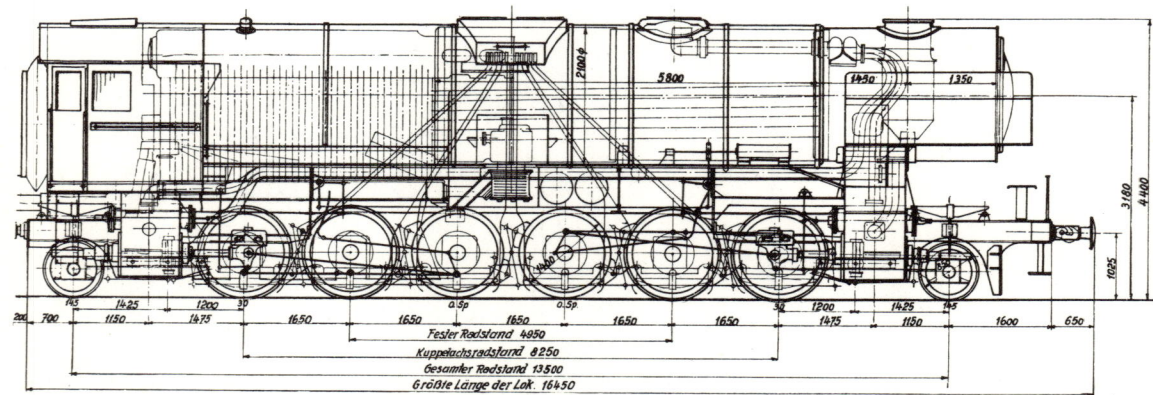

Abb. 124: Entwurf WLF II zur 3. Reichsbahn-Kriegslokomotive mit Wiener Brotankessel; Tender wie in Abbildung 123.
(WLF-Zeichnung Nr. 1936 vom 10. November 1943)

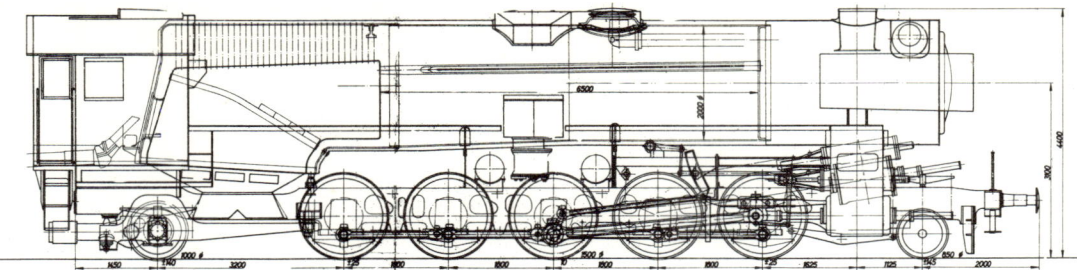

Abb. 125: Vorschlag der Gemeinschaft Großdeutscher Lokomotivfabriken mit Hilfsantrieb der hinteren Laufachse.
(GGL-Zeichnung Nr. Pr 144 vom 5. Februar 1944)

faßt er 14 t Kohle. Der Stokerantrieb befindet sich auf der Lok, um wieder die beweglichen Dampfleitungen zu vermeiden.

r) Technisches Büro der Gemeinschaft Großdeutscher Lokomotivfabriken: 1'E 1a' h 3 G 57.20
Der GGL-Entwurf, der im Januar und Februar 1944 (Zeichnung Pr 144 vom 5. Februar 1944) nach Eingang der meisten Firmenvorschläge entstand, wird gern als „gesammeltes Ergebnis der eingereichten Arbeiten" angesehen. Im Gesamtkonzept lehnt er sich an die BR 45 mit verbessertem Kessel, im Triebwerk auch an die BR 44 an. Die Rohrlänge ist mit 6500 mm gegenüber den 7500 mm der BR 45 wesentlich gekürzt und durch eine Verbrennungskammer ersetzt, ferner sind drei Feuerschirmtragrohre mit 2,3 m² Heizfläche vorgesehen. Die Rostfläche beträgt 6,3 m³, die Gesamtheizfläche 282,8 m². Das Verhältnis der direkten zur indirekten Heizfläche lautet φ_H = 9,75. Bei b_H = 57 kg/m²h sollen so 16,0 t/h Dampf und (je nach Fahrgeschwindigkeit) 2000 bis 2500 PSi erreicht werden, um den in der Aufgabe genannten 1700-t-Zug auf 8‰ mit 23 km/h zu befördern. Eine höhere Belastung wird in der Beschreibung nicht erwähnt.
Das Fahrwerk hat Räder von 1500 mm Durchmesser, 660 mm Zylinderdurchmesser und 600 mm Hub erhalten. Es ist für 90 km/h ausgelegt, orientiert sich also an der BR 45. Die Zweizylinder-Hilfsmaschine (d = 280 mm; s = 260 mm) schaltet sich beim Anfahren sofort ein und wird bei V < 30 km/h durch ein ausschwenkbares Zahnrad stillgesetzt; sie könnte wahlweise auch auf eine Achse des Tenders einwirken. Dieser, als vergrößerte Wannenbauart vorgesehen, soll als 2'2' T 36 rund 12 t Kohle tragen. Als Gesamtachsstand gibt das Technische Büro der GGL 22 400 mm an, als Länge über Puffer 26 400 mm.

Zusammenfassung

Die vorstehenden Ausführungen zeigen, daß es also neben den drei Varianten mit 125 Mp Gesamttreibungslast auch Entwürfe mit nur 120 Mp (ohne Booster) und gar 100 Mp mit Zusatzantrieb für die Spitzenanforderung gab, die dem Grundsatz, die BR 42 um etwa 40 Prozent in allen entscheidenden Leistungen und Abmessungen zu übertreffen, gerecht werden sollten. Vom immanenten technischen Standpunkt her muß es bedauert werden, daß Entschlüsse des Hauptausschusses über den Bau eines bestimmten Entwurfs nicht bekannt sind, wohl auch nicht mehr getroffen wurden. Die Frage nach dem Sinn dieser umfangreichen Konstruktionsarbeiten stellen heißt, sie beantworten. Im Februar 1944, als die beiden Henschel-Projekte und der verbesserte Krauss-Maffei-Vorschlag eingereicht wurden und über die Auftragsvergabe hätte beraten werden können, befand sich das vorgesehene Einsatzgebiet zu großen Teilen nicht mehr in deutscher Hand. Die vorhandenen Lokomotiven reichten nach ihrer Stückzahl aus, das Transportproblem war eher eine Frage der Schäden an Strecken und Bahnhöfen. Außerdem war der erste Rang unter den Rüstungsprogrammen längst auf die Panzerfertigung übergegangen, so daß es zu einem endgültigen Entschluß und dem Anlaufen einer Vorserie der 3. Kriegslok nicht mehr kommen konnte.
Spekulationen darüber, welcher Entwurf wohl die größten Chancen gehabt hätte, in die Produktion zu gehen, sind in der Vergangenheit hin und wieder angestellt worden. Das Projekt DWM/Posen mit seinem einfachen Kessel, ein Schwartzkopff-Vorschlag wegen des Zweizylindertriebwerks, ein Floridsdorfer Entwurf wegen des Brotankessels könnten zur engeren Wahl gerechnet werden. Die spätere GGL-Planung läßt uns vermuten, eine

Hauptabmessungen der wichtigsten Projekte zur 3. Kriegslok

Nr	Beschreibung	Einheit	Borsig II b)	DWM c)	Henschel I d)	Krauss II g)	Krupp I h)	Krupp II i)	MBA I k)	Schichau m)	WLF I p)	WLF II q)	GGL r)
1	Achsfolge	—	1'E2'h3	1'F h3	1'F1'h3	1'F h3	1'E1'h3	1'F h3	1'F h3	1'G h2	1'CC1'h4	1'CC1'h4	1'E1'h3
2	Höchstgeschwindigkeit V_{gr}	km/h	80	80	80	80	80	80	80	80	80	80	90
3	Laufraddurchmesser D_v, D_h	mm	850/1000	850	850/1250	850	850/1250	850	850	850	850	850	850/1000
4	Treibraddurchmesser D_T	mm	1 400	1 400	1 400	1 400	1 400	1 400	1 400	1 300	1 400	1 400	1 500
5	Fester Achsstand a_f	mm	4 950	4 590		(8 975)	3 400	5 100	4 590	4 650	4 950	4 950	
6	Gesamtachsstand a_g	mm	13 550	10 850	13 450	13 450	12 350	11 350	11 100	11 900	13 500	13 500	13 150
7	Leergewicht G_{Lt}	t	137	121	119,5	109	122	124	123	133	133	131,5	124
8	Dienstgewicht G_{Ld}	t	149	135	134,5	124	137	139	135	155	144	144	137
9	Reibungsgewicht G_{Lr}	Mp	139*)	120	120	114	100	120	120	140	120/125	120/125	100
10	Größte Achslast 2 Q	Mp	20	20	20	19	20	20	20	20	20/20,8	20/20,8	20
11	Zylinderdurchmesser d	mm	3×570	3×650	3×600	3×600	3×570	3×600	3×630	2×650	4×530	4×530	3×600
12	Kolbenhub s	mm	660	660	600	660	660	660	660	660	660	660	660
13	Kesseldruck P_k	atü	16	16	16	16	16	16	20	20	16	16	16
14	Rostfläche R	m²	6,5	5,9	7,0	5,25	6,3	6,3	7,0	6,0	6,2	6,2	6,3
15	Strahlungsfläche H_{vs}	m²	31,28	23,48	32,0	17,3**	...	...	20,5	28,0	...	...	26,3
16	Rauchrohrheizfläche H_{Rr}	m²	110,20	104,50	122,0	106,0	...	...	124,0	74,0	...	...	125,3
17	Heizrohrfläche H_{Hr}	m²	155,26	200,14	146,0	123,0	...	...	176,5	200,0	...	...	131,2
18	Verdampfungsheizfläche H_v	m²	296,74	328,12	300,0	246,3	287,6	287,6	312,0	302,0	253,4	281,5	282,8
19	Überhitzerheizfläche $H_ü$	m²	110,0	106,0	111,0	100,0	100,0	100,0	132,0	100,0	102,0	107,0	112,2
20	Indizierte Zugkraft Z_i	kg	...	31 070	...	...	27 500	30 500	42 100	27 400	34 000	34 000	...
21	bei P_k-Wert	—	...	0,65	...	...	0,75	0,75	0,75	0,65	0,8	0,8	...

*) einschließlich Hilfsmaschine **) Flammrohr-Heizfläche

Vorklärung könnte zugunsten der Verbrennungskammer ausgefallen sein. Die beiden Gelenklokomotiven Mallet und Modified Fairlie kamen hingegen wegen ihrer hohen Anschaffungs- und Unterhaltungskosten für die Kriegsproduktion kaum in Frage. Aus den Untersuchungen und Besprechungen zeichnete sich ab, daß eine Maschine mit 6 Reibungsachsen vorzuschlagen wäre, auch wenn hiermit die Spitzenbelastung bei gleichzeitigem Auftreten aller ungünstigen Verhältnisse nicht erfüllt werden konnte. Sodann sollte erwogen werden, ob die 6. Reibungsachse als Dauerachse notwendig und zweckmäßig sei, oder ob sie durch eine Hilfsmaschine ersetzt werden konnte. Von der Weiterverfolgung der Pläne wurde, da die Beschaffung als noch nicht aktuell[165]) angesehen wurde, im März 1944 Abstand genommen.

Im weiteren Zusammenhang mit der Vorbereitung der 3. Kriegslokomotive ist noch zu erwähnen, daß im Frühjahr 1944 auch Studien zu einer Schnellzuglok in Kriegsbauart angestellt wurden, die Degenkolb erst am 20. Juli 1944[166]) abbrechen ließ.

Projekte zur Drei-Meter-Breitspurbahn in die Sowjetunion

Die bisher behandelten Kriegslokomotiven und Eisenbahnfahrzeuge waren sämtlich dazu bestimmt, auf den Gleisen der ehemaligen Deutschen Reichsbahn in ihrem sich mit der Entwicklung des Krieges dauernd verändernden Schienennetz zu verkehren. Neben diesen der herkömmlichen Eisenbahntechnik auf vielfache Weise noch verbundenen Fahrzeugen mit militärischer Zweckbestimmung muß jedoch noch ein großes Planungsvorhaben der frühen vierziger Jahre erwähnt werden, das seine Entstehung ebenfalls der herrschenden Megalomanie jener Zeit anläßlich der Siegeszuversicht im Krieg gegen die Sowjetunion verdankt: die Drei-Meter-Breitspur-Transkontinentalbahn. Da Friedrich Witte sie erst 1970 mit großer Ausführlichkeit besprochen hat[167]), kann sich die folgende Darstellung auf eine Zusammenfassung und einige ergänzende Anmerkungen beschränken.

---

[165]) Ndschr. 28 (13. März 1944), S. 10.

[166]) Ndschr. 31 (20. Juli 1944), S. 15.

[167]) Friedrich Witte: Eine Drei-Meter-Breitspur-Transkontinentalbahn. Nach alten Denkschriften aus den Jahren 1942 bis 1944. — In: LOK-MAGAZIN 43 (1970), S. 296—311; Gerhardt Arndt: Irrweg und Weg zur Superbahn. — In: Der Modelleisenbahner 15 (1966), S. 304—309.

Ebenso wie die Pläne zu den riesigen Bauten in Berlin, München und Linz haben die Gedanken an eine solche Großbahn Hitler jedoch schon wesentlich früher beschäftigt, als bisher angenommen wurde. So schildert Franz Kruckenberg, der ihm am 1. Juni 1934 einen Vortrag über die Schnellbahnplanung der Flugbahn-Gesellschaft gehalten hatte, bezüglich der Gleise folgende Bemerkung Hitlers: „Ich habe mir auch Gedanken über die Eisenbahn gemacht und möchte die Spur auf 4 Meter verbreitern"[168]). Obwohl diese Pläne in manchen Einzelheiten Kruckenbergs Vorstellungen von Breitspurgleisen für Schnellfahrwagen entsprachen, ist er 1941 zu den hier beschriebenen Vorarbeiten nicht herangezogen worden.

Im Herbst 1941, als die deutschen Truppen weit in die UdSSR vorstießen, wandte sich Hitler an den Verkehrsminister Dorpmüller mit dem Auftrag, zum Transport von Bodenschätzen und landwirtschaftlichen Produkten aus den eroberten Gebieten sowie auch zur raschen Beförderung von Soldaten eine völlig neue, riesige Eisenbahn entwickeln zu lassen. Ein Zug dieser Bahn sollte das gleiche Fassungsvermögen wie ein Frachtschiff aufweisen, der Personenverkehr sollte fast so schnell wie ein Flugzeug sein. Der Planung des Streckennetzes war die Beherrschung des eurasischen Kontinents zugrundezulegen. Bau und Betriebsaufnahme der neuen Bahn sollten jedoch erst nach Kriegsende erfolgen; sie war ein Integrationsfaktor des dann bestehenden großen Imperiums. Der Reichsbahn oblag es, diese Vorstellungen konkreter zu fassen. Zunächst wurden nur die wichtigsten Daten, wie Spurweite, Lichtraumprofil, Kurvenradien und Geschwindigkeiten, allgemein genannt und der Industrie zur Aufstellung von Entwürfen für Lokomotiven und Wagen übermittelt. Angesichts der Bestimmung, den Bau der Bahn ebenso wie die Neugestaltung der wichtigsten deutschen Städte[169]) erst in späterer Zeit zu verwirklichen, begann die Konstruktion zunächst zögernd. Als Hitler jedoch seine Aufmerksamkeit vermehrt der Architektur der Nachkriegszeit zuwandte, beschäftigte er sich auch wiederholt mit dem Fernbahnprojekt[170]). Auf seine Nachfragen ist es zurückzuführen, daß sich seit dem Frühjahr 1942 zahlreiche Ingenieure von Reichsbahn und Industrie nur noch damit abgaben, die Superbahn zu

entwerfen. Es handelt sich häufig um Kräfte, denen wegen der sich verschlechternden militärischen Lage des Deutschen Reiches, welche zur Schaffung des Ministeriums Speer, des Hauptausschusses Schienenfahrzeuge und der Kriegslok geführt hatte, gerade weitere Konstruktionsarbeiten untersagt worden waren[171]). Weil sie ihren Auftrag direkt auf Hitler zurückführen konnten, wurde „mit stillschweigender Duldung seitens des eigentlich zuständigen Hauptausschußleiters ein utopisches, ganz der herrschenden Gigantomanie entsprechendes Unternehmen eingeleitet, mit dem gerade freigestellte Kräfte ein neues und weiteres Betätigungsfeld fanden, dem ernstzunehmende Ingenieure doch wohl kaum eine Zukunft zuerkennen konnten, [weil] mit einer Normalspur bei entsprechendem Oberbau und [. . .] vergrößerter Lichtraumumgrenzung die erwarteten Streckenleistungen viel einfacher erreicht werden konnten [. . .] Die mündliche Aufhebung der bestehenden Restriktionen auf dem Gebiet der Konstruktion setzte Kräfte frei, die [. . .] in dem neuen Auftrag, wenn sie ihm innerlich vielleicht auch skeptisch gegenüberstanden, eine gewisse Rehabilitierung durch eine höchste Stelle [fanden], die kraft ihrer Machtfülle selbst das Ministerium Speer zum ohnmächtigen Zusehenmüssen zwang"[172]).

Über die ersten Linien des Streckennetzes gibt es unterschiedliche Mitteilungen. Arndt[173]) nennt eine Trasse von Paris über Berlin und Warschau nach Moskau, die jedoch die Aufgabe, zur wirtschaftlichen Ausbeutung der UdSSR beizutragen, nicht hätte erfüllen können. Paquet[174]) bezeichnet Rostow, München und Marseille als Stationen, die dem Gedanken vom Ersatz der Schiffsverbindung zwischen dem Schwarzen Meer und dem Mittelmeer entsprechen. Picker[175]) berichtet von Strecken nach Moskau, Charkow und der Türkei, die — mit Abzweigern nach dem Ruhrgebiet und nach München — in Berlin zusammenlaufen sollen. In die neu zu errichtenden Bahnhöfe von München und Berlin waren bereits Gleise der Transkontinentalbahn eingezeichnet. Als ihren wichtigsten Zweck muß man jedoch die Verbindung des Donezgebiets mit Oberschlesien[176]) und der Ruhr ansehen. Bei der RVD Kiew war 1943 bereits ein

[168]) Franz Kruckenberg: Fernschnellbahn und Verkehrshaus. — Heidelberg 1959, S. 64.

[169]) Speer [36], S. 196.

[170]) Ebenda, S. 313.

[171]) Siehe oben Anm. 101.

[172]) Witte, Breitspurbahn, S. 307.

[173]) Arndt, Superbahn, S. 307.

[174]) Zitiert nach Witte, Breitspurbahn, S. 296.

[175]) Picker [28], S. 169.

[176]) Boelcke [8], S. 158.

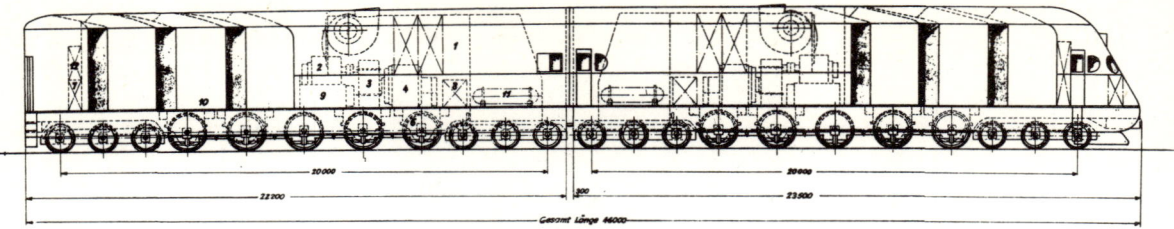

Abb. 126: Ein Beispiel der Lokomotiven für die Drei-Meter-Breitspurbahn, entwickelt von Henschel & Sohn.
(Henschel-Zeichnung Nr. P IV 3790 vom 19. Februar 1943)

Dezernat für die Planung der Industriebahn eingerichtet, das mit dem Vermessen der Trasse schon begann[177]).

Ähnliche Widersprüche herrschten bei der Bestimmung der Spurweite, einem wesentlichen Unterscheidungsmerkmal von der vorhandenen Eisenbahn. Weil Hitler möglicherweise Spurweite und Fahrzeugbreite miteinander gleichsetzte, finden wir als Angabe erst 4,0 m (Boelcke, Kruckenberg, Paquet, Picker) und 3,5 m (Pottgießer), ehe man sich auf 3,0 m festlegte. „Es war eben nicht das technisch wirtschaftliche Ziel bei den Entscheidungen maßgebend, sondern der erwartete äußere Eindruck"[178]).

Die auf diesen Strecken üblichen Züge des Personenverkehrs sollten in acht Wagen 72 Plätze 1. Klasse, 316 Plätze 2. Klasse, 1340 Plätze 3. Klasse sowie 480 Speisenwagensitze enthalten. Jeder Zug sollte 400 m lang sein, etwa 1000 t wiegen und mit 200 bis 250 km/h fahren. Für Güterzüge waren Wagen von 240 t Gesamtgewicht geplant, wovon 40 Stück eine Anhängelast von rund 10 000 t ergeben hätten. Hier betrug die Geschwindigkeit jedoch nur 100 km/h.

Auf der Grundlage dieser Anforderungen wurden für den Schnellzug Lokomotivleistungen bis 22 700 PS, für den Güterzug bis 26 600 PS errechnet. Die 33 wichtigsten, bis Ende 1942 eingereichten Fernbahnloks — daneben wurden auch Entwürfe über Rangierloks aufgestellt — sind bei Witte skizziert, außerdem fünf Maschinen im Detail besprochen. Als ein Beispiel dieser Fahrzeuge zeigen wir hier das Projekt einer 3'Bo1Bo 3' + 3' Bo1Bo 3' dampfturbo-elektrischen Lokomotive mit Ölfeuerung und Kondensation, vorgesehen für Schnellzüge von 1000 t bei 200 km/h[179]). Sein Dienstgewicht betrug 465 t, die Leistung an der Kraftmaschinenkupplung 11 300 PS. Die Reichweite sollte 500 km betragen.

Die Planung der Gigantenbahn ging selbst im vierten Kriegsjahr, als die Reichsbahn auf dem vorhandenen Netz mit ständig wachsenden Schwierigkeiten konfrontiert wurde, in gewissem Umfang weiter. Schon zuvor hatte sie eingewandt, die Nachteile von zwei Bahnsystemen würden die möglichen Vorteile der Großbahn bei weitem überwiegen, und die Aufstellung von Werksentwürfen für Normalspur mit erweitertem Profil[180]) befürwortet. Doch zur gleichen Zeit schwand auch das Interesse an den Projekten zur 3. Kriegslok; der Verlauf des Krieges brachte auch die Konstrukteure der Transkontinentalbahn zur Besinnung.

[179]) Bei Witte, Breitspurbahn, S. 300, als Skizze 26 im Schema bereits enthalten.

[180]) Solche Konstruktionen wurden schon seit längerer Zeit immer wieder von Neuem betrieben. Einige Beispiele sind: Günther Wiens: Die Zukunft des Schienenwegs. — In: Organ f. d. Fortschritte des Eisenbahnwesens 98 (1942), S. 71—77; Adolf Mielich: Möglichkeiten der Weiterentwicklung des Eisenbahnwesens, vom Wagenbau aus gesehen. — In: Transit, Zeitschrift für das Verkehrswesen Europas, Juli 1944; Adolf Mielich: Möglichkeiten der Weiterentwicklung moderner Reisezugwagen. — In: Glas. Ann. 94 (1970), S. 63—72; Beuth-Aufgabe 1942: Entwurf einer Schnellbahnlok mit eigener Kraftquelle. — In: Glas. Ann. 66 (1942), S. 19—20; ferner Glas Ann./Organ f. d. Fortschritte des Eisenbahnwesens 98 (1943), S. 210—214; Beuth-Aufgabe 1943: Regelspurige Güterwagen für erweitertes Profil. — In: Glas. Ann./Organ f. d. Fortschritte des Eisenbahnwesens 98 (1943), S. 101—102; und Band 99 (1944), S. 153—154.

[177]) Pottgießer [30], S. 77.

[178]) Witte, Breitspurbahn, S. 302.

Abb. 127: Nachdem die Reichsbahn bemängelt hatte, daß die Mehrleistung der Baureihe 42 gegenüber der leichten Baureihe 52 nicht ausreiche, versuchte der Konstruktionsausschuß, die Leistung der Lokomotive durch den Einbau eines Mischvorwärmers zu steigern. Die von Schwartzkopff im Sommer 1944 unter der Fabriknummer 12 868 gelieferte 42 591 war deshalb mit einem Knorr-Mischvorwärmer ausgerüstet.

(Foto: Bellingrodt)

Abb. 128: Gleichfalls im Sommer 1944 lieferte die Wiener Lokomotivfabrik ihre 42 2637 (Fabriknummer 17 133) mit Heinl-Mischvorwärmer, weil sich die beiden Hersteller nicht auf eine gemeinsame Ausführung einigen konnten. An der linken Rauchkammerseite befindet sich die Mischpumpe.

(Werkfoto, Sammlung Kramer)

Abb. 129: Die Wiener Lokomotivfabrik lieferte auch nach Kriegsende noch Maschinen der Baureihe 42 aus, da sich noch genügend angearbeitete Teile im Werk befanden. Die Lokomotive 42 2709 kam im Juni 1946 mit dem Eigentumsmerkmal „ÖStB Austria" zum Heizhaus Wien-West. Sie stand in Österreich bis 1963 im Betrieb. (Foto: Zell, Sammlung Griebl)

Abb. 130: In der Lokomotivfabrik Henschel & Sohn in Kassel war nach Kriegsende das amerikanische 757. Railway Shop Battalion einquartiert. Die unter seiner Leitung zusammengebauten Kriegslokomotiven erhielten neben dem üblichen Kesselschild (unten) eine große Fabrikplatte (oben). Beide Schilder waren auf der Lok 52 2890 angebracht, die am 7. Juni 1946 die Werkhallen verließ.
(Foto: van Kampen)

Abb. 131: Bei den nach Kriegsende noch gebauten Maschinen der Baureihe 52 unternahm die Bundesbahn Versuche mit zahlreichen Vorwärmertypen, um für ihre Neubaulokomotiven die günstigste Bauart zu ermitteln. Als ein Beispiel für viele kann die Lokomotive 52 138 von Henschel & Sohn gelten, die im Mai 1949 als Fabriknummer 28 291 geliefert wurde. Sie war mit dem Henschel-Dreitrommel-Mischvorwärmer und der Turbopumpe VTP-B 18 000 bestückt. Diese Lokomotive gehörte zu den letzten der Baureihe 52, die 1963 von der Bundesbahn außer Dienst gestellt wurden.
(Foto: Bellingrodt)

Abb. 132: Eine besonders auffällige Variante der Kriegslok bildeten die beiden mit Franco-Crosti-Vorwärmer ausgestatteten Maschinen. Dazu wurden die bei Henschel nach Kriegsende noch vorhandenen Lokomotiven 52 893 und 52 894 im Auftrag der Bundesbahn mit zwei Vorwärmertrommeln unter dem Hauptkessel ausgerüstet, durch die dann die Abgase zu den beiden seitlichen Schornsteinen geleitet wurden. Weil die Lokomotiven dadurch auf 17 t Achslast kamen, wurden sie als 42 9000 und 42 9001 in den Nummernplan der schweren Kriegslok eingeordnet. Sie standen bis 1959 im Betrieb.
(Foto: Bellingrodt)

Abb. 133: Um möglichst hohe Produktionsziffern zu erreichen, hatte der Hauptausschuß Schienenfahrzeuge auch vier Lokfabriken im besetzten Belgien mit der Lieferung der Kriegsbaureihe 52 beauftragt. Wegen erheblicher Widerstände gegen ihre Herstellung wurden die Maschinen jedoch erst nach dem Zusammenbruch fertig. Die Belgischen Nationalbahnen traten in die Verträge über 100 dieser Lokomotiven ein, zu denen auch die von Haine-Saint-Pierre gebaute 26.050 gehörte. (Foto: SNCB)

Abb. 134: Nachträglich rüstete die Deutsche Reichsbahn in den fünfziger Jahren eine Anzahl ihrer ehemaligen Kriegslokomotiven mit Kohlenstaubfeuerung nach System Wendler aus. Dazu wurde der Tender mit einem Staubbehälter sowie einer Führerhausrückwand ausgerüstet, so daß auch mit anderen Lokomotivtypen gekuppelt werden kann. Die abgebildete Henschel-Maschine 52 2543 war im Oktober 1943 abgeliefert worden; sie trägt heute die Betriebsnummer 52 9543-1. (Foto: Kluge)

Abb. 135: Ein großer Teil der in der DDR verbliebenen Lokomotiven der Baureihe 52 erhielt Neubaukessel. Im August 1967 wurde von dem Ausbesserungswerk Stendal die 52 493 in die Lok 52 8192 umgebaut. (Foto: Archiv)

Abb. 136: Diese in Bulgarien verbliebene ehemalige deutsche Kriegslok wurde durch Ölzusatzfeuerung, Schornsteinkragen, Geländer, Kuhfänger und dergleichen den Einsatzverhältnissen in diesem Lande angepaßt.
(Foto: Luft)

Abb. 137: Die Österreichischen Bundesbahnen nahmen an ihren ehemaligen Kriegslokomotiven einige Veränderungen vor, um sie weiterhin wirtschaftlich einsetzen zu können. Die Maschine 52.4552 aus einer DWM-Lieferung vom Dezember 1944 erhielt während der fünfziger Jahre noch einen Heinl-Mischvorwärmer vor dem gleichfalls neuen Giesl-Flachschornstein; außerdem wurde ein Kabinentender mit Zugführerabteil beigestellt.
(Foto: Claus)

Abb. 138: In der Sowjetunion verblieben fast 1500 vormals deutsche Kriegslokomotiven, die als Reihe TE mit der alten Ordnungsnummer wieder in Betrieb genommen wurden. Bei der hier abgebildeten TE-1251 handelt es sich also um die frühere 52 1251 der Reichsbahn, im Februar 1944 von den Deutschen Waffen- und Munitionsfabriken AG unter Fabriknummer 679 geliefert. Zum Einsatz in der UdSSR wurde diese Lok auf Breitspur umgestellt, auch die Rauchkammertür, die Treppe zum Umlauf, das Führerhaus-Oberlicht und der verlängerte Kohlenkasten sowie Ausrüstungsteile nach sowjetischer Norm sind nachträglich angebracht worden.
(Foto: Slezak)

Lokomotivbau im letzten Kriegsjahr

Auf dem Weg zum Stillstand der Produktion

Ein besonders wichtiges Ereignis im Frühjahr 1944 war der Beginn einer Aktion „Lok-Reparatur", in deren Verlauf die Fabriken etwa dreitausend Arbeiter an Reichsbahn-Ausbesserungswerke abgaben, um dort die Einberufungen zur Wehrmacht auszugleichen. Zur gleichen Zeit, im Frühjahr 1944, rückte die Zerstörung der im deutschen Machtbereich liegenden Transportwege in der alliierten Luftkriegsstrategie an die vorderste Stelle. Weniger die Angriffe auf die Züge selbst als der Bombenabwurf auf Bahnhöfe und Eisenbahnknotenpunkte zeigten verheerende Wirkungen[181]). Obwohl die Indexkurven der Kriegsproduktion etwa von Karabinern, Geschützen, Flugabwehrkanonen, Panzerwagen, Jagdflugzeugen und Munition bis zum III. Quartal 1944 noch anstiegen[182]), waren die Sonderaktionen des Hauptausschusses Schienenfahrzeuge im April 1944 als beendet anzusehen. Die Monatskontingente lagen zwischen 50 000 und 60 000 t, so daß etwa 350 Maschinen gebaut werden konnten. Durch Luftangriffe und kriegsbedingte Ausfälle bei der BMAG (Lieferer der BR 42) sowie bei MBA und DWM (Lieferer der BR 52) wurden diese Lieferzahlen aber nicht mehr erreicht. Um die nächste Transportkrise im Herbst 1944 abzufangen, beabsichtigte der Chef des Technischen Amtes im Ministerium Speer, Saur, im Juni 1944 noch die Beförderung des Lokprogramms in eine höhere Dringlichkeit[183]), so daß Einbrüche fremder Fertigungen nicht mehr möglich wären, doch ließen die sich überstürzenden militärischen Ereignisse in der Folge der alliierten Invasion eine solche Entwicklung nicht mehr zu. Deshalb wurde auch die 4. Bauserie des KDL-Programms für private Besteller, die zunächst nach Frankreich und Belgien ausgelagert worden war, zu den deutschen Firmen Borsig, Budich, Krauss-Maffei und Krupp — die keine Reichsbahn-Kriegsloks mehr zu liefern hatten — zurückübertragen. Ob auch die nach Belgien vergebenen Serien 52 8001 bis 8200 noch an die Oberschlesischen Lokwerke Krenau gelangten, ließ sich nicht mit Sicherheit feststellen.

Die deutschen Gebietsverluste und der Luftkrieg waren die entscheidenden Einbruchstellen, die auch den Betrieb der Reichsbahn nachhaltig beeinträchtigten[184]). Inzwischen fehlte es nicht mehr an Lokomotiven und Wagen, aber ihr Umlauf auf den verkürzten Strecken war kaum noch planmäßig durchzuführen. Rigorose Verkehrssperren zu Sicherung der Militärtransporte wurden ausgesprochen, obwohl jede Lockerung dieser Sperren durch den bis dahin zurückgehaltenen Verkehr einen neuen Zusammenbruch heraufbeschwor[185]).

Mit dem Herbst 1944 fällt die Kurve der Lok-Auslieferung immer steiler ab. Im Rüstungsstab ruft Saur: „Schafft Panzer, repariert Panzer, Lokomotiven haben wir genug!"[186]). Damit wird eine neue Programmsenkung ausgesprochen, nach der die BR 52 zum Jahresende 1944 auslaufen soll. Von der BR 42 sind monatlich nur noch 80 Einheiten herzustellen. Das Rüstungslieferungsamt sistierte daraufhin alle Bestellungen der Lokomotivfabriken bei der eisenschaffenden Industrie[187]), um die Übersicht zu behalten, und verlangte für den Stahl zur BR 42 neue Anforderungen. Die organisatorische Durchführung dieser letzten Vorhaben kam allerdings Anfang 1945 kaum mehr zum Tragen; auch die BR 52 wurde noch geliefert. Im Januar 1945 meldete das Zentralamt Berlin dem Verkehrsministerium die folgenden Loks als abgeliefert[188]):

DWM/Posen	6 Stück	BR 52
Esslingen	3 Stück	BR 42
Henschel	3 Stück	BR 52
Schichau	3 Stück	BR 42
Schwartzkopff	14 Stück	BR 42
Wiener Lokfabrik	11 Stück	BR 42
	31 Stück	BR 42
	9 Stück	BR 52

Summe 40 Stück

---

[181]) Janssen [20], S. 257; Wagenführ [44], S. 93—98.

[182]) Wagenführ [44], S. 92; ferner Der Spiegel: Zeitgeschichte. Hitlers Freund und Gegner Albert Speer. — Nr. 40/1966, S. 44—61 (55).

[183]) In einem Telegramm vom 6. Juni 1944 in die Kesselbaufirma Natorp & Eberhardt, zitiert nach HAS-Rundschreiben Nr. 38/44 vom 10. Juni 1944.

[184]) Wagenführ [44], S. 91—93.

[185]) Ebenda, S. 94; Janssen [20], S. 261—263; Müller-Hillebrand [25], S. 138.

[186]) Witte [46], S. 18.

[187]) Erlaß RLA/EST I/Pz Nr. 1428/44 vom 24. November 1944.

[188]) Persönl. Mittlg. Friedrich Witte an den Verf.

Die letzte Abnahmemeldung, die aus der Zeit vor der Kapitulation noch vorhanden ist, stammt vom Februar 1945[189]):

Borsig	1 Stück BR 05[190])
Esslingen	2 Stück BR 42
Henschel	1 Stück BR 52
Henschel	1 Stück BR 52 Kon
Schichau	3 Stück BR 42
Schwartzkopff	14 Stück BR 42
Škoda	2 Stück BR 52
Wiener Lokfabrik	10 Stück BR 42
	29 Stück BR 42
	4 Stück BR 52
	1 Stück BR 05
Summe	34 Stück

Auch nach diesem Termin lieferten noch einzelne Werke, die sich wie Henschel oder Jung im Kern des unbesetzten Deutschland befanden, einige Kriegslokomotiven aus.

Bilanz der Tätigkeit des Hauptausschusses Schienenfahrzeuge

Als Albert Speer am 27. Januar 1945 für Hitler und für seine Mitarbeiter einen letzten Rechenschaftsbericht[191]) in der Gewißheit zusammenstellte, daß die deutsche Rüstung nicht mehr in der Lage sei, auch nur im entferntesten die Bedürfnisse der Front zu decken[192]), gab er für den Sektor Schienenfahrzeuge die folgenden Produktionszahlen an:

	1940	1941	1942	1943	1944
Lokomotiven	1688	1918	2637	5243	3495
Waggons	28 200	44 845	60 892	66 263	45 189

Es handelt sich um die ihm vom Hauptausschuß gemeldeten Ziffern, die etwas über den von der Reichsbahn anerkannten Angaben liegen. Steinhauser [43] gliedert die Lieferziffern noch in drei Gruppen auf, erhält jedoch niedrigere Werte:

	1941	1942	1943	1944
Dampfloks	1393	2065	4345	2982
Elloks	37	62	70	21
Industrieloks	530	322	356	280
Summe	1960	2449	4771	3283

[189]) Brief 6359 Y Feln des Reichsbahn-Zentralamts Berlin vom 23. März 1945.

[190]) Umbau und Reparatur der 1937 gelieferten Stromlinien-Schnellfahrlokomotive 05 003, Borsig F.-Nr. 14 555.

[191]) Rechenschaftsbericht Speers, Nr. M 1362/45 g. Rs., zitiert nach Janssen [20], S. 325—342 (337); die gleichen Zahlen bei Boelcke [8], S. 109 und 274; Speer [36], S. 550,

[192]) Speer [36], S. 431.

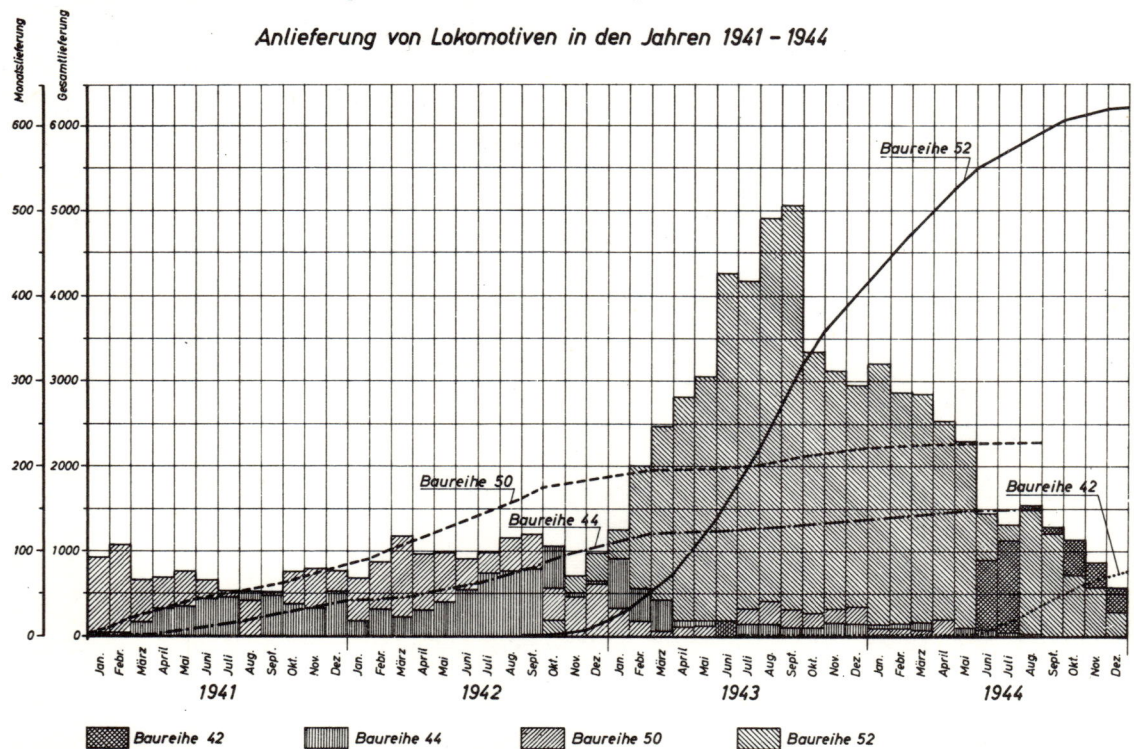

Abb. 139: Lieferungsliste nach den Abnahmen der Deutschen Reichsbahn.   (Aus Witte [46], S. 6)

Alle von der Reichsbahn bestellten und die tatsächlichen an sie gelieferten Maschinen der beiden Kriegsloktypen sowie — zum Zweck der einheitlichen Darstellung — die nach Kriegsende von deutschen Eisenbahnen abgenommenen Fahrzeuge sind in den nachfolgenden Tafeln aufgeführt, die auch Auskunft über die Lieferer, Baujahre und die im Text nicht behandelten Sonderbauarten geben sollen. Es handelt sich um die von Ing. Werner Fricke in noch größerer Ausführlichkeit veröffentlichten Zusammenstellungen, die nach dem Ausscheiden der Fabriknummern gestrafft und um die für diese Arbeit wichtigen Angaben erweitert wurden. Bei der Abkürzung der Lieferfirmen wurde das von Prof. B. Schmeiser entworfene System nach J. Slezak[193]) zugrundegelegt, das nicht immer mit den von der Industrie selbst verwendeten Kurznamen übereinstimmt, mit Hilfe der Firmenliste auf S. 37 aber leicht aufzulösen ist. Alle nicht besetzten Ordnungsnummern sind mit Klammern versehen und haben keine Jahresangabe erhalten. Die dort dennoch angegebenen Namen bezeichnen dann den vorgesehenen Erbauer oder aber den Lieferer der betreffenden Einheiten, die unter anderen Betriebsnummern eingereiht wurden. Die nach dem 8. Mai 1945 fertiggestellten Lokomotiven sind in Kursivdruck aufgeführt.

Lieferungsliste der BR 52

001	Bors	1942	Vorauslok m. Blechrahm.
002– 006	He	1942	aus 50 2773–2777 ÜK Vers. m. gew. Fb.-Decke
007– 075	He	1942	als 50 3045–3113 ÜK vorgesehen
076– 085	Jung	1943	als 50 3120–3129 ÜK vorgesehen
086– 123	KrMa	1943	als 50 3130–3167 ÜK vorgesehen
(124– 143)	MBA	—	als 50 3168–3187 ÜK vorgesehen, 1942 als 50 3161–3164 ÜK abgeliefert
124– 143	He	1948/50	Nachkriegslieferungen
144– 240	Schk	1943	als 50 3188–3284 ÜK vorgesehen
241– 343	Flor	1942/43	als 50 3285–3387 ÜK vorgesehen
344– 349	He	1943	als 50 3114–3119 ÜK vorgesehen
350– 363	Bors	1943	
(364– 368)	Bors	—	1943 als 56.511–515 an TCDD
369– 523	Bors	1943	
524– 525	Bors	1944	Geschw. Blechrahmen, Knorr-Vorw.
526– 604	Schk	1943/44	für Bors
605– 691	Schi	1943	für Bors
692– 817	He	1944	für Bors
818– 870	Kren	1944	für Bors

871– 874	Essl	1944	für Bors
(875–1097)	Essl	—	1945 gestrichen
875– 892	He	1949/51	Nachkriegslieferungen
(893– 894)	He	—	1951 als 42 9000–9001 geliefert
(895–1097)	He	—	storniert
1098–1099	Essl	1943	
1100–1349	DWM/P	1944	
1350–1505	Essl	1943	
(1506–1507)	Essl	—	1943 als 52 3638–3639 abgeliefert
1508–1522	Essl	1943	
(1523)	Essl	—	1944 als 52 3762 abgeliefert
1524	Essl	1944	
(1525)	Essl	—	1944 als 52 3763 abgeliefert
1526–1599	Essl	1944	
1600–1738	Graff	1943/44	
(1739–1755)	Graff	—	1945 als 150 Y 1–17 an SNCF
(1756–1849)	Graff	—	1945 gestrichen
1796	He	1945	II. Vergabe
1797	He	1945	Nachkriegsauslieferung
1798–1802	He	1945	
1803–1818	He	1945/47	Nachkriegsauslieferung
(1819–1849)	He	—	1945 gestrichen
1850–1986	He	1943/44	Kondenstend. 3'2'T 16
1987–2017	He	1944/45	Kondenstend. 2'2'T 13,5
2018–2020	He	1945	Kondenstend. 2'2'T 13,5 Nachkriegsauslieferung
2021	He	1945	2'2'T 13,5
2022–2027	He	1945/47	Kondenstend. 2'2'T 13,5 Nachkriegsauslieferung
(2028–2089)	He	—	1945 gestrichen, Kondenseinrichtung vorges.
2090–2868	He	1943/45	
2869	He	1945	Nachkriegsauslieferung
2870	He	1945	
2871	He	1945	Nachkriegsauslieferung
2872–2876	He	1945	
2877	He	1945	Nachkriegsauslieferung
2878–2887	He	1944/45	
2888–2893	He	1945	Nachkriegsauslieferung
(2894–2901)	He	—	1945 gestrichen
(2902–2941)	He	—	1943 als 150.1061–1100 an CFR
(2942–3099)	He	—	1945 gestrichen
3100–3320	Jung	1943/45	
3321–3331	Jung	1945/46	Nachkriegsauslieferung
(3332–3349)	Jung	—	1945 gestrichen
3350–3619	KrMa	1943	
3620–3623	KrMa	1943/45	Wellrohrfeuerbüchse
(3624)	KrMa	—	Bau 1945 eingestellt Wellrohrfeuerbüchse vorgesehen
3625–3631	Flor	1943	für KrMa
3632–3634	DWM/P	1943	für KrMa
3635–3637	MBA	1943	für KrMa
3638–3639	Essl	1943	für KrMa
3640–3641	Kren	1943	für KrMa
3642–3655	Flor	1943	für KrMa
3656–3661	DWM/P	1943	für KrMa
3662–3667	MBA	1943	für KrMa
3668–3670	Essl	1943	für KrMa
3671–3674	Kren	1943	für KrMa
3675–3688	Flor	1943/44	für KrMa
3689–3694	DWM/P	1943/44	für KrMa
3695–3700	MBA	1943	für KrMa
3701–3704	Essl	1943/44	für KrMa
3705–3708	Kren	1943/44	für KrMa
3709–3722	Flor	1944	für KrMa
3723–3728	DWM/P	1944	für KrMa
3729–3731	MBA	1944	für KrMa

[193]) Josef Otto Slezak: Die Lokomotivfabriken Europas. — Wien 1962, S. 6—27.

3732–3735	Essl	1944	für KrMa
3736–3739	Kren	1944	für KrMa
3740–3753	Flor	1944	für KrMa
3754–3759	DWM/P	1944	für KrMa
3760–3761	Essl	1944	für KrMa
3762–3763	Essl	1944	als 52 1523/1525 vorgesehen; für KrMa
3764–3767	Kren	1944	für KrMa
(3768)	Flor	—	1944 als 52 3879 abgeliefert
3769–3781	Flor	1944	für KrMa
3782–3787	DWM/P	1944	für KrMa
3788–3796	MBA	1944	für KrMa
3797–3800	Essl	1944	für KrMa
3801–3804	Kren	1944	für KrMa
3805–3818	Flor	1944	für KrMa
3819–3824	DWM/P	1944	für KrMa
3825–3833	MBA	1944	für KrMa
3834–3837	Essl	1944	für KrMa
3838–3841	Kren	1944	für KrMa
3842–3855	Flor	1944	für KrMa
3856–3861	DWM/P	1944	für KrMa
3862–3870	MBA	1944	für KrMa
3871–3874	Essl	1944	für KrMa
3875–3878	Kren	1944	für KrMa
3879	Flor	1944	als 52 3768 vorgesehen für KrMa
3880–3887	DWM/P	1944	für KrMa
(3888–3891)	DWM/P	—	1945 von Ceg an PKP (str.)
3892–3900	MBA	1944	für KrMa
3901–3906	Kren	1944	für KrMa
(3907–3912)	DWM/P	—	1945 von Ceg an PKP
3913–3918	MBA	1944	für KrMa
3919–3925	Kren	1944	für KrMa
(3926–3937)	Kren	—	nicht gebaut
3938–3943	MBA	1944	für KrMa
(3944–3949)	MBA	—	nicht gebaut
3950–3961	Kren	1944	für KrMa
(3962–4044)	Kren	—	1945 gestrichen
4045–4049	Flor	1944	
(4050–4359)	·	—	1945 gestrichen
4360–4373	Kren	1944	
(4374–4399)	Kren	—	1945 gestrichen
4400–4420	He	1944	für Bors
(4421–4499)	·	—	1945 gestrichen
4500–4563	DWM/P	1944	(bis 4565 str.)
(4564–4749)	·	—	1945 gestrichen
4750–4784	MBA	1943	
4785	MBA	1943	Heinl-Mischvorwärmer
4786–4854	MBA	1943	
(4855–4864)	MBA	—	1943 als 56.516–525 an TCDD
4865–4914	MBA	1943	
4915	MBA	1944	Lentz-Ventilsteuerung
4916–4966	MBA	1943/44	
(4967–4975)	MBA	—	nicht gebaut Ventilsteuerung vorgesehen
4976–5057	MBA	1944	
5058–5074	MBA	1944	mit geschweißtem Langkessel
5075–5124	MBA	1944	
5125–5374	Kren	1943/44	
5375–5794	Schi	1943	
5795	Schi	1943	Heinl-Mischvorwärmer
5796–5874	Schi	1943/44	
5875–6061	Schk	1943	
(6062–6063)	Schk	—	1943 als 56.526–527 an TCDD
6064–6065	Schk	1943	
(6066–6073)	Schk	—	1943 als 56.528–535 an TCDD
6074–6434	Schk	1943/44	
(6435–6624)	Schk	—	1945 gestrichen
6625–6634	Skoda	1943	
6685–7234	Flor	1943/44	
(7285–7292)	Flor	—	1943 als 56.536–543 an TCDD
7293–7424	Flor	1943/44	
(7425–7434)	Flor	—	1943/44 als 56.544–553 an TCCD
7435–7467	Skoda	1943/44	
7468–7493	Skoda	1944	eingeschweißte gewindelose Stehbolzen
7494–7527	Skoda	1944/45	
(7528–7534)	Skoda	—	1945 gestrichen
7535–7539	Schi	1944	
7540–7748	Flor	1944	
7749–7792	MBA	1944	
7793–7794	—	—	Umbesetzungen 1953 und 1962
(7795–8000)	—	—	nicht besetzt
8001–8200	*Stendal*	*1960/70*	*Reko DR*

Die vorstehende Tabelle regt dazu an, einige Ausführungen darüber anzuschließen, in welcher Stückzahl die Kriegslokomotiven nun tatsächlich von den verschiedenen Werken gebaut worden sind, und welche Summe sich daraus ergibt. Die allgemeineren Arbeiten zur Eisenbahngeschichte nennen für die BR 52 zwischen 6250 und 6400 Stück, entziehen sich jedoch einer kritischeren Betrachtung dadurch, daß in keinem Fall die jeweiligen Berechnungsgrundsätze mit veröffentlicht werden. Den folgenden detaillierten Angaben sei vorausgeschickt, daß sie sich rechnerisch aus der Lieferungsliste und aus den Zahlen im Text ergeben. Die dort bereits gemachten Einschränkungen bezüglich der Zuverlässigkeit von Daten aus der Kriegszeit können nicht eindringlich genug wiederholt werden: Es geht bei der Darstellung nicht um die einzelne Lokomotive, sondern um den Nachweis bestimmter Schwerpunkte und Entwicklungen innerhalb der Kriegstätigkeit der Lokfabriken[194]). In den Werkslisten sind die von Borsig und Krauss-Maffei im Sommer 1943 weitergegebenen Aufträge meistens zweifach aufgeführt, da sich sowohl diese beiden Firmen als auch die tatsächlichen Erbauer als die Lieferer betrachteten[195]). Die nachfolgende Aufstellung gibt unter I. die in den einzelnen Werken vor dem 8. Mai 1945 vermutlich hergestellten Stückzahlen an; unter II. und III. sind die darin enthaltenen, für Borsig und Krauss-Maffei gebauten Einheiten, und unter IV.

---

[194]) Aus diesem Grunde konnte hier auf eine im Detail durchaus gebotene Auseinandersetzung mit den Lieferzahlen bei Griebl/Wenzel [15], S. 106—116, verzichtet werden.

[195]) Beide Auffassungen lassen sich durch entsprechende Firmenschilder oder durch am Rahmen vorn rechts eingeschlagene Fabriknummern belegen, obwohl der Hauptausschuß die doppelte Führung und Fertigmeldung mehrfach untersagte.

die nach Abzug dieser Verlagerungslokomotiven noch verbliebenen Maschinen nach der Anzahl aufgeführt. (Bei Borsig und Krauss-Maffei wurden II. und III. hingegen zu I. addiert).

	I.	II.	III.	IV.
Henschel	1197	147		1050
Floridsdorf	1154		101	1053
Schwartzkopff	726	79		647
Schichau	592	87		505
MBA	466		66	400
DWM/Posen	367		53	314
Krenau	371	53	54	264
Krauss-Maffei	312	—		613
Esslingen	281	4	27	250
Jung	231			231
Borsig	172	—		542
Škoda	153			153
Graffenstaden	139			139
	6161	370	301	6161

Lieferungsliste der BR 42
Wie in der Lieferungsliste für die Baureihe 52 sind nachstehend alle von der Reichsbahn bestellten und an sie gelieferten Maschinen der 2. Kriegslokbauart aufgeführt, ferner die Nachkriegslieferungen und -montagen; doch nicht nur die Systematik, auch die kritischen Vorbehalte gegen jede mitgeteilte Zahl müssen bei der Lektüre übernommen werden.

0001–0002	He	1943	Vorauslok mit Brotankessel
(0003–0500)	He	—	nicht gebaut; Brotankessel vorgesehen
003	Essl	1947	Nachkriegsauslieferung
001– 003	Raw	1949	Nachkriegsauslieferung
501– 700	Schk	1944	
(701– 740)	Schk	—	nicht mehr gebaut
741– 760	Schk	1944	
(761– 800)	Schk	—	nicht mehr gebaut
801– 829	Schk	1944	
830– 856	Schk	1945	
(857– 960)	Schk	—	nicht mehr gebaut
961– 980	Schk	1944/45	
(981–1000)	Schk	—	nicht mehr gebaut
1001–1085	Schi	1944	
(1086–1397)	Schi	—	nicht mehr gebaut
1398–1424	Schi	1944	
1425–1427	Schi	1945	
1428–1500	Schi	1944	
1501–1520	Essl	1944	
(1521–1580)	Essl	—	nicht mehr gebaut
1581–1583	Essl	1944	
1584–1591	Essl	1945	
1592–1606	Essl	1945/46	Nachkriegsauslieferung
(1607–1740)	Essl	—	nicht mehr gebaut
1741–1760	Essl	1944	
(1761–1790)	Essl	—	nicht mehr gebaut
1791–1800	Essl	1944	
1801–1808	Schk	1944	für Bors 15915–15922
(1809–1840)	Schk	—	nicht mehr gebaut; für Bors vorgesehen

1841–1852	Schi	1944	für Bors 15955–15966
(1853–1880)	Schi	—	nicht mehr gebaut; für Bors vorgesehen
1881–1906	Flor	1944	für Bors 15959–16020
(1907–2300)	Flor	—	nicht mehr gebaut; für Bors vorgesehen
2301–2400	Flor	1944	
(2401–2440)	Flor	—	nicht mehr gebaut
2441–2480	Flor	1944	
(2481–2500)	Flor	—	nicht mehr gebaut
2501–2540	Flor	1944	
(2541–2560)	Flor	—	nicht mehr gebaut
2561–2580	Flor	1944	
(2581–2600)	Flor	—	nicht mehr gebaut
2601–2640	Flor	1944	
(2641–2700)	Flor	—	nicht mehr gebaut
(2701–2772)	Flor	—	1946/50 von Flor an verschiedene Besteller
(2773–2800)	Flor	—	nicht mehr gebaut
2801–2810	Essl	1944	für KrMa 17389–17398

Überraschenderweise waren bei allen bisherigen Versuchen der Ausarbeitung einer Lieferliste für die BR 42 die Schwierigkeiten relativ weitaus geringer als bei der BR 52, obwohl sich das wegen der Fertigung der 2. Kriegslok in der Endphase des Krieges nicht erwarten ließ. So konzentrierte sich die Diskussion hauptsächlich auf die letzte Lieferung von Schwartzkopff, Lok 42 842 ff. (F.-Nr. 13 260 ff.), über deren Abschluß noch immer keine vollkommene Gewißheit besteht[196]). Hier wurde nunmehr dem Standpunkt von Griebl/Wenzel beigetreten und die 42 856 als letzte Maschine der BMAG angesehen. Diesen Darlegungen entsprechend, ist die nächste Tafel über die Produktion bis zum 8. Mai 1945 etwas zuverlässiger, als es die für die BR 52 gegebene Aufstellung sein kann, mit der sie direkt vergleichbar ist.

	I.	II.	III.	IV.
Schwartzkopff	304	8		296
Floridsdorf	266	26		240
Schichau	210	12		198
Esslingen	61		10	51
Henschel	2			2
Borsig	—	—		46
Krauss-Maffei	—	—		10
	843	46	10	843

Im Gegensatz zur 1. Ausgabe dieser Arbeit, wo im Anschluß an die Lieferungslisten noch die Nachkriegsbauten und Lokomotivexporte mit mannigfaltigen Unterschieden statistisch aufgeführt wurden, soll hier auf derartige Berechnungen verzichtet werden. Die einzelnen Gruppen von Maschinen sind im Text wohl zu gegebener Zeit erwähnt; ihre

[196]) Die in der Auflage von 1970, S. 67, angegebene Vermutung, die Serie sei bis zur 42 890 fortgesetzt worden, wird nicht aufrechterhalten. Bei der in Jerxheim verlorengegangenen Lokomotive hat es sich vermutlich um die 42 980 gehandelt.

Addition zu den vorstehenden Endziffern würde diesen aber eine Bedeutung verleihen, die ihnen angesichts ihrer umstrittenen Authentizität[197]) nicht zukommt.

„Einsatz und Arbeitsweise des HAS als Träger der ‚Kriegslokomotive' — außer der 52 kam die spätere 42 ja kaum noch zum Tragen — müssen letzten Endes als eine Gewaltkur angesehen werden, mit der Versäumtes nachgeholt werden sollte, an dem die DR aber nicht die Schuld trug. Das Hochpeitschen aller nur eben brauchbaren Kapazitäten für eine kurzzeitige Leistungsspitze — denn das blieb das Werk des HAS — war Folge und Beweis einer kurzsichtigen, oder deutlicher gesagt, leichtfertigen Planung der Vorkriegszeit, in der eine ausreichende kontinuierliche Erneuerung des überalterten Lokbestandes der DR versagt blieb."[198]) Dieser Beitrag zur historischen Forschung zeigt, wie gering die leitenden Beamten der Reichsbahn gegen die Versuchungen und die Forderungen eines totalitären Systems gerüstet waren. Die Vermutung, eine längerfristige Planung hätte den Lokomotivmangel und die Transportkrisen verhindern können, oder die Auffassung, mit den Vollmachten und den Kontingenten des Hauptausschusses Schienenfahrzeuge hätte auch das Reichsbahn-Zentralamt Berlin selbst die Produktionsziffern der Jahre 1942 bis 1944 erreicht, auch der darin mitsprechende Gedanke, der Krieg sei möglicherweise zu gewinnen gewesen, zeigen eine strikte Trennung zwischen der Arbeit des Technikers und seiner politischen Verantwortlichkeit. Wie Speer damals der Technokrat und Künstler war, der niemanden unmittelbar terrorisierte, aber seine brillanten Fähigkeiten in den Dienst des Terrors stellte, quasi als wertfreie Dienstleistung, haben auch die Spezialisten des RZA „im gemeinsamen Interesse loyal mitgearbeitet"[199]). Der Vorwurf, sie hätten ihr Gewissen allzu voreilig beruhigt und persönliche Konsequenzen angesichts der Übermacht des Staatsapparats zu rasch von sich geschoben, wiegt zu schwer, als daß man ihn leichtfertig erheben könnte. Vielmehr ist ihr Verhalten einzuordnen in die allgemeine Krise der bürgerlichen Demokratie im 20. Jahrhundert, in eine auf langen Entwicklungen beruhende Situation unter den deutschen Akademikern überhaupt, worin die besonderen Konflikte der spätkapitalistischen Industriegesellschaft — hierunter die Verantwortung des Technikers — unbewältigt blieben. Die Erkenntnis dieser Probleme kann und soll aber auch zur Überwindung heute drohender Gefahren beitragen, um uns vor einer Wiederholung solcher Entwicklungen zu bewahren.

Die deutschen Kriegslokomotiven nach 1945

Die Lage der Lokomotivfabriken im Mai 1945

Am 8. Mai 1945, dem Tag der bedingungslosen Kapitulation des Deutschen Reiches, befanden sich die Lokomotivfabriken in der folgenden Situation: Bei Krupp und Maschinenbau-Bahnbedarf lag die Produktion aufgrund von Bombenangriffen still, Borsig und Krauss-Maffei hatten sie seit der Umstellung auf Reparaturen auch nicht wieder aufgenommen. Mit der Abwicklung ihrer letzten Serien der BR 52 waren noch fünf Werke beschäftigt. So lief etwa bei Jung die Serie 52 3321 ff. gerade an. Bei Henschel handelte es sich um das Baulos ab Lok 52 2836 und um die Kondens-loks, außerdem um die 52 1796 ff. als Ersatz für ausgefallene Lieferungen Graffenstadens. Dieses Werk, das nun wieder französisches Eigentum wurde, hatte noch die Loks 52 1739 bis 1755 in den Werkhallen. Bei den tschechischen Škodawerken lagerten Teile für die Loks 52 7528 bis 7534, die aber nicht mehr fertiggestellt wurden. Demgegenüber wurde von der in polnischen Besitz zurückgelangten Fabrik DWM/Posen, die wieder ihren alten Namen H. Cegielsky annahm, die Lieferung der Reihe 52 4566 ff. für die Polnischen Staatsbahnen fortgesetzt. Die Oberschlesischen Lokwerke Krenau befanden sich gerade in der Umstellung von der BR 52 zur 2. Kriegslok, weil der Reichsbahn die Lieferzahlen dieses Typs zu niedrig erschienen waren und sie dort noch 150 Maschinen bestellt hatte. Sie soll noch einige leichte Kriegsloks an Polen geliefert haben, nahm sodann aber den Bau der BR 42 für die PKP auf.

[197]) Leider haben sich Griebl/Wenzel [15], S. 116—117, nicht dem Zwang entziehen können, eine fertige Endziffer zu präsentieren.

[198]) Witte [46], S. 17.

[199]) Ebenda.

Von dieser Type besaßen auch die Firmen Schwartzkopff und Floridsdorf noch beachtliche Bestände angearbeiteter Loks in Serien zu jeweils 20 Stück. In Wien bereitete man den Bau der 42 2701 bis 2720 vor. Über den Abschluß der Fertigung in Wildau besteht noch keine rechte Klarheit, weil das Werk zwischen den Losen 42 821 bis 840 und 42 841 bis 860 erst noch die Serie 42 961 bis 980 herausbrachte. Das letzte Baulos ist vermutlich bei 42 856 abgebrochen worden[200]). Bei Esslingen war das Los 42 1581 bis 1600 zur Hälfte abgewickelt.

Die Produktion der Kriegslokomotiven war während der ganzen Jahre ab 1942 von den Alliierten sorgfältig beobachtet worden. Die deutsche Propaganda hatte deshalb versucht, wie etwa die Seddiner Filmaufnahmen und Artikel in der Presse[201]) zeigen, bei ihnen die großen Stückzahlen sowie die betrieblichen Vorzüge der Maschinen immer wieder hervorzuheben. Aus diesem Grund hatte die amerikanische Armee bei ihrer Feindaufklärung eine besondere Einheit (Transportation Corps Enemy Equipment Intelligence Service Team) aufgestellt, um in Deutschland sofort nach Kriegsende möglichst viele Fahrzeuge und Konstruktionsunterlagen zu sammeln, die für das militärische und zivile Eisenbahnwesen der USA von Bedeutung zu sein versprachen. Neben der Dampfmotorlok 19 1001 und einem Schnelltriebwagen vom Typ „Köln" gehörten hierzu die drei Kriegslokomotiven 42 1597 (Esslingen 1945), 52 2006 Kondens (Henschel 1944) und 52 3674 (Krenau für Krauss-Maffei 1943), außerdem eine Halbtender-Feldbahnlok HF 110 C (Jung 1944) und die Rangierlok 21 339 (Orenstein & Koppel 1939), Typ WR 360 C 14, aus Beständen der Wehrmacht. Sie wurden nach den USA verschifft, im Bundesstaat Virginia mehrfach ausgestellt — Einzelteile wurden der Industrie zu Versuchen überlassen — und 1951 verschrottet[202]).

Die deutsche Nachkriegsproduktion der Baureihe 52

Wegen der großen Bedeutung des Schienenverkehrs im Zweiten Weltkrieg besaßen auch die Alliierten Armeen[203]) Feldeisenbahntruppen, die nach der deutschen Kapitulation teilweise in den Lokomotivfabriken und Reichsbahn-Ausbesserungswerken ihr Quartier bezogen. Bei der Industrie stellten sie nun fest, daß sich dort noch einige Loks in sehr weit fortgeschrittenem Bauzustand befanden und mit geringem Aufwand komplettiert werden konnten; auch lagerten dort noch größere Bestände vormontierter Großteile zusammen mit Material aus Zulieferbetrieben. Sobald ihm eine Meldung über den Sachverhalt zuging, ordnete das Oberkommando der US-Feldeisenbahnen in Europa den Weiterbau und die Indienststellung der bereits angearbeiteten Einheiten unter Mitwirkung der Besatzungsmacht an. So trugen die in Kassel nun noch gebauten Kriegslokomotiven außer dem üblichen Firmenschild von Henschel (siehe Tafelbild 130 an der Rauchkammer hinter dem Windleitblech auch eine Fabrikplatte des 757. Railway Shop Battalion, das am 6. Mai 1945 von Cherbourg angerückt war. Die folgende Liste gibt die wichtigsten Daten der nach der Kapitulation abgelieferten Loks der BR 52. Hier ist besonders bemerkenswert, daß der Mangel an Radsätzen und Lagern durch Entnahme aus am Kessel beschädigten Lokomotiven behoben wurde.

Die Reihenfolge der Fabriknummern aus zwei aufeinanderfolgenden Serien und der Bauserie 52 Kon zeigt, daß einzelne Maschinen daraus erst wenige Tage vor der Besetzung des Kasseler Werks ausgeliefert worden waren. Danach wurde mit F.-Nr. 27 356/1947 ein Ersatzkessel für die 52 2004 geliefert; es folgten die 29 im Unterabschnitt „Kondenslokomotiven" genannten Kondenstender 2'2'T 13,5 Kon mit F.-Nr. 27 357—385/1946—49. Die zweite Serie, die bis 52 1818 (F.-Nr. 28 273) reichte, wurde mit einem stationären Ersatzkessel (28 274) vom Typ der BR 52 sowie zwei Maschinen dieses Typs für die Roddergruben-Bahn der Rheinischen Braunkohlenwerke fortgesetzt[204]). Hierauf folgte die Nachkriegs-Lieferung 52 124 (28 277), die im folgenden Abschnitt näher beschrieben ist.

Zur gleichen Zeit lieferte die Lokfabrik Jung auf Anweisung des EZA Göttingen noch 11 an die

[200]) Siehe oben Anm. 196.

[201]) Als Beispiele seien genannt: Zeitschrift „Deutschland", Heft 7/1943; „Signal" (russisch), Heft 8/43; „Signal" (deutsch), Heft 8/43; Berliner Illustrierte Zeitung, Hefte 32/1943 und 49/1943.

[202]) Siehe: Deutsche Lokomotiven in den USA. — In: LOK-MAGAZIN 27 (1967), S. 39—42.

[203]) Vgl.: Charles R. Gray jr.: Railroading in Eigtheen Countries. — New York 1955; O. S. Nock [26]; Ron Ziel: Steel Rails to Victory. — New York 1970.

[204]) Die 1947 abgegebenen Loks erhielten die Nummern 30 und 31 und wurden auf der Grubenanschlußbahn Ville eingesetzt. Die Maschinen wurden in eigenen Werkstätten der Gesellschaft unterhalten und jeweils von der DB abgenommen. Im August 1961 wurde die Lok 31, im Dezember 1963 die Lok 30 verschrottet.

Lok-Nr.	Fabrik-Nr.	abgenommen		geliefert an	Preis in RM	Anm.
		am	von RAW			
52 1797	28 252	14. 11. 45	Kassel	US-Zone	127 585.—	[1]
52 1803	28 258	5. 11. 45	Kassel	US-Zone	147 885.—	[2]
52 1804	28 259	17. 9. 45	Kassel	US-Zone	127 585.—	[1]
52 1805	28 260	8. 12. 45	Göttingen	Br. Zone	147 885.—	[2]
52 1806	28 261	8. 12. 45	Göttingen	Br. Zone	147 885.—	[2]
52 1807	28 262	21. 12. 45	Göttingen	Br. Zone	147 885.—	[2]
52 1808	28 263	(ohne)	(ohne)	Fr. Zone	147 885.—	[2]
52 1809	28 264	18. 12. 45	Göttingen	Br. Zone	147 885.—	[2]
52 1810	28 265	19. 1. 46	Göttingen	Br. Zone	147 885.—	[2]
52 1811	28 266	2. 2. 46	Göttingen	Br. Zone	147 885.—	[2]
52 1812	28 267	1. 3. 46	Göttingen	Br. Zone	147 885.—	[2]
52 1813	28 268	25. 3. 46	Göttingen	Br. Zone	147 885.—	[2]
52 1814	28 269	1. 4. 46	Göttingen	Br. Zone	147 885.—	[2]
52 1815	28 270	16. 4. 46	Göttingen	Br. Zone	147 885.—	[2]
52 1816	28 271	25. 4. 46	Göttingen	Br. Zone	147 885.—	[2]
52 1817	28 272	16. 11. 46	Göttingen	Br. Zone	147 885.—	[2]
52 1818	28 273	6. 1. 47	Göttingen	Br. Zone	147 885.—	[2]
52 2018	27 346	28. 9. 45	Kassel	US-Zone	272 750.—	[2]
52 2019	27 347	19. 5. 45	Kassel	US-Zone	272 750.—	[2]
52 2020	27 348	18. 9. 45	Kassel	US-Zone	272 750.—	[2]
52 2022	27 350	16. 10. 45	Kassel	US-Zone	272 750.—	[2]
52 2023	27 351	(ohne)	(ohne)	US-Zone	272 585.—	[2]
52 2024	27 352	2. 10. 45	Kassel	US-Zone	272 585.—	[2]
52 2025	57 353	16. 10. 45	Kassel	US-Zone	272 585.—	[2]
52 2026	27 354	9. 7. 47	Göttingen	RBD Kassel	254 152.—	[2]
52 2027	27 355	11. 7. 47	Göttingen	RBD Kassel	254 152.—	[2]
52 2869	28 226	(ohne)	(ohne)	US-Zone	147 885.—	[2]
52 2871	28 228	22. 9. 45	Kassel	US-Zone	147 885.—	[2]
52 2877	28 234	25. 10. 45	Kassel	US-Zone	127 585.—	[1]
52 2888	28 245	9. 2. 46	Kassel	US-Zone	147 885.—	[2]
52 2889	28 246	22. 1. 46	Kassel	US-Zone	147 885.—	[2]
52 2890	28 247	7. 6. 46	Kassel	US-Zone	147 885.—	[2]
52 2891	28 248	(ohne)	(ohne)	US-Zone	147 885.—	[2]
52 2892	28 249	27. 3. 46	Kassel	US-Zone	147 885.—	[2]
52 2893	28 250	25. 7. 46	Kassel	US-Zone	147 885.—	[2]

[1]) Ohne Tender und ohne Radsätze
[2]) Ohne Radsätze und ohne Rollenlager

während des Krieges gebauten Loks 52 3100—3320 (F.-Nr. 11 111—331) sich anschließende Maschinen mit den Betriebsnummern 52 3321—3331. Ihr Stückpreis betrug ohne Radsätze und Rollenlager jeweils RM 139 110.—. Sie gingen an die Südwestdeutschen Eisenbahnen (SWDE) in Speyer, die sie beim Bw Worms (52 3323—3325, 3327) und beim Bw Betzdorf (52 3330) einsetzten[205]), die

restlichen Loks im Saarland[206]). Nachdem Jung am 21. November 1946 mit der 52 3331 die letzte Einheit dieser Serie abgegeben hatte, übernahm das Werk die planmäßige Unterhaltung aller SWDE-Loks der Reihen 42, 50 und 52 bis zum Jahre

---

[205]) Beheimatungen bis zur Ausmusterung aller Loks am 18. Oktober 1954 unverändert.

[206]) Bw Sbr.-Schleifmühle bis Dezember 1947, Bw Sbr.-Vbf bis Dezember 1948, Bw Homburg (S) bis zur Ausmusterung. Siehe auch die Aufstellung im folgenden Abschnitt: „Die Kriegslokomotiven im Einsatz bei der Deutschen Bundesbahn".

Lok-Nr.	Fabrik-Nr.	abgenommen		geliefert an
		am	von RAW	
52 3321	11 332	(ohne Abnahme an ED Saarbrücken)		
52 3322	11 333	(ohne Abnahme an ED Saarbrücken)		
52 3323	11 334	5. 2. 46	Nied	ED Mainz
52 3324	11 335	4. 5. 46	Nied	ED Mainz
52 3325	11 336	24. 5. 46	Nied	ED Mainz
52 3326	11 337	(ohne Abnahme an ED Saarbrücken)		
52 3327	11 338	29. 6. 46	Nied	ED Mainz
52 3323	11 339	(ohne Abnahme an ED Saarbrücken)		
52 3329	11 340	(ohne Abnahme an ED Saarbrücken)		
52 3330	11 341	30. 9. 46	Nied	ED Mainz
52 3331	11 342	(ohne Abnahme an ED Saarbrücken)		

1949 als Privat-Ausbesserungswerk (PAW), hier als Abteilung des AW Betzdorf[207]).

Während jedoch die vorgenannten Lokomotiven nicht von den vorher gelieferten Kriegslok-Ausführungen abweichen und deshalb hier als Nachkriegsauslieferungen bezeichnet werden sollen, handelt es sich bei den nachstehend beschriebenen 40 Einheiten um Lokomotiven, die erst nach neuerlichem Auftrag der Eisenbahn-Generaldirektion über das EZA Göttingen hergestellt wurden. Dieser Auftrag war die Folge eines Entschlusses seitens der Bahnverwaltung, weitere bei den Firmen lagernde Großteile (halbfertige Rahmen- und Kesselteile) doch nicht zu Ausbesserung im Kriege beschädigter Lokomotiven zu übernehmen, sondern wirtschaftlicher daraus neue Maschinen herstellen zu lassen. Erst diese sollen deshalb als Nachkriegslieferungen benannt werden.

Bei der Auftragsvergabe an Henschel nahm das EZA die Möglichkeit wahr, zahlreiche der nach den Erfahrungen der Vorkriegs- und Kriegszeit inzwischen entwickelten Bauteile, die für die Neubaureihen in Erwägung gezogen worden waren, versuchsweise anzuwenden. Daneben war man bestrebt, die fertigungstechnischen Mängel der Kriegslieferungen im Interesse einer längeren Lebensdauer der 40 Maschinen zu beseitigen. So kamen zum Beispiel eine vereinfachte Feuertür, der Druckausgleichs-Kolbenschieber Bauart Müller, Bodenring-Queranker, verschiedene Stehbolzentypen und -anordnungen, eine gegenüber den Regelausführungen wesentlich verbesserte Oberflächenbearbeitung zur Anwendung. Der Heißdampfregler

wurde an der Lok 52 878 erprobt. Eine Lokomotive wurde mit einem Musterführerstand für die neuen Baureihen der späteren DB ausgestattet und erhielt deshalb ein Lüftungsgebläse, Drahtglas-Oberlicht, federnde Polstersitze, Klapptische, Klarsichtscheiben vorn usw. Für die Lokomotiven 52 891 und 892 wird der vorübergehende Einbau von Kylchap-Blasrohranlagen angegeben[208]). Außerdem wurden mehrere Vorwärmerbauarten und -systeme verglichen, um die bezüglich Erhöhung des Wirkungsgrades, Vergrößerung des Aktionsradius und Verringerung des Kesselsteinansatzes wirksamste Kombination von Vorwärmer und Speisepumpe zu finden:

52 124—127 F.-Nr. 28 277—280/1948
ohne Vorwärmer[209])

128 F.-Nr. 28 281/1948
Knorr-Oberflächenvorwärmer[209])

129—132 F.-Nr. 28 282—285/1949
Henschel MVR mit Turbopumpe
VTP-B 18 000

133 F.-Nr. 28 286/1949
Henschel MVR mit Kolbenpumpe
KT 1 und Heber

134—135 F.-Nr. 28 287—288/1950
Henschel MVR mit Turbopumpe
TPB 18 000 und Heber

136—137 F.-Nr. 28 289—290/1950
wie 52 129—132

138 F.-Nr. 28 291/1950
Henschel-Dreitrommel-MVR
mit Turbopumpe VTP-B 18 000

[207]) Über den Umfang der Privatausbesserungen im Südwestbereich vgl. Hansjürgen Wenzel: Die Südwestdeutschen Eisenbahnen in der französischen Zone (SWDE). Herausgegeben von Gustav Röhr. — Krefeld 1971, passim.

[208]) Friedrich Flemming: Die Fortentwicklung der Dampflokomotiven bei der DB. — In: Die Bundesbahn 25 (1951), S. 354.

[209]) Diese Lokomotiven kosteten ohne Tenderradsätze RM 160 755.—. Der spätere Einbau von Mischvorwärmern war vorgesehen, wurde aber nicht mehr durchgeführt.

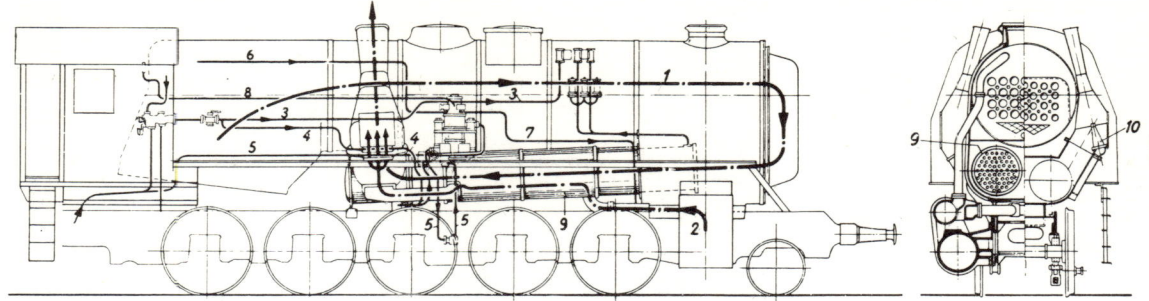

Abb. 140: Wirkungsschema der Baureihe 42⁹⁰ mit Franco-Crosti-Kessel. Es bedeuten: 1 = Strömungsrichtung der Rauchgase, 2 = Zylinderdampf, 3 = direkte Kaltwasserspeiseleitung, 4 = Speiseleitung für Vorwärmerwasser vom Injektor, 5 = Speiseleitung für Vorwärmerwasser über die Pumpe, 6 = Frischdampf für die Speisepumpe, 7 = Speisepumpenabdampf, 8 = Hubanzeiger für Speisepumpe, 9 = Vorwärmerkessel, 10 = Blasrohr.

(Aus Ewald [18], S. 401)

139—143	F.-Nr. 28 292—296/1950 wie 52 129—132
875—890	F.-Nr. 28 297—312/1950 wie 52 129—132
891—892	F.-Nr. 28 315—316/1951 Heinl-MVR mit Heinl-Kolbenpumpe V 10
(893—894)	F.-Nr. 28 313—314/1951 Franco-Crosti-Vorwärmer später 42 9000—9001

Eine Zweitbestellung der Lokomotiven 52 895—1097 wurde nicht vorgenommen, da die bei Henschel lagernden Teile dazu nicht mehr ausgereicht hätten. Schon vorher waren zum Teil ältere Radsätze, Rollenlager und Tender eingebaut worden. Obgleich die Maschinen auf der Basis der Kriegslok entstanden waren, übertrafen sie die Leistungen der BR 50 vornehmlich aufgrund der Mischvorwärmer recht erheblich. Bei Rückgewinnung von 15 Prozent Kesselspeisewasser und großer Kesselschonung ließen sich ungefähr 10 Prozent Kohlenersparnis oder Leistungssteigerung erzielen. Anläßlich der Entwicklung neuer Theorien über die Ermittlung des Kohlenverbrauchs aus dem ZV-Diagramm und die Ableitung eines Kennlinienfelds wurde von Mitarbeitern des EZA Göttingen die 52 875 genauen Messungen unterzogen, die außer in den üblichen Versuchsberichten auch in einer ausführlichen Veröffentlichung[210] ihren Niederschlag fanden.

Unter diesen 40 Maschinen können die beiden letzten Lokomotiven besonderes Interesse für sich beanspruchen: Ausgehend von den günstigen Versuchsergebnissen, welche die Italienischen Staatsbahnen mit dem Einbau von Abgas-Speisewasser

vorwärmern in ihre Lokomotiven erzielt hatte, stellte auch die DB angesichts der seit Kriegsende stark angestiegenen Kohlenpreise am 13. Januar 1951 und 6. Februar 1951 zwei mit Franco-Crosti-Kesseln ausgerüstete Güterzuglokomotiven in Dienst. Dazu waren die beiden aus der bei Henschel noch laufenden Serie entnommenen Maschinen 52 893 und 894 (F.-Nr. 28 313/4) unter persönlicher Beteiligung von Prof. Crosti umgestaltet worden.

Der Abgasvorwärmer stellt in der Praxis die Nachschaltung weiterer Kesselheizfläche hinter den eigentlichen Lokomotivkessel dar, die in zwei nach hinten leicht geneigten Vorwärmertrommeln seitlich unter dem Langkessel angebracht ist (Abb. 140). Dazu ist die Kesselmitte auf 3 300 mm über SO angehoben. Da sich aber beim Regelkessel nach weitgehender Ausnutzung der Rauchgase in den Heizrohren usw. ein zu geringes Temperaturgefälle für die Verwendung im Vorwärmer ergab, verschob Prof. Crosti dieses Gefälle in Richtung auf dessen Heizfläche. Da der neue Kessel nur noch die reine Verdampfungsarbeit zu leisten haben sollte, erhielt er statt der bisherigen 177,33 m² nur noch 121,22 m² Verdampfungsheizfläche. In der Rauchkammer ergab sich hierdurch eine wesentlich höhere Gastemperatur von bis zu 420 °C, die nun auf den 128,96 m² Vorwärmerheizfläche bei D_{ges} = 13 t/h auf etwa 160—170 °C verringert wurde[211]. Die große Vorwärmerheizfläche verursachte wegen ihrer geringen spezifischen Leistung allerdings, daß das Leergewicht von 75,9 t auf 87,6 t und das Dienstgewicht von 84,0 t auf 98,7 t

[210] Carl Theodor Müller und Hans-Ludwig Krugmann: Die Entwicklung des Kohleverbrauchs aus dem ZV-Diagramm und die Weiterentwicklung zum Kennlinienfeld. — In Glas. Ann. 75 (1951), S. 5.

[211] Carl Theodor Müller: Meßwagenversuche mit einem Franco-Crosti-Vorwärmer. — In: ETR 2 (1953), S. 137; Friedrich Witte: Zwei Franco-Crosti-Lokomotiven für die DB. — In: Glas. Ann. 75 (1951), S. 55; ders.: Lokomotive 50 1412 mit Franco-Crosti-Kessel. — In: Glas. Ann. 79 (1955), S. 262.

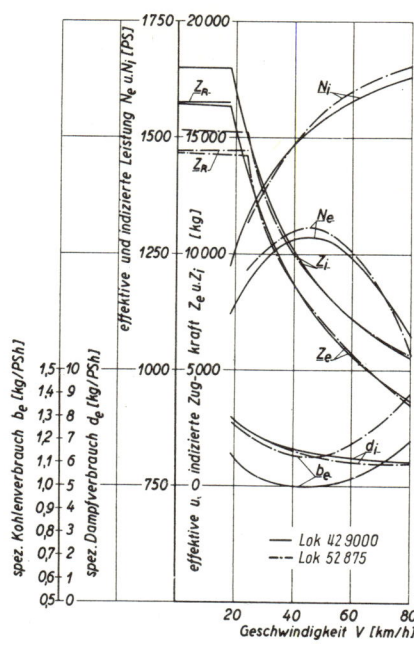

Abb. 141: Leistungs-Charakteristik der beiden Lokomotiven 42 9000 (Franco-Crosti-Vorwärmer) und 52 875 (Misch-vorwärmer) bei gleicher Dampfleistung $D_{ges} = 10\,120$ kg/h. (Aus ETR 1953, S. 137)

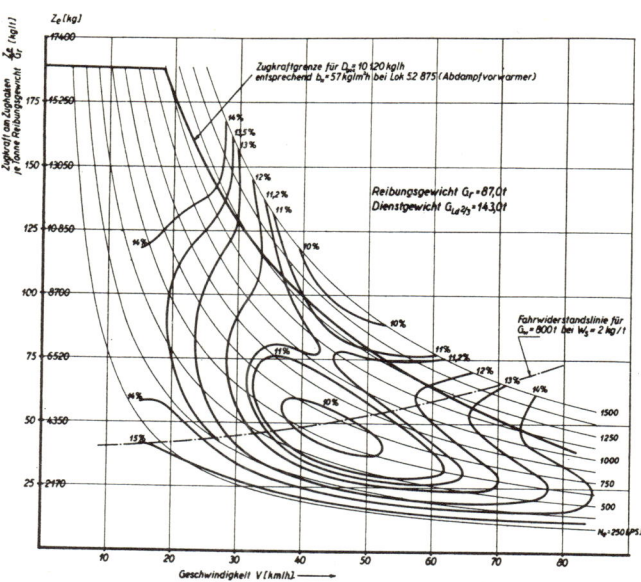

Abb. 142: Zugkraftlinien gleicher Kohlenersparnis der Lokomotive 42 9000 gegenüber der 52 875.

(Aus ETR 1953, S. 137)

gegenüber der Blechrahmen-52 anstieg, so daß die beiden Loks wegen ihres nun höheren mittleren Kuppelachsdrucks von 17,6 Mp als 42 9000 und 42 9001 in das Nummernsystem der 2. Kriegslok eingereiht wurden.

Bei 121,22 + 128,96 m² = 250,18 m² Gesamt-kesselheizfläche konnte die Dampfleistung mühe-los von 10 t/h (BR 50/52) auf 12—13 t/h gesteigert werden. Die auf die gesamte Heizfläche bezogene maximale Verdampfungsleistung zur entsprechenden Erzeugung von 10 120 kg/h Dampf (bei BR 50/52 die Grenzlast $b_H = 57$ kg/m²h) betrug nurmehr 47 kg/m²h. Einen ersten, zusammenfassenden Überblick über alle Versuchsergebnisse, die im Vergleich mit der 52 875 (MVR) ermittelt wurden, zeigt die Abb. 142. In ZV-Darstellung sind Punkte gleicher Ersparnis miteinander verbunden und stärker gezeichnet dargestellt. Zur Orientierung sind die dünn ausgezogenen Hyperbeln gleicher effektiver Leistung N_e und die Zugkraftbegrenzungslinien durch G_{Lr} und $D_N = 10$ t/h eingetragen. Daneben ist die mittlere betriebliche Belastung der BR 52, nämlich die Fahrwiderstandslinie für einen 800-t-Güterzug und 2 kg/t Steigungs- und Krümmungswiderstand, vermerkt.

Das „Ersparnisgebirge" aus den Dimensionen Zugkraft, Geschwindigkeit und (möglicher) Kohlen-ersparnis weist für die BR 42[90] eine Randzone beträchtlichen Minderverbrauchs (14—15 Prozent) aus, die jedoch nicht im Hauptarbeitsbereich der Maschine liegt. Zwischen 30 und 60 km/h bei effektiven Zugkräften von 2200 bis 6500 kp zeigt die Grafik eine flache Mulde mit Ersparnismöglichkeiten von 10, bestensfalls 12 Prozent. Das Ergebnis, daß die maximale Vorwärmerleistung im höheren Leistungsbereich ab 65 km/h lag, hängt damit zusammen, daß der Abgasvorwärmer erwartungsgemäß — entgegen der Charakteristik des Mischvorwärmers der 52 875 — um so weniger wirksam war, je mehr die Belastung des Kessels sank, da dann im hinteren Teil der Trommeln keine ausreichende Temperaturdifferenz mehr herrschte. Aus dieser Darstellung kann allerdings nicht gefolgert werden, daß die Franco-Crosti-Maschinen im genannten (Güterzugs-)Betriebsbereich besonders unwirtschaftlich gewesen seien; vielmehr befand sich hier der geringste Unterschied zu dem in diesem Gebiet besonders wirtschaftlich arbeitenden Mischvorwärmer. Der Gesamtwirkungsgrad von 8,65 Prozent der BR 52 MVR zu 9,70 Prozent der BR 42[90] drückt dies gleichfalls aus.

Die beiden Lokomotiven haben sich wegen ihrer hohen Überhitzung (bei $D_{ges} = 13$ t/h um 415 °C) und Verdampfungswilligkeit als recht beliebt erwiesen; ernstere Mängel ergaben sich nach einiger Betriebszeit daraus, daß die bereits stark abgekühlten Rauchgase sich noch in der Maschine niederschlugen und Säuren bildeten, wodurch die Schornsteine und Rauchkammern korrodierten. Ersatzteile aus Chromstahlblech mußten eingebaut werden. Nach Abschluß der Versuchsfahrten mit 42 9000 wurden die beiden Lokomotiven dem Bw Bingerbrück zugeteilt und in den Plänen der dortigen 52er auf der Rheinstrecke zwischen dem Ruhrgebiet und der Oberrheinischen Tiefebene wie die Maschinen des Bw Wedau eingesetzt. Mit der Beheimatung von 11 Loks der BR 50[40] in Bingerbrück wurden die beiden ersten deutschen Franco-Crosti-Lokomotiven im Mai 1958 zum Bw Oberlahnstein umstationiert, wo sie als Splittergattung von der BD Mainz am 23. Juli 1959 (42 9000) und am 10. Oktober 1959 (mit Verfügung der HVB vom 20. Juli 1959 und 30. September 1960) ausgemustert wurden.

Schließlich soll noch auf einen Vorschlag aus der Nachkriegszeit hingewiesen werden, nach dem Loks der BR 52 auf Turbinenantrieb umgebaut werden sollten. Es handelt sich um Untersuchungen der Ingenieurgruppe Kanis mit Prof. Röder von der TH Hannover aus dem Jahre 1947, wonach mit erheblichen Kohlenersparnissen zu rechnen war. Die Entwürfe behandelten sowohl Auspuff- als auch Kondensationsbetrieb (mit Henschel-Kondenstender), sind aber nicht mehr zur Ausführung gekommen. Dennoch bildeten sie die Grundlage für spätere Diskussionen um eine Schnellzug-BR 10 mit Turbinenantrieb (Mitteilung Friedrich Witte).

Die Nachkriegsproduktion der Baureihe 42

In den nunmehrigen deutschen Westzonen war bis Kriegsende lediglich die Maschinenfabrik Esslingen Lieferer der BR 42 gewesen. Sie hatte zwischen Sommer 1944 und Mai 1945 in teilweise sehr verworrenen Serien 71 Maschinen gebaut. Zum Zeitpunkt der Besetzung hatte die elfte Lokomotive der Serie 4932 ff., die 42 1591, bereits das Werk verlassen, so daß nach Auftrag durch die 704th Railway Grand Division die Maschine 42 1592 im Juni 1945 zur ersten Nachkriegsauslieferung wurde. Sie und die bis zum Jahresende noch folgenden 10 Loks wurden ohne Radsätze zum Stückpreis von RM 142 200.— abgegeben. Die 4 im Jahre 1946 ohne Tender und ohne Radsätze gelieferten Loks bis zur Betriebsnummer 42 1606 kosteten nur RM 130 000.—. Dann übernahm das EZA Göttingen wieder die Auftragsver-

gabe; es mußte für die 42 003 ohne Lokradsätze jetzt RM 195 140.— aufwenden.

1948 wurden drei Ersatzkessel der BR 42 für das RAW Frankfurt-Nied gefertigt. Die Nachkriegsauslieferungen wurden im süddeutschen Bereich als 42 1592—42 1606 und 42 003 in Betrieb genommen. 42 1595 und 42 1598 kamen zur RBD (ED) Frankfurt (Main), 42 1606 zu den Saarbahnen und 42 003 zunächst zur RBD (ED) Nürnberg. Alle weiteren Nachkriegs-42er wurden bei der RBD (ED) Stuttgart eingesetzt; die Lok 42 1597 hingegen kam auf Weisung amerikanischer Militärbehörden (First Military Railway Battalion) im Transport der 19 1001 nach den USA, wo sie 1951 verschrottet wurde.

Da sich diese 16 Lokomotiven technisch nicht von den Kriegslieferungen unterschieden, wurden sie nicht außergewöhnlich eingesetzt, sondern bis zur Ausmusterungsverfügung für fast alle Kriegslokomotiven 1953/54 meist nur bei einem Betriebswerk verwandt. Der Einfachheit halber sind diese Einsatzdaten und die Ausmusterungen noch in die folgende Liefertabelle aufgenommen:

42 1592	4943/ 4. 6. 1945	ED Stgt
		Bw Karlsruhe Hbf
	1. 1. 1953	BD Kar[212])
		Bw Karlsruhe Hbf
	29. 4. 1953	BD Stgt
		Bw Pforzheim	+ 26. 10. 1954
1593	4944/ 4. 6. 1945	ED Stgt
		Bw Karlsruhe Hbf
	1. 1. 1953	BD Kar[212])
		Bw Karlsruhe Hbf	+ 20. 9. 1953
1594	4945/15. 6. 1945	wie Lok 42 1592
		+ 26. 10. 1954
1595	4946/ 2. 7. 1945	ED Ffm
		Bw Wiesbaden	+ 7. 9. 1953
1596	4947/ 9. 7. 1945	ED Stgt
		Bw Heilbronn	+ 26. 10. 1954
(1597)	4948/10. 9. 1945	1st MRB, US Army
		+ 1951
1598	4949/25. 7. 1945	ED Ffm
		Bw Mz-Bischofsheim	+ 7. 9. 1953
1599	4950/ 6. 8. 1945	ED Stgt
		Bw Heilbronn	+ 26. 10. 1954
1600	4951/18. 8. 1945	wie Lok 42 1599
		+ 26. 10. 1954
1601	4952/12. 9. 1945	wie Lok 42 1599
		+ 26. 10. 1954
1602	4953/ 4. 10. 1945	wie Lok 42 1599
		+ 26. 10. 1954
1603	4954/ 3. 1. 1946	ED Stgt
		Bw Lauda	+ 26. 10. 1954
1604	4955/15. 1. 1946	wie Lok 42 1599
		+ 26. 10. 1954
1605	4956/24. 1. 1946	ED Stgt
		Bw Crailsheim	+ 26. 10. 1954

---

[212]) Bw Karlsruhe gehörte bis 31. Dezember 1953 zur BD Stuttgart, ab 1. Januar 1954 zur BD Karlsruhe.

1606 4957/ 6. 6. 1946 Saarbrücken[213])
　　　　　Bw Saarbrücken Rbf+ 10. 8. 1962
　003 4958/10. 12. 1947 ED Nür
　　　　　Bw Bamberg
　　　　7. 4. 1953 BD Mz
　　　　　Bw Bingerbrück 　+ 18. 10. 1954

Auch in der damaligen sowjetischen Besatzungszone wurden noch einige Nachbauten, die technisch ebenfalls unverändert waren, in Dienst gestellt. Aus bei Schwartzkopff lagerndem Halbfertigmaterial und aus Ersatzteilen der Ausbesserungswerke setzte das Raw Stendal noch drei Lokomotiven der BR 42 zusammen. Sie wurden bei der Deutschen Reichsbahn als

　42 001　　am 24. Dezember 1948
　　002　　am 4. Januar 1949
　　003　　am 2. Mai 1949[214])

in Betrieb genommen. Durch die im Herbst 1949 bei der Bundesbahn durchgeführte Umzeichnung der beiden Brotankessel-Prototypen auf 42 001 und 42 002 sowie die schon früher, nämlich am 10. Dezember 1947 erfolgte Indienststellung der Lok 42 1607 als 42 003 beim Bw Bamberg kam es hier also zur ersten Doppelbesetzung bei den Bahnverwaltungen, die sich in der Folge des Krieges in Deutschland gebildet hatten. Auch die Nachkriegsbauten der DR wurden mittlerweile ausgemustert.

In Österreich[215]) waren die bei der Wiener Lokfabrik noch vorhandenen Teile für die Serie 42 2701—42 2720 (F.-Nr. 17 584—17 603) zu 20 Einheiten vorgesehen, nachdem das Werk die Ablieferung seiner letzten Serie mit der Lokomotive 42 2580 (F.-Nr. 17 583) im März 1945 vor der Besetzung noch beendet hatte. Zwar mußten erst zahlreiche Einwände der sowjetischen Verwaltung des USIA-Betriebes ausgeräumt werden, doch bereits am 30. Oktober 1945 konnte die Lokomotive 42 2701 als erster Neubau der Bahn unter der Eigentumsbezeichnung „StB Austria" (später auch „ÖStB Austria") in Dienst gestellt werden; ihr folgten bis Ende 1946 die Maschinen 42 2702 bis 42 2715. Die Lokomotive 42 2716 mußte an die Sowjetische Mineralölverwaltung in Österreich abgeliefert werden, so daß die 42 2717 als 16. Maschine (F.-Nr. 17 600; Heinl-Mischvorwärmer) von der Österreichischen Staatseisenbahn erst am 12. März 1947 in Betrieb genommen wurde. Entsprechend dem damals in Österreich herrschenden Kohlenmangel wurden — ähnlich wie bei der Baureihe 52/152 — die Lokomotiven 42 2701—42 2714 mit Ölzusatzfeuerung versehen; vorübergehend wurden auch Ölhauptfeuerungsanlagen benutzt. Obwohl die ÖBB wegen ihres inzwischen aufgestellten Elektrifizierungsprogramms keine weiteren Lokomotiven der BR 42 mehr abzunehmen beabsichtigten, baute die WLF auch in den folgenden Jahren weitere Einheiten der Güterzuglokomotive, die als 42 2718 ff. (F.-Nr. 17 601 ff.) anderen Kunden auf Abruf zur Verfügung standen. Die hierdurch sehr kurz gehaltenen Lieferfristen waren neben den technischen Merkmalen der BR 42 ausschlaggebend für den Entscheid der Luxemburgischen Staatsbahnen, neben ihren 20 Lokomotiven der Reihe 56 (DR 52) weitere ehemalige Kriegslokomotiven für den schwereren Erz- und Kohlenzugdienst zu bestellen. Aus den Wiener Bauserien wurden daraufhin zwischen dem 20. Dezember 1948 und dem 14. Januar 1949 die Lokomotiven 42 2718—2719 (Heinl), 2721 (Heinl), 2725—2729, 2731—2742, als luxemburgische 55.11—55.30 in Dienst gestellt. Zwei weitere Lokomotiven konnten günstig verkauft werden, indem die Hauptverwaltung Volkseigener Betriebe der DDR die Maschinen 42 2722 und 42 2724 (F.-Nr. 17 605 und 17 607) des Baujahres 1947 als Werkslokomotiven für einen Industriegroßbetrieb (Schkopau) erwarb.

Mittlerweile war die Bauplanung bis zur Lokomotive 42 2780 fortgeschritten; dies entsprach vier der zu Kriegsende üblichen Lose. Die verbliebenen Maschinen 42 2720, 42 2723 und 42 2730 sowie die Maschinen 42 2743 ff., welche weiterhin die Werkshallen verließen, hatten jedoch noch keinen Käufer gefunden, da fast alle zunächst interessierten Bahnverwaltungen inzwischen die Umstellung auf modernere Traktionsarten beschlossen hatten und zumindest vorsorglich keine Dampflokomotiven mehr beschaffen wollten. Die Nachkriegsserien der WLF wurden deshalb nach 72 Lokomotiven (F.-Nr. 17 584—17 608; 17 612—17 658) abgeschlossen. Nach längeren Verhandlungen kam schließlich ein Vertrag zustande, demzufolge die Bulgarischen Staatsbahnen zunächst 6 der Floridsdorfer Maschinen kauften, die zum 3. April 1952 auch übergeben wurden. Bis zum 14. Oktober 1952 folgten die weiteren 27 Lokomotiven, die noch in Wien standen. Sie wurden zusammen mit den ersten sechs Maschinen als 16.01—16.33 bei den BDŽ eingereiht. Die von der Lokomotivfabrik „Feliksa Dzierzyňkiego" in Chrzanów an die Polnischen Staatsbahnen gelieferten 42er sind auf S. 142 näher besprochen.

[213]) Saarland ab 1. Januar 1957 zur BRD.

[214]) Nach Pieper [29], S. 234.

[215]) Eine ausführliche Darstellung findet sich bei Hellmuth Fröhlich: Die Nachkriegsbauten der Reihe 42. — In: Eisenbahn 20 (1967), S. 213—214.

Die Kriegslokomotiven im Einsatz bei der Deutschen Bundesbahn

Die ersten Angaben über die BR 52 in den drei westlichen Besatzungszonen liegen für die Zeit kurz nach der Gründung der Deutschen Bundesbahn vor: Am 31. Dezember 1949 verfügte die DB über 814 Lokomotiven der BR 52, von denen allerdings 660 betriebsunfähig abgestellt und nur 154 Maschinen einsatzbereit waren. Schon damals wurde der Entschluß gefaßt, die fast durchwegs nicht mehr erhaltungswürdigen Serien aus der Kriegszeit nicht mehr mit Hauptausbesserungen zu versehen; bald darauf wurde auch verfügt, aus Gründen der Typenbereinigung die BR 52 Kondens (die teilweise erst kurz vorher neue Tender erhalten hatte), nicht mehr zu unterhalten. Dennoch wurde versucht, durch Erteilung von Sonderarbeitsnummern verschiedene konstruktive Mängel, die sich als sehr störend erwiesen hatten, nach Möglichkeit noch zu beseitigen.

Bis zur Jahreswende 1953/54, einem bedeutenden Punkt im Einsatz der BR 52 bei der DB, verringerte sich der Gesamtbestand folgendermaßen: 1951 = 789, 1952 = 713, 1953 = 712, 1954 = 116 (!). Damit waren der größte Teil der Kriegslieferungen und alle Einheiten der BR 52 Kondens ausgeschieden, deren letzte Exemplare beim Bw Kirchweyhe der BD Münster aus dem Betrieb gezogen wurden:

52 1944, 1949, 1955,
   1967, 2027 am   1. Juni 1953;
52 2026 am   11. November 1953;
52 1960 am   23. März 1954.

Am 18. Oktober 1954 wurde auch der Prototyp 52 001 bei der DB außer Dienst gestellt, ihr Kessel am 11. April 1957 in die 50 1696 und am 7. Februar 1967 in die 50 833 eingebaut. Bereits 1953 war die weitere Unterhaltung der BR 52, seit Mai 1952 vom AW Kassel zum AW Bremen übergeben, ausschließlich auf die Nachkriegslieferungen beschränkt. Nun setzte sich der Einsatzbestand aus diesen Lokomotiven sowie aus Kriegslieferungen zusammen, die vornehmlich zwei jüngeren Serien (52 1100—1349, DWM/Posen; 52 5125—5374, Krenau) entnommen und technisch einheitlich ausgeführt waren. Obwohl ihr Einsatz häufig schon in den Plänen der BR 50 zusammen mit Maschinen dieser Baureihe erfolgte, gab es doch noch einige sehr bemerkenswerte Läufe der BR 52 auf den Strecken Ruhrgebiet—Koblenz und Ruhrgebiet—Oberlahnstein. Durch den von 1952 an erstrebten und 1953 erstmals wieder realisierten Durchlauf der Güterzugmaschinen in Troisdorf wurde es in dem vom 17. Mai 1953 an gültigen

Fahrplan ermöglicht, daß 6 Wedauer Maschinen der Nachkriegsausführung mit 485 km die höchsten (dienstplanmäßigen) Tagesleistungen der DB fahren konnten. Auch in den Sommerfahrplänen von 1954 (463 km) und 1955 (454 km) wurden noch spezifische Dienstplanleistungen gefordert, die zur Spitzenklasse der DB gehörten[216].

Inzwischen wurden jedoch die nicht mit Mischvorwärmern gelieferten 5 Lokomotiven 52 124—128 bereits nicht mehr zu Hauptausbesserungen vorgesehen (ausgemustert am 18. Oktober 1954), so daß der Unterhaltungspark nur mehr 33 Einheiten umfaßte. 1956 und 1957 wurden weitere 7 Lokomotiven der BR 52 durch ihre Umzeichnung auf BR 50 aus den Verzeichnissen gestrichen, jedoch erfuhr der Unterhaltungsbestand durch die Eingliederung der Bahnen des Saarlandes im selben Jahre eine Aufstockung in Höhe von 8 Maschinen des Bw Homburg (Saar), AW St. Wendel. Nach deren Auslaufen Mitte 1959 waren es wieder die 26 Maschinen der Nachkriegslieferungen, die noch bis zum 2. Oktober 1960 unterhalten und dann aus dem Bestand der Einsatzgattungen ausgeschieden wurden. Die endgültige Ausmusterung der Splittergattung wurde wie folgt durchgeführt:

52 3328	Bw Homburg	25. Januar 1962
882, 889	Bw Löhne	28. Juni 1962
3329	Bw Homburg	30. August 1962
140, 141,	Bw Wedau	25. Oktober 1962
884, 891		
878	Bw Löhne	25. Oktober 1962
138, 143	Bw Wedau	27. Juni 1963
887	Bw Löhne	27. Juni 1963

Ein großer Teil der durch die Ausmusterung der BR 52 zurückgewonnenen Kessel aus Stahl St 34 wurde nach Freigabe durch die HVB aufgearbeitet und ersetzte bei der BR 50 die zu einem großen Teil aus St 47 K gefertigten Kessel. Zwischen 1953 und 1964 kamen so im AW Bremen 155 Kessel zum Tausch. Daneben waren auch die AW Esslingen, Ingolstadt und Schwerte an dieser Maßnahme beteiligt, jedoch liegen hierzu nur noch lückenhafte Aufzeichnungen vor, so daß zuverlässige Angaben über den Umfang der Arbeiten nicht möglich sind[217]. Eine gewisse Sonderstellung unter diesen Kesseltauscharbeiten nimmt der 1956 und 1957 an 7 Maschinen des Bw Löhne (BD Hannover) durchgeführte Einbau von Rahmen und Fahrwerk der

---

[216] Siehe hierzu Klingensteiner/Ebner: Der Zugförderungsdienst im Fahrplanjahr 1953/54. — In: Die Bundesbahn 27 (1953), S. 716; 1954/55 in 28 (1954), S. 791; 1955/56 in 29 (1955), S. 671.

[217] Vorsichtige Schätzungen sprechen von 400 bis 500 Kesseltauschen.

Verteilung des Unterhaltungsbestandes		1951	15. 5. 1952	1. 12. 1953	1954	1955	1. 1. 1956	1. 10. 1957	1958	1. 1. 1959	2. 10. 1960	1961	1962
Gesamtbestand		789	713	712	116	111	107	66	53	32	29	12	3
BD Esn	Bw Wedau			12	12	12	12	12	14	14	14		
BD Han*)		68	63	21	21	19	19	12	12	12	12		
BD Kar	Bw Freiburg	8											
	Bw Freudenstadt	6											
	Bw Friedrichshafen	16											
	Bw Radolfzell	14											
	Bw Singen (H)	2											
BD Mz	Bw Bingerbrück						2	2	2				
	Bw Betzdorf	8											
	Bw Mainz	9											
	Bw Worms	17											
BD Sbr**)	Bw Homburg (S)	(14)	(14)	(14)	(14)	(14)	(12)	8	8	6			
BD Trier	Bw Ehrang	5											
	Bw Kirn	4											
Unterhaltungsbestand	AW Bremen	157	63	33	33	33	33	26	26	26	26	—	—
	AW St. Wendel	(14)	(14)	(14)	(14)	(14)	(12)	8	8	6	—	—	—

Der Unterhaltungsbestand am 1. Oktober 1957:

BD Esn: 52 136–138, 140–143, 876–877, 880, 884–885 = 12 Loks***)

BD Han: 52 139, 875, 878–879, 881–883, 886–890 = 12 Loks

BD Mz: 52 891–892 = 2 Loks***)

BD SBr: 52 2443, 2587, 3321–3322, 3326, 3328–3329, 3331 = 8 Loks

*) Leider liegt für die BD Han die Verteilung auf die Bw nicht vollständig vor; nachdem zunächst auch Minden und Herford über Loks BR 52 verfügten, wurden sie ab 1954 in Löhne zusammengezogen.
**) Saarland ab 1. Januar 1957 zur BRD.
***) Am 29. Mai 1958 gingen die Loks 52 891 und 892 von der BD Mz zur BD Esn über; bis zur Ausmusterung der Lokomotiven änderten sich die Beheimatungen nicht mehr.

BR 50 ein, wodurch die Lokomotiven der Kriegsbauart Achslagerstellkeile erhalten sollten:

52 129 in 50 3165	Rahmen von 50 2234	7. 57
130	3166	1957	5. 57
131	3167	1935	9. 57
132	3168	2661	3. 57
133	3169	1125	10. 57
134	3170	1939	8. 56
135	3171	2254	1. 57

Auch später sind diese Maschinen beim Bw Löhne verblieben, wo sie 1965 und 1966 ausgemustert wurden. Nachdem ursprünglich auch der Umbau der restlichen 26 Loks der Nachkriegslieferungen auf diese Weise geplant war, wurde im Hinblick auf den Strukturwandel davon abgesehen.

Die obenstehende Tafel soll über die Verteilung des Unterhaltungsbestands und den Gesamtbestand der BR 52 bei der Bundesbahn informieren.

Obwohl die Lokomotive der Baureihe 42 hauptsächlich für den Einsatz auf den Strecken Österreichs, Polens und der Tschechoslowakei entworfen worden war, befanden sich bei Kriegsende fast alle Maschinen in den vier deutschen Besatzungszonen. Allein in den Westzonen gab es noch Ende 1950 649[218] Lokomotiven der 2. Kriegslokomotivbauart, von denen allerdings nur 113 (17,5 Prozent) eingesetzt waren, darunter auch die Sonderlinge 42 0001 und 42 0002. 1952 waren die Zahlen bereits auf 569 und 78 zusammengeschrumpft.

[218] Mittlg. 4.841 Azm der Bundesbahn-Hauptverwaltung vom 13. Mai 1968.

In den Jahren 1953 und 1954 wurde der Lokomotivbestand der Bundesbahn den betrieblichen Erfordernissen angepaßt; und in derselben großen Ausmusterungsaktion, in der auch fast alle Kriegslokomotiven der BR 52 ausgeschieden wurden, sank die Anzahl auf 427 Loks der BR 42 (31. Dezember 1953), von denen lediglich 16 noch aktiven Dienst verrichteten. Bis auf insgesamt 6 Lokomotiven wurden sie alle innerhalb des Jahres 1954 ausgemustert und zur Verschrottung freigegeben, so auch die Maschinen der Nachkriegsauslieferung 42 1592—1605 und 42 003. Eine größere Stückzahl der Lokomotiven wurde als Pseudo-Restitutionsmaschinen nach Frankreich abgegeben, dort jedoch nicht wieder in Betrieb genommen. Genaue Angaben liegen heute leider nicht mehr vor. Die bei der DB verbliebenen 6 Maschinen wurden bei den folgenden Direktionen und Betriebswerken außer Dienst gestellt:

42 653	BD Kar	Bw Haltingen	18. 3. 1955
2315		Bw Haltingen	18. 3. 1955
1006		Bw Haltingen	12. 5. 1955
2339		Bw Haltingen	2. 11. 1955
2616		Bw Haltingen	27. 3. 1956
42 001	BD Nür	Bw Bamberg	27. 3. 1956

Es ist besonders bemerkenswert, daß gerade die Lokomotive 42 001 als letzte 42er der DB abgestellt wurde, und daß auch die zweite Maschine mit WLF-Brotankessel, die 42 002, nicht vor den Maschinen der Regelausführung (die allerdings sehr früh ausschieden) ausgemustert werden mußte. Wie bereits bei den Lokomotiven 50 3011 und 50 3012 hatte sich der Wasserrohrkessel durch gute Dampflieferung an sich ausgezeichnet, andererseits aber an der Verbindung von Hinterkesseltrommel und Langkessel häufig Schäden aufgewiesen. Die Kesselsteinfrage war sehr umstritten.

Durch den Anschluß der Saarbahnen und die Errichtung der BD Saarbrücken mit Wirkung vom 1. Januar 1957 kamen außer den 12 Lokomotiven der Baureihe 52 auch 21 Maschinen der BR 42 in den Bestand der DB, die Anfang 1958, nachdem vier Maschinen bereits wieder ausgemustert waren, im Bw Saarbrücken Rbf zusammengefaßt wurden. Nachdem im Dezember 1958 die Lokomotiven 42 1505 und 42 2363 abgestellt worden waren, wurden die restlichen 15 Maschinen zwischen 1960 und 1962 ausgemustert:

15. Mai 1960:
    Lok 42 636, 42 1489, 42 1894
15. Oktober 1960:
    Lok 42 2356

5. November 1960:
    Lok 42 585, 42 1087, 42 5000[219])
1. Februar 1961:
    Lok 42 1510
15. Mai 1961:
    Lok 42 2807
9. Januar 1962:
    Lok 42 1419, 42 2332
10. August 1962:
    Lok 42 963, 42 1606, 42 1888
10. Oktober 1962:
    Lok 42 2539

Einsatz und Modernisierung der Kriegslokomotiven bei der Deutschen Reichsbahn

Bei der Deutschen Reichsbahn waren nach Kriegsende etwa 1300 bis 1400 Lokomotiven der BR 52 vorhanden, von denen ein gewisser Teil nach Polen und in die UdSSR abgefahren wurden und ein anderer Teil als Kolonnenloks dem Verkehr der sowjetischen Truppen dienten. 1954 standen der Reichsbahn nur 505 dieser Maschinen, davon 324 betriebsfähig, zur Verfügung[220]). Ihr Einsatz in den folgenden Jahren erstreckte sich auf alle Betriebszweige, vornehmlich jedoch auf den mittleren und schwereren Güterzugdienst, weil nur geringe Bestände an BR 44 und BR 50 für diese Zwecke vorhanden waren. Über Einsatzschwerpunkte läßt sich aus verständlichen Gründen nur wenig sagen, der Hinweis auf zwei Versuche[221]), einen ersten Einblick zu vermitteln, muß deshalb genügen. In den letzten Jahren ist die BR 52, nachdem in der DDR produzierte und aus der UdSSR importierte Dieselloks den Hauptstreckenverkehr weitgehend übernommen haben, als Ersatz älterer preußischer Typen (G 8¹, G 10, G 12) häufiger auf Nebenbahnen im Betrieb. Um die Maschinen wirtschaftlich einsetzen zu können, hat die Reichsbahn verschiedene Modernisierungsmaßnahmen ergriffen, bei deren Ausführung auch die auffälligsten Mängel der Kriegskonstruktion beseitigt wurden.

So entschloß man sich wegen der bekannten Vor-

---

[219]) Eine Lok unbekannter Fabriknummer von Esslingen mit WLF-Kessel 17 172 (= 42 2316/1944), die 1945 ohne Schilder bei den Saarbahnen vorgefunden worden war, hatte die Betriebsnummer 42 5000 erhalten.

[220]) Griebl/Wenzel [15], S. 67—72.

[221]) Verteilung bekannter Lokomotivgattungen auf die wichtigsten Bahnbetriebswerke der DR, Stand Sommer 1964. — In: LOK-MAGAZIN 9 (1964), S. 16—17; Griebl/Wenzel [15], S. 72.

Abb. 143: Nach einer Anzahl von Prototypen verschiedener Leistungen beschaffte die Wehrmacht vor Kriegsbeginn dieselhydraulische Verschiebelokomotiven in drei Leistungsklassen, nämlich zu 200 PS, 360 PS und 550 PS. Die zweiachsige Bauart WR 200 B 14 wurde von 1938 bis 1941 gebaut. Nach dem Kriege übernahm die Bundesbahn einige Maschinen dieses Typs als Baureihe V 20, heute Baureihe 270. (Foto: Voith Getriebe KG)

Abb. 144: Um die Herstellung und die Unterhaltung ihrer Lokomotiven wirtschaftlich durchführen zu können, ließ die Wehrmacht sie nach dem Baukastensystem zusammenstellen. Aus diesem Grund ist die dreiachsige WR 360 C 14 der zweiachsigen Maschine äußerlich sehr ähnlich. Die abgebildete Lok wurde 1940 von Jung hergestellt, weitere Serien kamen von Deutz, Henschel, Krupp, Orenstein-Koppel und Schwartzkopff. (Werkfoto)

Abb. 145: Von der schwersten dieselhydraulischen Wehrmachtslok, der vierachsigen WR 550 D 14 mit 550-PS-Motor von MAN, wurden nur sechs Stück gebaut. Sie galten bereits als zu teuer und zu aufwendig.

(Foto: Voith Getriebe KG)

Abb. 146: Eine besonders wichtige Bedingung bei der Lieferung von Wehrmachtslokomotiven war, daß zur Erzielung größerer Leistungen zwei Maschinen verschiedener Hersteller miteinander verbunden und von einem Führerstand aus bedient werden konnten. Die Versuche gingen sogar so weit, daß eine dreiachsige 360-PS-Lok von Orenstein-Koppel und eine zweiachsige 200-PS-Lok von Schwartzkopff zusammengekuppelt und vor dem Meßwagen erprobt wurden. Die Aufnahme entstand im Sommer 1937, als die ersten Prototypen zur Verfügung standen.   (Foto: Voith Getriebe KG)

Abb. 147: Für den Transport und die Energieversorgung des Riesengeschützes „Dora" hatte Krupp für die Wehrmacht eine dieselelektrische Doppellokomotive entwickelt, von der acht Fahrzeughälften hergestellt wurden. Nach dem Kriege befand sich eine stark beschädigte Maschine in den deutschen Westzonen.
(Foto: Sammlung Buchholz)

Abb. 148: Die Deutsche Bundesbahn entschloß sich, zwei Doppelfahrzeuge überholen und für den Schiebeverkehr im Spessart herrichten zu lassen. Die 1950 fertiggestellte erste Lokomotive erhielt die Betriebsnummern V 188 001 a und V 188 001 b für die beiden Hälften. Sie wurde später noch mehrfach modernisiert und 1970 schließlich wegen zu hoher Unterhaltungskosten ausgemustert.   (Foto: BZA München)

Abb. 149: Die langen Nachschubwege der deutschen Truppen in der Sowjetunion boten den Partisanen zahlreiche Möglichkeiten, sie zu unterbrechen. Um die Lokomotiven und Züge bei der Explosion von Minen vor Beschädigungen zu bewahren, wurden ihnen Schutzwagen vorangestellt, die zur Auslösung von Stabminen mit einem Bügel versehen waren.

(Foto: Bundesarchiv Nr. PK 692/256/27)

Abb. 150: Als die deutschen Truppen aus der Sowjetunion wieder verdrängt wurden, zerstörten sie im Verlauf des Rückzugs die meisten Bahnanlagen, um ihrem Gegner das Nachrücken zu erschweren. Der dazu benutzte „Schienenwolf" mußte von zwei bis drei Lokomotiven gezogen werden, um seine sinnlose Aufgabe erfüllen zu können.

(Foto: Bundesarchiv Nr. PK 279/901/31 a)

Abb. 151: Als die Alliierten in der zweiten Kriegshälfte dazu übergingen, den Betrieb der Reichsbahn auch durch Jägerangriffe auf fahrende Züge zu unterbrechen, suchte man auf deutscher Seite nach Mitteln zu ihrem Schutz. In größerer Anzahl wurden Rungenwagen mit Holzaufbauten, einem Betonturm und einem Flakvierling ausgestattet und den Zügen zur Flugabwehr beigestellt.

(Foto: Bundesarchiv Nr. PK 679/8181/6)

Abb. 152: Hinter der Ostfront waren vielfach Panzerzüge eingesetzt, wenn die Strecken häufiger von Partisanen unterbrochen wurden. Auch diesem Zug wurden noch Schutzwagen vorangestellt, auf die ein Gerätewagen, ein Panzerauto-Transportwagen und dann ein Geschützwagen folgten. Hinter der gleichfalls gepanzerten Lokomotive befindet sich der Befehlswagen.

(Foto: Bundesarchiv Nr. PK 88/3738/3 a)

Abb. 153: In den meisten deutschen Panzerzügen befanden sich Wagen in dieser oder ähnlicher Bauart. Ihre Verkleidung bot Schutz gegen Gewehrbeschuß und Splitter, auch der Übergang zum nächsten Wagen und das Laufwerk waren bedeckt. Die Bewaffnung richtete sich gegen Ziele am Boden (links) und in der Luft (rechts).

(Foto: Bundesarchiv Nr. PK 639/4252/16)

Abb. 154: Auf den Neubau eigener Panzer-draisinen zur Streckensicherung konnte die Wehrmacht verzichten, da die Umrüstung des leichten französischen Radspähpanzers von Panhard auf Schienenräder für diesen Zweck genügte. (Foto: Bundesarchiv Nr. PK 639/4252/21)

Abb. 155: Improvisation der Wehrmachtswerkstätten führte zu dieser Panzerdraisine, die als „Panzer-Zeppelin" bezeichnet wurde. (Foto: Imperial War Museum Nr. STT 4315)

teile der Kohlenstaubfeuerung nach den zufriedenstellenden Ergebnissen mit dem System von Wendler, über hundert Maschinen, vornehmlich schwere Güterzugloks, damit auszurüsten. Hierunter befanden sich auch 25 Loks der BR 52, die zwischen 1951 und 1953 im Raw Stendal auf Kohlenstaubbetrieb umgestellt und mit vom VEB LEW Henningsdorf sowie von den Raw Brandenburg-West, Meiningen, Stendal und Zwickau umgebauten Tendern verbunden wurden. Während zu diesem Zweck anfangs auch Tender der Bauart 2'2'T 31,5 Verwendung fanden, wurden inzwischen alle Loks der BR 52 Kst mit aus K 2'2'T 30 entstandenen Kohlenstaubtendern gekuppelt. Zum Abschluß dieser Vereinheitlichung erhielten die Loks 52 2650 und 52 3794 Ende 1967 den Kohlenstaub-Wannentender, der in Abhängigkeit von unterschiedlichen Staubbehälterausführungen 11—12,5 t Staubvorrat und 24—28 m³ Wasserinhalt besitzt. Die Betriebsnummern der umgebauten Maschinen finden sich in der Literatur[222]. Durch den neuen DR-Nummernplan wurden sie in die Gruppe ab 52 9000 eingereiht, wobei man die drei letzten Ziffern der alten Nummer beibehielt. Änderungen haben sich an ihrem Bestand bis 1973 nicht ergeben.

Aufgrund des allgemeinen Lokomotivmangels wurde von der Reichsbahn ab 1958 an denjenigen Lokomotiven der BR 52, die auf längere Sicht nicht ausgemustert werden konnten, die Generalüberholung vorgenommen, bei der besonders die konstruktiven Mängel der Kriegsbauart beseitigt werden sollten. Demzufolge war an den Einbau von Speisewasservorwärmern und Achslagerstellkeilen gedacht.

Um die größere Ausschnittweite zur Aufnahme der Keile zu erreichen, war bei Barrenrahmen nur die Erweiterung der Achslagerausschnitte in den Rahmenwangen nötig, jedoch wurde der Rahmen durch in die Aussparungen eingeschweißte Stegbleche verstärkt. Bei den Lokomotiven mit Blechrahmen hingegen wurde ein Zerschneiden der Achslagerführungen erforderlich, in die Zwischenstücke eingeschweißt werden mußten. Die Achsgabelstege wurden verlängert. Zur Speisewasservorwärmung kam nach den Erfahrungen der DR nur der bewährte einstufige Mischvorwärmer in Betracht, wobei die Maße des Mischkastens zu einer Verlängerung der Rauchkammer um 200 mm führten. Die Verbundkolbenspeisepumpe wurde links auf einem in Lokmitte am Rahmen montierten Pumpenträger angebracht. Alle weiteren Teile des MVR konnten un-

terhalb des Langkessels auf den Rahmen gestellt werden, wobei ein Hauptluftbehälter auf den rechten Umlauf ausweichen mußte. Außerdem erhielten alle generalüberholten Maschinen einen neuen, geschweißten Stehkessel (mit zwei sichtbaren Wasserständen) unveränderter Konstruktion, der mit dem alten Langkessel durch genietete Rundnaht verbunden wurde. Dies war notwendig geworden, nachdem man an einigen Lokomotiven festgestellt hatte, daß sich die Stehkesselvorderwand und gleichzeitig auch der untere Teil der Feuerbüchsrohrwand merklich wölbten. Als Ursache hierfür werden mitten im Schaft abgerissene benachbarte Stehbolzen angegeben. Die so ausgestatteten Lokomotiven haben zwar ihre alten Betriebsnummern behalten, werden aber allgemein als BR 52[GR] und 52 GR bezeichnet. Diese Unterbauart ist an der Maschine nicht angeschrieben.

Rund dreißig Maschinen der Bauart, die noch als ÜK-Type der BR 50 angearbeitet worden war, erhielten bei der DR lediglich neue Achslagerstellkeile und Mischvorwärmer, ohne daß der Kessel erneuert wurde. Auch sie wurden nicht umgezeichnet, sondern unter den bisherigen Betriebsnummern weiter eingesetzt.

Anläßlich der Generalüberholung nach diesen Richtlinien wurden bei einigen Maschinen der BR 52 umfangreiche Langkesselschäden festgestellt, deren Beseitigung etwa so kostspielig wie ein Kesselersatz veranschlagt werden mußte. Analog den Überlegungen im Sonderausschuß Lokomotiven von 1942, den bewährten Kessel der BR 50 für die Kriegslok zu übernehmen, wurde die Verwendung des Rekonstruktionskessels der BR 50[35] als Tauschkessel für die BR 52 in Erwägung gezogen, was sich auch als durchführbar erwies.

Es sei daran erinnert, daß der Rekonstruktionskessel der BR 50[35] mit gegenüber dem Kessel der BR 50 verkleinerter Rost- und vergrößerter Strahlungsheizfläche aus dem Stehkessel der BR 23[10] mit Verbrennungskammer und einem neuentworfenen Langkessel besteht; ein in allen Teilen geschweißter Kessel mit konischer Erweiterung des Langkessels im VK-Bereich. Die Rostfläche dieses Kessels beträgt 3,71 m²; direkte und indirekte Heizfläche werden mit 17,9 m² und 154,4 m² angegeben, woraus sich eine Gesamtheizfläche von 172,3 m² ergibt. Die Vergrößerung des Strahlungsverhältnisses von $\varphi_s = 4,09$ bei der BR 50 auf $\varphi_s = 4,82$ beim Rekokessel und die Veränderung des Heizflächenverhältnisses von $\varphi_H = 10,18$ auf $\varphi_H = 8,62$ sind Ausdruck der für deutsche Eisenbahnverwaltungen „neuen" Baugrundsätze der Nachkriegsperiode. Geht man von der bei Rekokesseln geläufigen Kesselbelastung von $b_H = 65$ kg/m²h aus, so ergibt

[222] Griebl/Schadow [14], S. 81, Anm. 92; Griebl/Wenzel [15], passim.

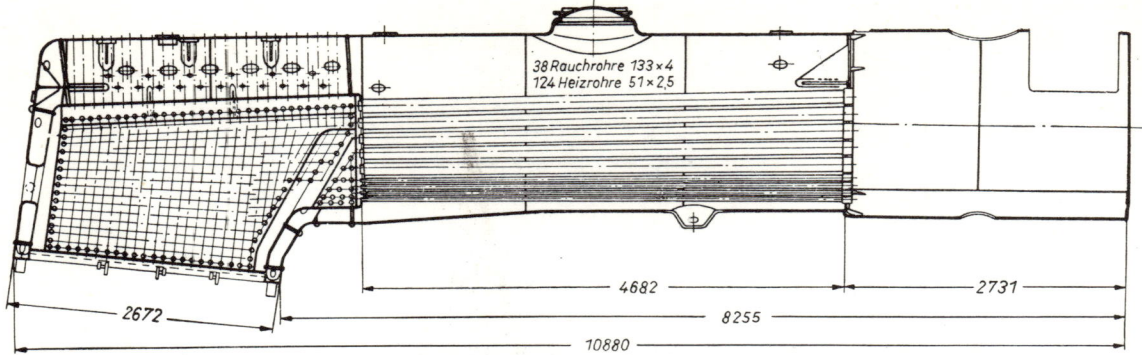

Abb. 156: Neubaukessel der Deutschen Reichsbahn mit Verbrennungskammer für den Umbau zur Type 52[80]

(Aus Schwarze [33], S. 170)

sich bei den Baureihen 50[35], 52[80] (und 58[30]) als Dampferzeugung $D \sim 11\,200$ kg/h; für $b_H = 70$ kg/m²h ist D_N dementsprechend etwa 12 060 kg/h.

Um vollständige Tauschgarantien zu erzielen, sollten im Raw alle Anpassungsarbeiten beim Kesseltausch in den Rahmen der Kriegslok (aus Kostengründen ausschließlich Maschinen mit Blechrahmen) verlegt werden. Sie erhielten anstelle der hinteren Pendelbleche einen neuen Stehkesselträger; alle Langkesselpendelblechhalter wurden versetzt. Wegen des neuen Aschkastens mit unmittelbar unter dem Bodenring liegenden seitlichen Luftklappen mußte eine Rahmenquerverbindung nach vorn verlegt werden. Auch wurden durch den neuen, breiteren Stehkessel eine neue Führerhausvorderwand und eine Teilung der Steuerstange erforderlich. Der damit entstandene seitliche Versatz wurde durch ein Pendel, unter dem Umlauf hängend, überbrückt. Gleichfalls wurde an den Steuerbockbefestigungen in Anlehnung an die BR 50[35] eine Veränderung vorgenommen. Der Steuerbock ist jetzt nicht mehr am Stehkessel, sondern auf einem verstärkten Laufblechträger am Rahmen befestigt, so daß die Steuerung von Längenveränderungen des Kessels unabhängig ist. Der Naßdampfregler nach Schmidt-Wagner blieb jedoch erhalten. Bezüglich der Ausstattung mit Achslagerstellkeilen und Mischvorwärmeranlage gilt das über die Lokomotiven der BR 52[GR] Gesagte. Soweit dies nicht schon vor der Rekonstruktion der Fall war, wurden den Maschinen Wannentender beigestellt.

Die erste der so modernisierten Lokomotiven, die 52 671, verließ im Sommer 1960 das Raw Stendal und wurde als 52 8001[223]) bezeichnet. Ihr folgten bisher Fahrzeuge bis zur Betriebsnummer 52 8200. Ab Lok 52 8186 kamen überdies bei der Rekonstruktion auch Giesl-Flachejektoren[224]) zum Ein-

bau, während die vorher umgebauten Maschinen ihn anläßlich ihrer L 4 erhielten. Da bei der so erzielten Einbauquote von 50 bis 80 Ejektoren pro Jahr der Umbau aller 52[80] aber drei bis vier Jahre in Anspruch genommen haben würde, ordnete die HV der DR mit dem 21. Mai 1968 an, daß mit sofortiger Wirkung anstelle der BR 52[80] (und 50[35]) mit Rekokessel die Baureihen 52 (und 50) mit Altbaukessel mit Ejektor auszurüsten seien. Nach Programmschluß standen bei der Deutschen Reichsbahn 97 Loks BR 52[80] und 158 gewöhnliche Loks BR 52 mit dem Ejektor im Dienst. Für weitere Rekonstruktionen, deren Fortsetzung überhaupt in Frage steht, werden dann diese Lokomotiven herangezogen.

Im Gegensatz zu dem großen Umfang ihres BR-52-Bestandes verfügte die Reichsbahn nur über sehr wenige Maschinen der 2. Kriegsloktype. Es soll sich nur um 49 Einheiten gehandelt haben[225]), die zunächst in Stralsund, Bln.-Schöneweide, Dresden-Friedrichstadt und Karl-Marx-Stadt-Hilbersdorf beheimatet waren. Bis 1963 war bereits ein ganzer Teil ausgemustert, während die restlichen 36 Loks in der Rbd Greifswald zusammengezogen wurden. Dort waren sie bei den Bw Angermünde und Pasewalk im schweren Güterverkehr mit der Rbd Berlin eingesetzt, doch ihre Unterhaltung lief schon bald aus. 1968 wurden 28 Stück, 1969 die letzten 6 Einheiten dieses Musters ausgeschieden.

[223]) Die Gruppe 52[80] war zuvor kurz mit den aus der UdSSR zurückgegebenen Maschinen besetzt. Der Umzeichnungsplan findet sich z. T. bei Griebl/Schadow [14], S. 81, Anm. 99; Griebl/Wenzel [15], passim; Pieper [29], so daß hier darauf verzichtet werden konnte.

[224]) Siehe: Ejektoren-Großprogramm der Reichsbahn beendet. Der Giesl-Ejektor in Deutschand. — In: LOK-MAGAZIN 41 (1970), S. 110—114. Der Einbau von Giesl-Ejektoren in die Kriegslokomotiven anderer Verwaltungen wurde in der Auflage 1970, S. 53—55, ausführlich behandelt.

[225]) Pieper [29], S. 232.

Technische Daten der ausgeführten Lokomotiven

Baureihe		BR 50	BR 52	BR 52	BR 52 Kond	BR 52 Kond	BR 52^{36}	BR 52 MVR	BR 52^{80} Reko	BR 42^{90}	BR 42	BR 42
Anmerkung		[1]	[2],[4]	[2],[3]	[4],[5]	[4],[6]	[2],[6]	[3],[7]	[2],[7]	[9]	[2],[8]	[8]
Betriebs-Nr.		50 001 ff	52 001 ff.		52 1850 ff.	52 1987 ff.	52 3620/3	s. Text	52 8001 ff.	42 9000/1	42 0001/2	42 501 ff.
1. Baujahr		1938	1942		1943	1944	1943	1948	1960	1951	1943	1944
1. Lieferer		He	He	Bors	He	He	KrMa	He	Raw St	He	He/WLF	Schk.
Achsfolge		1'E h 2	1'E h 2		1'E h 2	1'E h 2				1'E h 2	1'E h 2	1'E h 2
Größte Geschwindigkeit V_{gr}	km/h	80/80	80/80		80/50	80/50		80/80		80/80	80/80	80/80
Laufraddurchmesser D_v	mm	850			850	850				850	850	850
Treibraddurchmesser D_T	mm	1 400			1 400	1 400				1 400	1 400	1 400
Fester Achsstand a_f	mm	3 300			3 300	3 300				3 300	3 300	3 300
Gesamtachsstand a_g	mm	9 200			9 200	9 200				9 200	9 200	9 200
desgl. einschl. Tender $a_{(L+T)g}$	mm	18 900	19 000		23 185	21 755		19 000		19 000	19 000	19 000
Länge über Puffer einschl. Tender	mm	22 940	23 055	22 975	27 735	26 205	22 975	22 975		22 975	23 000	23 000
Leergewicht G_{Ll}	t	78,6	76,5	75,9	81,2			79,7		87,6	90,0	86,4
Dienstgewicht Lok G_{Ld}	t	86,9	84,4	84,0	89,1			88,6		98,7	99,6	96,6
desgl. Lok + Tender (2/3 V)	t	135,1	129,8	129,4	155,1	147,3		134,0		144,1	145,0	142,0
Reibungsgewicht G_{Lr}	Mp	75,3	75,5	75,7	78,7			79,1		87,1	88,8	85,5
Größte Achslast $2Q$	Mp	15,2	15,3	15,4	15,7			16,3		18,5	18,3	17,6
Zylinderdurchmesser d	mm	600			600	600				600	630	630
Kolbenhub s	mm	660			660	660				660	660	660
Kesseldruck p_K	atü	16			16	16				16	16	16
Rostfläche R	m²	3,89			3,89	3,89			3,71	3,89	4,71	4,70
Strahlungsheizfläche H_{vs}	m²	15,90	15,9		15,9	15,9	15,8	15,91	17,9	15,9	20,85	19,30
Rohrheizfläche H_{vb}	m²	161,93	161,93		161,93	161,93	157,2	161,93	154,4	105,32	190,14	180,24
Länge der Rohre l_r	mm	5 200			5 200	5 200			4 700	5 200	4 900	4 800
Zahl und Durchmesser der Rauchrohre	mm/mm	35 Stck. / 133×4			35 Stck.	35 Stck.			38 Stck.	28 Stck. / 152×4	35 Stck. / 143×4,25	43 Stck. / 133×4
Zahl und Durchmesser der Heizrohre	mm/mm	113 Stck. / 54×2,5	133 Stck. / 54×2,5		133 Stck.	133 Stck.	107 Stck. / 54×2,5	133 Stck. / 54×2,5	124 Stck. / 51×2,5	42 Stck. / 63,5×3	156 Stck. / 54×2,5	143 Stck. / 51×2,5
Verdampfungsheizfläche H_v	m²	177,83	177,83		177,83	177,83	173,0	177,83	172,3	250,18[10]	210,99	199,54
$\varphi_H = H_{vb} : H_{vs}$		10,18	10,18		10,18	10,18	9,98	10,18	8,62	14,74[10]	9,12	9,34
$\varphi_s = H_{vs} : R$		4,09	4,09		4,09	4,09	4,0	4,09	4,82	4,08	4,43	4,11
Langkesseldurchmesser d_K	mm	1 700	1 700		1 700	1 700	1 700	1 700	1 740/1 840	1 700	2 000	1 900
Wasserinhalt des Kessels W_K	m³	7,75	7,75		7,75	7,75		7,75	8,36	8,45	9,25	9,07
Dampfraum D_K	m³	3,00	3,00		3,00	3,00		3,00	3,74	3,00	3,70	5,0
Verdampfungsoberfläche O_w	m²	10,80	10,80		10,80	10,80		10,80	12,37	10,80	10,48	13,0
Überhitzerheizfläche $H_{ü}$	m²	68,94	68,94		68,94	68,94	63,7	68,94	65,4	63,5	71,20	75,68
Nenndampfleistung D_{res}	t/h	10,1	10,1		10,1	10,1	9,86	10,1	s. Text	s. Text	12,0—13,7	13,0
Indizierte Leistung N_i	PS_i	V 1625	V 1620		V 1520	V 1520		V 1625		V 1630	V 1800	V 1800
Indizierte Zugkraft Z_i (0,8 p_K)	kg	21 720	21 720		21 720	21 720		21 720	21 720	21 720	23 960	23 960
Erster Beschaffungspreis mit Tender	RM	179 000	145 000		238 000	239 000		150 000		176 600		142 000

[1] Maße und Gewichte bei Kupplung mit Tender 2' 2' T 26
[2] Maße und Gewichte bei Kupplung mit Tender 2' 2' T 30
[3] Blechrahmen
[4] Barrenrahmen
[5] Maße und Gewichte mit fünfachsigem Tender 3' 2' T 16 Kon
[6] Maße und Gewichte mit vierachsigem Tender 2' 2' T 13,5 Kon
[7] Mischvorwärmer
[8] Krauss-Wellrohrkessel
[9] Brotan-Wasserrohrkessel
[10] Einschließlich Abgasvorwärmer

Die Kriegslokomotiven
im europäischen Ausland

Die Kriegslokomotiven der Reichsbahn kamen in fast allen Ländern Europas zum Einsatz, die von der Deutschen Wehrmacht besetzt worden oder mit dem Reich verbündet waren. Oft konnten sie, als die Truppen wieder zurückgedrängt wurden, nicht mehr mitgenommen werden, so daß die Bahnverwaltungen der befreiten Staaten sie in ihre Bestände einreihten. Wegen der großen Verluste, welche die Fahrzeugparks während des Krieges erlitten hatten, kamen die anspruchslosen und noch recht neuen Maschinen den Bahnen überall sehr gelegen. In den Jahren nach 1945 sind die Kriegslokomotiven — manche sogar bis zum heutigen Tag — für die Transporte des Wiederaufbaus unentbehrlich gewesen. Zumeist siegte die nüchterne Berechnung ihrer Nützlichkeit über die Versuche, sie als Überbleibsel eines „Betriebsunfalls der Geschichte" so rasch wie möglich auszumustern und zu vergessen.

Aufgrund der günstigeren Quellenlage kann die Nachkriegsgeschichte der Lokomotiven heute als durch die einschlägigen Veröffentlichungen gesichert angesehen werden[226]), so daß hier — um die Wiederholung allzu vieler Details zu vermeiden — nur in groben Zügen geschildert werden soll, welche Bedeutung sie für die Bahnen des Auslands besaßen.

In *Norwegen (NSB)* befanden sich während des Krieges für die Beförderung von Wehrmachtstransporten zahlreiche deutsche Leihlokomotiven, welche die RBD Stettin als Abwicklungsstelle vermittelt hatte. 1945 verblieben dort 74 Loks der BR 52, die als Typ 63 a bezeichnet wurden und ihre deutschen Ordnungsnummern weiterhin trugen. Trondheim war der Einsatzschwerpunkt, dort wurden auch sechs auf Ölfeuerung umgestellte Loks der Reihe 63 a vorgehalten. Ab 1960 wurde der Bestand stark reduziert; 1970 lief in Norwegen die letzte Kriegslok aus.

Bei den Lokfabriken *Belgiens (SNCB)* befand sich 1945 eine Serie der BR 52 im Bau, aus der Cockerill, Haine-Saint-Pierre, Tubize und Franco-Belge in den ersten Friedensmonaten jeweils 25 Einheiten ablieferten. Diese Maschinen wurden zunächst als 2600 bis 2699, später als 26.001 bis 26.100 im Bestand geführt; 1946 wurden hieraus zehn Einheiten von Luxemburg übernommen. 1955 war der Einsatz von mehr als sechzig Loks bereits beendet, 1963 wurden die letzten aus den Verzeichnissen gestrichen. Außerdem befanden sich bei Kriegsende drei Kondensloks der BR 52 in Belgien, die mit den Nummern 2800 bis 2802[227]), später als 27.001 bis 27.003, nur wenig eingesetzt und 1950 an die DB zurückgegeben wurden.

Luxemburg (CFL) errichtete erst nach dem Kriege eine staatliche Bahnverwaltung, die zu ihren älteren Maschinen aus verschiedenen Quellen 40 deutsche Kriegsloks hinzukaufte: Die 10 aus Belgien erhaltenen Loks BR 52 wurden in 56.01 bis 56.10 umgezeichnet; weitere 10 Lokomotiven dieses Typs kamen als 56.11 bis 56.20 aus den französischen Graffenstaden-Werken. Sie wurden 1962 zusammen ausgemustert. Von der 2. Kriegslok, BR 42, beschafften die CFL im Jahre 1949 bei der Wiener Lokfabrik die zwanzig Einheiten 55.01 bis 55.20. Eine zurückgelassene Lok aus deutschen Beständen kam als 56.21 hinzu. 1964 wurden auch sie stillgelegt.

Der Bestand *Frankreichs (SNCF)* an deutschen Kriegslokomotiven setzte sich aus dort zurückgelassenen Fahrzeugen und aus Neubauten zusammen. 25 Reichsbahnmaschinen, darunter eine Kondenslok, der BR 52 aus deutscher Produktion sowie 17 Einheiten der Nachkriegsserie von Graffenstaden wurden in der Reihe 150 Y zusammengefaßt. Bis zur Mitte der fünfziger Jahre standen sie bei der Ostregion im Dienst; 1957 wurde die letzte ausgemustert. Vier Loks wurden an ein nordfranzösisches Grubenunternehmen verkauft und von diesem noch bis 1961 verwendet.

Nachdem *Italien (FSI)* seit September 1943 nicht mehr an den Kriegsanstrengungen des Deutschen Reiches teilnahm, wurde dort eine besondere Wehrmachts-Verkehrsdirektion errichtet. Diese lieh sich ab 1944 über die Abwicklungsstelle der RBD Villach zahlreiche Loks der BR 52, von denen bei Kriegsende 52 Stück in Italien verblieben. Aufgrund eines Abkommens mit den Bahnen der deutschen Westzonen wurden sie von 1947 bis 1951 zurückgegeben. Daneben befanden sich in britischem Auftrag von 1945 bis 1947 aus österreichischem Besitz 10 Loks der BR 52 leihweise in Italien.

Auf dem Gebiet *Österreichs (ÖBB)* befanden sich zur Zeit der Kapitulation mehr als 700 Loks BR 52 und über 100 Maschinen BR 42, von denen in den folgenden Monaten —vor allem aus der sowjetischen Zone — jeweils fast die Hälfte in die UdSSR, nach Ungarn und Jugoslawien abgefahren wurde. Wenden wir uns zunächst der BR 52 zu: Bereits im Sommer 1948 wurden jene etwa 330

[226]) Griebl/Wenzel [15], S. 73—103; Durrant [11]; ferner S. 43—53 der Auflage von 1970; schließlich zahlreiche Aufsätze der in- und ausländischen Zeitschriften.

[227]) In der Auflage von 1970 versehentlich als 2600 bis 2602 bezeichnet; Hinweis von Maurice Hennequin.

Loks in den ständigen Betriebspark der B. B. Österreich eingegliedert, die von WLF gebaut worden waren, da sie im Gegensatz zu den Maschinen deutscher Lieferer nicht als ehemaliges DR-Eigentum (und damit als sowjetische Beute) betrachtet wurden. Zehn dieser Maschinen wurden am 5. November 1951 gegen 15 Einheiten der Reihe 33[1] (113) aus dem sowjetischen Beutebestand eingetauscht. Daneben befanden sich noch Sperrlokomotiven der BR 52 im Land, die zur Führung von Militärzügen dienten und dem ÖBB-Betriebseinsatz nicht zur Verfügung standen. Die letzten 11 dieser Loks wurden erst am 23. März 1953 in die UdSSR abgezogen, nachdem am 19. März 1953 das neue ÖBB-Nummernschema als Zeichen beginnender Souveränität in Kraft getreten war. Damals wurden 270 Loks der Reihe 52 (Blechrahmen) und 37 Loks der Reihe 152 (Barrenrahmen) aufgenommen. Ihr Einsatz erfolgte in fast allen Teilen des Landes; heute stehen noch etwa 160 Loks der BR 52 im Betrieb, während die Barrenrahmen-152 ab 1968 in zehn Exemplaren an die Graz-Köflacher Bahn abgetreten wurden, so daß sie aus dem Park der ÖBB verschwunden sind. Zahlreiche Maschinen erfuhren Abwandlungen von der Ursprungsausführung. So wurde ab 1945 wegen Kohlenmangels mit dem Einbau von Ölhauptfeuerungen begonnen, die jedoch wegen der hohen Brennstoffkosten bis 1958 wieder entfernt wurden. Daneben erhielt eine Reihe von 52ern den aus dem Wannentender entstandenen Kabinentender 9793, der jedoch bei Loks der R 152 keine Verwendung fand. Zur Kesselschonung kamen 1958 an 30 Einheiten R 52 und an 10 Einheiten der R 152 Heinl-Mischvorwärmer zum Einbau; 100 bzw. 36 Lokomotiven der beiden Baureihen erhielten den Giesl-Flachejektor Typ F-2-142-1. Vom versuchsweisen Einbau von Trofimoff-Kolbenschiebern wird gleichfalls berichtet. Diese Teile fanden sich in der Praxis in zahlreichen Kombinationen wieder.

Bei der Baureihe 42 wurden schon ab Oktober 1945 die nicht mehr betriebsfähigen Loks des Bestandes durch eine Floridsdorfer Serie 42 2701 bis 2717 ersetzt, so daß 1953 noch 51 dieser Maschinen in den neuen Plan übernommen werden konnten. In den fünfziger Jahren wurden über fünfzehn Stück ausgemustert, weitere 25 Stück wurden an Ungarn verkauft und dort nur teilweise wieder eingesetzt. 1963 wurden die noch verbliebenen Nachkriegslieferungen abgestellt, die letzten vier Loks schieden 1966 aus.

In der *Sowjetunion (SZD)* befanden sich wohl die meisten der im Ausland verbliebenen 52er. Dort waren etwa 1500 Einheiten als Reihe TE mit den alten Ordnungsnummern im Betrieb. Die Mehrzahl dieser Maschinen war bereits während des Krieges erbeutet worden; weitere Lokomotiven der BR 52 wurden bis 1949 aus den besetzten Gebieten, besonders dem östlichen Deutschland und Österreich, abgefahren. In der UdSSR wurden sie auf Breitspur umgearbeitet und im Laufe der Zeit in unterschiedlichem Umfang mit einer Vielzahl sowjetischer Bauteile ausgestattet, wodurch sie sich in ihrem Äußeren weit vom einstigen Bild der BR 52 entfernten. Da diese Maschinen seit Beginn der sechziger Jahre entbehrlich wurden, konnten sie ab 1963 in rund 700 Exemplaren an die BDŽ, ČSD, DR, JŽ, MÁV und PKP zu günstigen Bedingungen abgegeben werden. Inzwischen ist der Bestand weiter zurückgegangen, so daß neben einer Anzahl konserviert hinterstellter Maschinen nur noch einige Loks für Verkehr von lokaler Bedeutung vorhanden sind. Die Baureihe 42 ist in der UdSSR als Klasse TL bezeichnet worden. Ihr Bestand beschränkte sich jedoch auf wenige Exemplare, die überwiegend erst nach Kriegsende von den sowjetischen Feldeisenbahnen an die SZD gekommen waren.

Nach dem Abzug der deutschen Truppen aus *Polen (PKP)* verblieben dort rund 1100 vorher an der Ostfront und etwa 100 bei der Ostbahn eingesetzte Maschinen der 1. Kriegslokomotiv-Bauart, die aufgrund ihrer Achsfolge (Ty) nach den schon früher in das PKP-Nummernschema aufgenommenen pr G 12 (Ty 1) als Ty 2 bezeichnet wurden. Auch die zu dieser Zeit für die DR bei Cegielski (DWM/Posen) und Chrzanów (Krenau) im Bau befindlichen und bald darauf an die Polnischen Staatsbahnen abgelieferten Lokomotiven wurden noch als Ty 2 in Betrieb genommen, während weitere 83 Einheiten, die zur Deckung des unmittelbaren Nachkriegsbedarfes nach den Plänen der BR 52 produziert wurden, als PKP-Neubauten die Reihenbezeichnung Ty 42 erhielten. Durch diese Praxis fand eine Reihe der bei der Kriegslok angewandten Baugrundsätze auch Eingang in den weiteren polnischen Lokomotivbau; daneben wurde der Wannentender mit 448 Exemplaren der Nachkriegsbaureihe Ty 45 gekuppelt.

Die etwa 200 seit 1963 aus der UdSSR bezogenen TE-Maschinen wurden gleichfalls als Ty 2 bezeichnet, obwohl sie sich durch die Veränderungen bei der SZD inzwischen beträchtlich von der ursprünglichen BR 52 unterscheiden.

Bedenkt man, daß die Baureihe 42 besonders auch für die Strecken der Ostbahn in Polen entworfen worden war, so überrascht, daß nur eine sehr geringe Anzahl als dritte 1'E-Bauart fremder Konstruktion mit Ty 3 bezeichnet wurde. Bald erfuhr aber der Bestand durch die nach deutschen Plänen gebauten Maschinen der Lokomotivfabrik Chrzanów, die im Frühjahr 1945 gerade die Produktionsumstellung von der BR 52 auf die BR 42 vollzogen hatte, eine Aufstockung um 124 Einheiten, die nach ihrem Konstruktionsjahr als PKP-Reihe Ty 43 in Dienst gestellt wurden.

Die etwa 180 in der *Tschechoslowakei (ČSD)* verbliebenen Kriegsloks der BR 52 wurden in die Serie 555.0 eingeordnet; einige Breitspurmaschinen erhielten Nummern ab 555.0600. Hundert aus der UdSSR erhaltene Loks dieser Bauart wurden mit 555.0200 bezeichnet. Ende der fünfziger Jahre begann ein Rekonstruktionsprogramm dieser Baureihe, in dessen Verlauf die Loks Ölfeuerungseinrichtungen und entsprechende Ölbehälter unterschiedlicher Bauarten auf den Wannentendern erhielten. Alle rund 200 ölgefeuerten Loks trugen die neue Baureihennummer 555.3. Aufgrund überdurchschnittlicher Materialermüdung wurden die Maschinen beschleunigt ausgemustert, so daß Anfang 1973 die letzte 555.0 ausschied.

Über die Kriegsloks in *Ungarn (MÁV)* liegen nur wenige Angaben vor. Die dort zunächst verbliebenen etwa 50 Einheiten sollen Anfang der fünfziger Jahre in die UdSSR abgezogen worden sein, und erst spätere Berichte über ihre Zuverlässigkeit und große Einsatzfähigkeit führten zu Nachkriegskäufen von 20 Einheiten mit Blechrahmen in Österreich 1957 und von 100 Einheiten in der Sowjetunion 1963. Letztere wurden zum größten Teil auf Regelspur umgebaut und als 520.001—520.094 bezeichnet. Sechs Lokomotiven der Reihe 520 werden als 520.5001—520.5006 noch auf Breitspurgleisen im Übergangsverkehr mit der UdSSR eingesetzt. Sechs Regelspur-Maschinen wurden an die private Györ-Sopron-Ebenfurter Eisenbahn weitergegeben. Von den Mitte der fünfziger Jahre aus Österreich erhaltenen ehemaligen ÖBB-42ern wurden fünf aus der Nachkriegsserie stammende Maschinen wieder aufgearbeitet und als 501.001 bis 005 in Nyíregyháza stationiert.

Abschließend sollen noch die südosteuropäischen Bahnverwaltungen betrachtet werden, die aufgrund ihrer wirtschaftlichen Beziehungen zum Deutschen Reich schon vor 1945 Kriegslokomotiven besaßen, die teilweise ihre Bestände aber noch stark erweiterten. Das beste Beispiel ist *Jugoslawien (JŽ)*, wo die Serien von SDŽ und HDŽ — allerdings mit einigen Lücken durch Kriegsverluste — als neue Reihe 33 zusammengefaßt wurden. Anstelle der verlorenen Maschinen befanden sich zahlreiche Loks BR 52 der Reichsbahn im Land, deren Anzahl durch Beschlagnahmungen in Österreich bis 1948, als die letzten Maschinen an die JŽ übergingen, weiter zunahm. Zur Stützung des wirtschaftlich schwachen Landes gab 1948 auch die UdSSR 29 noch nicht umgespurte 52er aus ihrem Beutebestand an die JŽ ab. 1952 folgte ein günstiger Kauf von zur Ausmusterung vorgesehenen Maschinen bei der DB; 1963 schließlich wurden wieder von der Sowjetunion Maschinen der Reihe TE übernommen, so daß sich der JŽ-Bestand der Reihe 33 heute wie folgt zusammensetzt:

33 001—015	Neubau SDŽ	1944
016—040	Neubau HDŽ	1944
041—177	Beute von DR	1946
178—179	Beute BR 50	1946
180—211	von ÖBB	1948
212—230	von SZD	1948
231—266	von DB	1952
267—341	von SZD	1963

Daneben laufen im Bergwerk Kreka noch fünf Maschinen mit den Nummern 33 501 bis 33 505 von tschechoslowakischer und sowjetischer Herkunft.

In *Rumänien (CFR)* verblieben neben den ersten 100 Loks nur noch etwa 25 Einheiten der BR 52, die ab Nr. 150.1101 angeschlossen wurden, ferner zwei Maschinen BR 42 mit den neuen Betriebsnummern 150.1201 und 1201, die aus der Sowjetunion gekommen sein sollen.

Die *Bulgarischen Staatsbahnen (BDŽ)* besaßen bei Ende des Krieges von der BR 52 die Lokomotiven 15.01 bis 15.85, kauften 1956 noch 20 und 1961 weitere 10 dieser Loks von der Deutschen Reichsbahn, 20 von den ČSD und etwa 125 Stück von den SZD. Ihr Bestand erreichte damit einen Umfang von etwa 265 Einheiten; sie ist die zahlreichste Dampflokgattung der BDŽ, die sie auf fast allen Strecken, vom schweren Güterzugdienst bis zum Vorort-Personenzugverkehr, einsetzt. Die 33 im Jahre 1952 nach Bulgarien exportierten Wiener Lokomotiven der Reihe 42 stehen fast ohne Ausnahme noch heute als Reihe 16 im Betrieb. Als ihre Beheimatungsschwerpunkte werden Ruse und Gorna Orjahovitza genannt.

In der *Türkei (TCDD)* hat sich am Bestand der intern auch als K 52 bezeichneten Reihe 56.500 kaum etwas geändert. Weitere Maschinen kamen nicht hinzu, größere Ausmusterungen wurden noch nicht vorgenommen. Die Mehrzahl der Loks befindet sich in der westlichen Türkei im Einsatz, so auf der früheren Ottomanischen Bahn Izmir—Aydin. Daneben stellen sie die schwerste Dampflokgattung der TCDD im europäischen Teil der Türkei, wo sie regelmäßig den „Simplon-Orient" und seine späteren Nachfolger beförderten.

Abschließend ist hier zu berichten, daß bislang in drei Ländern Europas deutsche Kriegslokomotiven nach ihrer Ausmusterung nicht verschrottet, sondern der musealen Erhaltung zugeführt wurden. Die betreffenden Bahnverwaltungen beabsichtigten hierdurch einerseits, die Erinnerung an die Besetzung der Länder und an den Tod zahlloser Eisenbahner während des Krieges wachzuhalten, wollten andererseits aber auch ein Dokument der zwanzig Jahre danach aufbewahren, in denen diese Maschinen einen wichtigen Bestandteil ihres Betriebes bildeten. In Norwegen entschloß man sich, die am 8. April 1970 ausgeschiedene Lok 63 a/2770,

also die frühere 52 2770 (Henschel 1944), zur Unterbringung im Eisenbahnmuseum von Hamar herzurichten.

Im Bürgerpark der luxemburgischen Stadt Bettembourg wurde 1966 die Lok 55.13 der CFL als Denkmal aufgestellt, an deren Radreifen die eingeschlagene Reichsbahn-Nummer 42 2718 noch zu erkennen ist, obwohl sie aus einer Wiener Nachkriegslieferung stammt. Der gleichen Herkunft ist eine in Österreich seit 1966 für ein künftiges Eisenbahnmuseum hinterstellte Kriegslok. Es handelt sich um die 42.2708 (Wiener Lokfabrik 1946), die in Wien-Südbahnhof aufbewahrt wird.

Einige Eisenbahnfahrzeuge der Deutschen Wehrmacht

Bei den deutschen Kriegslokomotiven handelte es sich um Fahrzeuge, die der Wehrmacht mittelbar nützten, indem sie der Reichsbahn zur Bewältigung der Rüstungs- und Truppentransporte dienten. Daraus erklärt sich auch ihre eigenartige Stellung in der Kriegswirtschaft, die von ihrer gleichzeitigen Zugehörigkeit zum militärischen und zum zivilen Bereich herrührt. Bereits bei der Behandlung der Kriegslokomotiven wurde vereinzelt darauf hingewiesen, daß die Deutsche Wehrmacht in ihren eigenen Anlagen und im Frontbereich den Bahnbetrieb selbst durchführte, daß sie darüber hinaus auch Waffen und Gerät besaß, die ausschließlich für die Verwendung auf Schienen entwickelt worden waren. Die auf diese Weise entstandenen Fahrzeuge der Wehrmacht waren in ihrem Einsatz vom Netz der Reichsbahn abhängig und wurden deshalb schon bei der Konstruktion mit ihr abgestimmt. Dabei ging man sehr verschwiegen vor: „Über eine Art von bemerkenswerten Schienenfahrzeugen besonderer Bauart schweigt sich aber das vorliegende Heft [d. i. Heft 11/1940; A. G.] aus, und das zur Zeit mit Recht! Es sind dies die seit der Aufrüstung unseres Heeres in enger Zusammenarbeit zwischen der Wehrmacht, Industrie und Reichsbahn entstandenen Schienensonderfahrzeuge. Ingenieure der Reichsbahn und der Industrie, die an diesen Werken der Technik arbeiteten, nehmen es pflichtgemäß gern in Kauf, daß sie ihre Arbeiten der Fachwelt vorenthalten müssen, wenn nur ihre Schöpfungen kräftig dazu beitragen, den uns aufgezwungenen Freiheitskampf siegreich zu beenden."[228] Die

Quellenlage ist dementsprechend ungünstig; nur ein Teil der Wehrmachts-Schienenfahrzeuge ist heute bekannt. Während über die Diesellokomotiven und die Eisenbahngeschütze relativ verläßliche Angaben gemacht werden können, herrscht im Bereich der Wehrmachts-Spezialwagen und der Heeresfeldbahnlokomotiven noch weitgehende Ungewißheit. Während über die Waggons deshalb nur einige allgemeine Bemerkungen gemacht werden können, soll die Geschichte der Heeresfeldbahnlokomotiven einer späteren Gelegenheit vorbehalten bleiben und deshalb hier übergangen werden.

Wehrmachts-Diesellokomotiven

Als die Deutsche Wehrmacht 1934 mit der Entwicklung von Eisenbahngeschützen für die Feldartillerie begann, und als die meisten der neu erbauten Kasernen und Munitionsdepots wegen der günstigeren Versorgung einen Gleisanschluß erhielten, mußte man sich auch mit der Frage der dort einzusetzenden Traktionsmittel beschäftigen. Die Verwendung von Dampflokomotiven schied aus, weil sie bei den häufigen Betriebspausen dieses Dienstes zu hohe Brennstoffkosten verursacht hätte, und weil man der Ausbildung von besonderem Fahrpersonal sowie dem Bau der Behandlungsanlagen aus dem Weg gehen wollte. Nach der Beschaffung einiger dieselmechanischer Lokomotiven mit 150 und 160 PS[229] entschloß man

[228] Geleitwort zum Fachheft „Schienenfahrzeuge besonderer Bauart" der Zeitschrift „Glasers Annalen", von C. Emme-lius, Präsident des Reichsbahn-Zentralamtes Berlin. — In: Glas. Ann. 64 (1940), S. 101.

[229] Einen Teil dieser Lokomotiven, über die weitergehende Unterlagen nicht mehr vorhanden sind, nennt Griebl/Schadow [14], S. 135.

sich 1935 zur Aufstellung einer ganzen Typenreihe von Dieselloks für die verschiedenen Aufgabenbereiche bei der Wehrmacht. Entsprechend den Lieferprogrammen der Motorenindustrie wurden zunächst die vier Leistungsstufen 200 PS, 240 PS, 360 PS und 550 PS vorgesehen. Außerdem wandte man sich der hydrodynamischen Kraftübertragung zu, die von J. M. Voith in Heidenheim angeboten wurde. Einige Prototypen kamen noch 1937 zur Lieferung:

5 Stück 360 PS von O & K mit Getriebe L 37
1 Stück 240 PS von BMAG mit Getriebe L 37
5 Stück 360 PS von BMAG mit Getriebe L 37
2 Stück 240 PS von O & K mit Getriebe L 35
5 Stück 360 PS von O & K mit Getriebe L 37

Sie waren für eine Höchstgeschwindigkeit von 45 km/h ausgelegt, so daß sie für den Transport der Kanonen auf Hauptstrecken nur schlecht geeignet waren. Um hierbei nicht auf Reichsbahn-Güterzuglokomotiven angewiesen zu sein, rüstete man alle fortan gebauten Loks mit einem im Stillstand schaltbaren Vorgelege aus, das zwei Fahrbereiche ermöglichte. Für den Dienst in Depots und Häfen erhielt man so eine große Zugkraft und 30 km/h Höchstgeschwindigkeit, für die Beförderung der Geschütze hingegen das dem übrigen Verkehr angepaßte Tempo von 60 km/h. Um hier schwerere Züge schleppen zu können, wurden Einrichtungen verlangt und entwickelt, um zwei Maschinen gleicher Bauart miteinander zu kuppeln und von einem Führerstand aus zu bedienen. Ab Ende 1937 wurden überwiegend die nachstehend beschriebenen drei Typen beschafft[230]).

a) WR 200 B 14

Robuste zweiachsige Rangierlok, in zwei Grundtypen geliefert, nämlich mit 1000 mm Treibraddurchmesser, 2900 mm Achstand und 7700 mm Länge über Puffer, oder D_T = 1100 mm, a_g = 3200 mm und $L_{üP}$ = 8000 mm. Motorenbauarten Deutz A 6 M 324 (200 PS bei 800 U/min), MAN W 6 V 17, 5/22 (200 PS bei 1000 U/min) oder MWM RH 326 S (200 PS bei 900 U/min), vereinzelt auch DWK MS 24 (220 PS bei 900 U/min). Dienstgewicht zwischen 26 und 31 t. Zum größten Teil mit Voith-Getriebe L 33 y (Bauart Wandler-Kupplung-Kupplung) ausgestattet, Antrieb durch Blindwelle und Treibstangen.

b) WR 360 C 14

Gemeinsame Entwicklung von RZA Berlin, Schwartzkopff und Orenstein-Koppel; meistgebaute Wehrmachtslokomotive. Innenliegender ge-

schweißter Blechrahmen mit asymmetrischen Ausschnitten für drei mit Gleitlagern ausgerüstete Achsen und die Blindwelle, Abstützung über Blattfedern mit Längsausgleichshebeln zwischen erstem und zweitem Radsatz. Teilweise geschweißter Aufbau aus genormten Elementen. Motoren von Deutz (Typ V 6 M 436 mit 360 PS bei 600 U/min) DWK (Typ 6 M 30) und MWM (Typ RHS 235 S). Dienstgewicht etwa 38,5 bis 41,0 t. Kraftübertragung durch Voith-Getriebe L 37 (Bauart W-K-K) auf Stufen- und Wendegetriebe sowie Blindwelle zwischen zweiter und dritter Achse. Bereits 1940 auch in drei Exemplaren für die Reichsbahn selbst (Einsatz im Hamburger Hafen) bestellt und sogar ins Ausland geliefert[231]). 1942 als einzige regelspurige Lok des Wehrmachtsprogramms noch in den KML-Katalog aufgenommen, Produktion aber bald eingestellt. Durch die große Stückzahl wurde sie zum typischen Vertreter der europäischen Dieselhydraulik, aus der viele modernere Bauarten abgeleitet werden konnten. Auch die Bundesbahn ließ eine Serie (V 36⁴) nachbauen.

c) WR 550 D 14

Schwerste Wehrmachtsbauart, Gesamtaufbau den Loks mit 200 PS und 360 PS entsprechend. MAN-Dieselmotor W 6 V 30/38 (550 PS bei 600 U/min). Dienstgewicht 56 t. Voith-Getriebe L 37 z (Wandler-Kupplung-Kupplung), Antrieb über Blindwelle und Treibstangen auf den dritten Radsatz, der mit den übrigen durch Kuppelstangen verbunden ist. Während des Krieges nur in sechs Exemplaren gefertigt, da für den Transport der mittleren Geschütze zu aufwendig. Ihr Verbleib ist unbekannt, vermutlich sind sie während der Kämpfe zerstört worden[232]).

Über die Hersteller dieser drei Gattungen und ihre Anzahlen können, soweit sie mit Voith-Getrieben gebaut wurden, recht verläßliche Angaben gemacht werden (vgl. die folgende Liste). Hydraulische Übertragungen anderer Werke wurden fast nicht verwendet, um die Lokomotiven einheitlich zu halten. Daneben wurden in geringerem Umfang 220-PS-Maschinen mit mechanischer Kraftübertragung[233]) sowie die 15 Einheiten der 360-PS-Bauart DWK, gleichfalls mit Zahnradgetriebe, be-

[230]) Beschreibung auf der Grundlage von Wolfgang Glatte und Lothar Reinhardt: Diesellok-Archiv. — Ost-Berlin 1970; Heinz Kunicki: Deutsche Dieseltriebfahrzeuge gestern und heute. — Ost-Berlin 1966.

[231]) Bredenbreuker: Die Weiterentwicklung der Motorlokomotiven, insbesondere der Kleinlokomotiven der Deutschen Reichsbahn. — In: Glas. Ann. 64 (1940), S. 103—108. Die Lok WR 360 C 14, Fabriknummer 21 183 der Orenstein-Koppel AG, ging als Nr. 8 an die Christmas Island Phosphate Co. Ltd. und wurde deshalb mit Mittelpufferkupplung ausgestattet.

[232]) Für diese Type war die Baureihenbezeichnung V 55 vorgesehen.

[233]) Griebl/Schadow [14], S. 135.

Lieferübersicht der vereinheitlichten dieselhydraulischen Wehrmachtslokomotiven für Regelspur:

Lieferer	Typ	1937	1938	1939	1940	1941	1942	1943	Summe
1. BMAG	B			10	20				30
	C	18	37	30	31	28		4	148
	D			3	1				4
2. Deutz	B				61	5			66
	C		2		14	10	16		42
	D				1				1
3. Gmeinder	B				4	10			14
4. Henschel	C				5				5
5. Jung	B		2		5				7
	C		7		5				12
6. Krupp	B		1						1
	C		4						4
7. O & K / MBA	B		1		10				11
	C	24	14	9	34				81
	D				1				1
Summe Typ WR 200 B 14			4	10	100	15			129
Summe Typ WR 360 C 14		42	64	39	89	38	16	4	292
Summe Typ WR 550 D 14				3	3				6

schafft[234]), die jedoch nur als Versuch zu werten sind, Anschaffungs- und Betriebskosten zu verringern. Ihre Zugkraftunterbrechungen während der Schaltvorgänge ließen sie gegenüber den Loks mit hydrodynamischem Antrieb in den Hintergrund treten.

d) Typ D 311 (V 188)

Gleichzeitig mit dem Entwicklungsauftrag über das schwere Eisenbahngeschütz „Dora" erhielt die Firma Krupp im Jahre 1937 von der Wehrmacht die Mittel, um die zu seinem Transport erforderlichen Traktionseinrichtungen zu planen. Die hydraulische Lokomotive WR 550 D 14 war dafür noch zu schwach, doch stand in dem MAN-Motor W 6 V 30/38 mit Aufladung eine Maschine von 1050 PS bei 700 U/min zur Verfügung. Mit ihm war 1938 eine diesel-elektrische 4200-PS-Schnellzuglok für den Paris—Nizza-Expreß ausgestattet worden, auf deren Konstruktion man in einigen Teilen zurückgreifen konnte. Die Verwendung der elektrischen Kraftübertragung war auch deshalb erwünscht, weil die Lokomotive dann als fahr-

bare Kraftstation auch den Strom für die Montagekräne beim Aufbau des Geschützes sowie beim Betrieb der Munitionsaufzüge liefern konnte. Somit entstand die schwerste Diesellokomotive der Deutschen Wehrmacht, Typ D 311, als Doppellok zu 2 × 1050 PS auf zwei vierachsigen Fahrgestellen. Jede Lokhälfte besaß nur einen Führerstand; anders als die kleinen dieselhydraulischen Maschinen konnten sie im Betrieb nur schwer voneinander getrennt werden. Krupp lieferte als D 311.01 A/B bis D 311.04 A/B insgesamt acht Einzelfahrzeuge, und zwar mit den Fabriknummern 2198/2199 und 2200/2201 am 22. Oktober 1941, sowie mit den Fabriknummern 2468/2469 und 2470/2471 am 25. August 1942. Außer diesen vier Doppellokomotiven sollten noch weitere zwei Exemplare gebaut werden, kamen jedoch wegen der Zerstörung der Krupp-Werkstätten bei den Luftangriffen auf Essen nicht mehr zur Ablieferung.

Den elektrischen Teil der Maschinen baute Siemens-Schuckert. Er bestand aus dem Hauptgenerator, dem Erregergenerator sowie den vier Fahrmotoren (Achsfolge Do + Do). Jeweils zwei Fahrmotoren sind parallel geschaltet; diese Paare können wahlweise hintereinander oder auch parallel

[234] Günter Kästner: Die 360-PS-Diesellokomotiven Bauart DWK. — In: LOK-MAGAZIN 40 (1970), S. 74—77; Horst J. Obermayer: Taschenbuch Deutsche Diesellokomotiven. — Stuttgart 1972, S. 92—95.

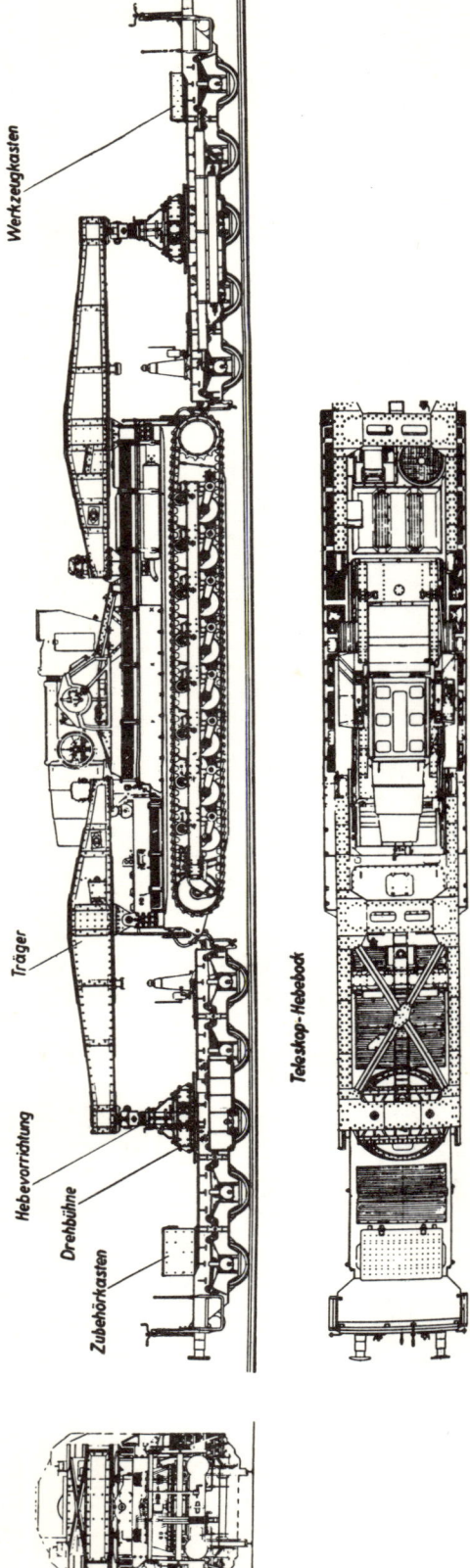

(Aus v. Senger [35], S. 144)

Werkzeugkasten

Träger

Hebevorrichtung

Drehbühne

Zubehörkasten

Teleskop-Hebebock

Abb. 157: Eisenbahntransportwagen für das Geschütz „Karl"

betrieben werden. Ein Fahrschalter hat acht Laststufen, ein weiterer drei Drehzahlstufen und zwei Richtungsstellungen. Auf jedem Führerstand befinden sich Steuerungs- und Überwachungsanlagen für die Maschinen von zwei Sektionen. Die Höchstgeschwindigkeit betrug auch bei diesen Loks 60 km/h.

Ihr Einsatz erfolgte nicht nur mit der „Dora"-Kanone vor Sewastopol, sondern angesichts dessen auf ein Exemplar beschränkter Anzahl auch vor anderen Kanonen der Heeresartillerie. So wurden die Doppellokomotiven auch an der rumänischen Schwarzmeerküste und an der Kanalküste[235]) gesehen. Die Deutsche Bundesbahn erhielt nach dem Krieg aus verschiedenen Quellen drei Doppeleinheiten dieses Typs, wovon sie zwei Stück als V 188 001 a/b und 002 a/b wieder herrichten ließ. Das dritte Fahrzeug wurde nicht mehr aufgearbeitet. Die beiden betriebsfähigen Lokomotiven wurden 1957/58 mit neuen Motoren ausgestattet, später in die Baureihe 288 umgezeichnet und 1970/1972 ausgemustert.

Einige Spezialwagen der Wehrmacht

Vorab sei bemerkt, daß auch die später noch besprochenen Eisenbahngeschütze und die einzelnen Waggons der Panzerzüge als Privatwagen in den Bestand der Reichsbahn eingestellt waren, daß hier aber ein Bild des Fahrzeugparks der Wehrmacht für ihre vielfältigen Spezialtransporte skizziert werden soll. Sie verfügte unter anderem über Wagen zur Beförderung von Fliegerbomben und von Torpedos für die Marine, die aus zwei- und dreiachsigen gedeckten Güterwagen abgeleitet und mit Ladeöffnungen im Dach sowie mit Lagergerüsten im Inneren ausgestattet waren. Zum Versand der verschiedenen Treibstoffe besaß sie eine Vielzahl von Kesselwagen, ferner einen geringen Bestand an gewöhnlichen gedeckten und offenen Güterwagen für allgemeine Aufgaben.

Einen erheblichen Teil des Wagenparks der Wehrmacht, der darüber hinaus noch durch Fahrzeuge von der Deutschen Reichsbahn erweitert werden konnte, bildeten die Tieflader zum Transport von Panzern und schweren Geschützen über längere Strecken, um diese Waffen in die Nähe der Front zu bringen. Wenn auch aus Gründen der Be-

[235]) Der fundierteste Versuch ihrer Geschichte stammt von Ralf Roman Rossberg: Die Diesellokomotiven der BR 288. Für den Krieg projektiert — aber auch im friedlichen Eisenbahnverkehr eingesetzt. — In: Lokomotivtechnik 8/1972, S. 51—56, mit zahlreichen Verweisen.

schaffungsvereinfachung von Reichsbahn und Wehrmacht häufig die gleichen Modelle angeschafft wurden, kam es doch zu einigen auffälligen Konstruktionen. Ein Beispiel bilden die Schnabelträgerwagen für den schweren 60-cm-Mörser „Karl", dessen Selbstfahrlafette mit 12-Zylinder-Dieselmotor von 580 PS nur 10 km/h Fahrgeschwindigkeit erreichte. Das Geschütz war 11,15 m lang, über 3,15 m breit und 4,78 m hoch. Es wog 124 t. Für die sieben Einheiten wurden jeweils zwei fünfachsige Drehgestelle mit Tragvorrichtung gebaut, in die der Mörser eingehängt werden konnte. Das Gesamtfahrzeug maß über Puffer 32,0 m und besaß 18 t Achsdruck. Um das Eisenbahn-Transitprofil einzuhalten, ließ sich der mit einer Brücke zusammengefaßte Teil der Rohrrücklaufeinrichtung oberhalb des Rohres abnehmen. Schließlich wurden sogar Versuche unternommen, den Mörser über mittlere Strecken auf vier Culemeyer-Straßenrollern zu befördern. Ein Teil der von Rheinmetall gebauten Geschütze war auch mit 54-cm-Rohr bestückt[236].

Daneben sei erwähnt, daß die Wehrmacht auch über eine größere Anzahl von Fahrzeugen verfügte, die von der Reichsbahn längerfristig abgegeben waren: Von ihren 1125 Triebwagen mit eigener Kraftquelle, die zu Kriegsbeginn wegen Brennstoffmangels stillgelegt werden mußten, hatte das Militär 1942 immerhin 207 Stück im Einsatz.

Allgemein läßt sich sagen, daß in der zweiten Kriegshälfte die vorher geübte Trennung von Reichsbahn- und Wehrmachtswagen ähnlich wie in der Frage der Lokomotiven nachließ. Die Ausrüstung von Plattform- und Rungenwagen mit Flugabwehrwaffen, der Bau von Panzerzügen aus den gerade verfügbaren Waggons und die Unmöglichkeit, bei den großen betrieblichen Schwierigkeiten Privatfahrzeuge noch als solche zu behandeln, waren Ergebnisse des Entschlusses zum totalen Krieg.

Panzerzüge und Panzerdraisinen

„Der wesentliche Unterschied der gepanzerten Eisenbahnfahrzeuge gegenüber den anderen gepanzerten Kampffahrzeugen [. . .] beruht auf ihrer Gebundenheit an das Schienennetz. In dem gleichen Maße, in dem das Kraftfahrzeug unter Verdrängung der Eisenbahn den Verkehr übernahm, ist auch in der Führung des Kampfes aus der Bewegung das Schienenfahrzeug gegenüber dem Kraftfahrzeug zurückgedrängt worden. Bedenkt man, daß der Kampfwagen im Grunde nichts anderes ist als ein Räderfahrzeug, das sich selbst seine „Schienenbahn" in Gestalt seiner Gleisketten durch das Gelände legt, so versteht man sofort den Grund für die militärische Entwertung der gepanzerten Eisenbahnfahrzeuge.

Dort aber, wo die Eisenbahn die einzige Verkehrsader ist, die dadurch zum Lebensnerv eines Kriegsgebietes wird, da wird auch der Panzerzug und die Panzerdraisine noch immer das Feld behaupten, besonders dann, wenn es sich um große zu überbrückende Entfernungen handelt. Ebenso bleibt das gepanzerte Eisenbahnfahrzeug für den Schutz von Bahnlinien in gefährdeten Gebieten und für begrenzte angriffsweise Unternehmungen entlang solcher Bahnstrecken von Bedeutung. So kann man für europäische Gebiete als eng umrissene Aufgabengebiete eigentlich nur den Grenzschutz und den Bahnschutz angeben"[237].

Mit diesem Auszug aus der Dienstvorschrift 612 der Deutschen Wehrmacht sind die taktischen Aufgaben der gepanzerten Eisenbahnfahrzeuge auch für den späteren Einsatz in den besetzten Gebieten festgelegt worden. Tatsächlich kamen Panzerzüge sowohl in der Sowjetunion wie auch in Frankreich und Belgien zum Einsatz, deren Art und Ausführung stark von den zur Verfügung gestellten Bauteilen abhing. Um nämlich die übrige Heeresrüstung nicht zu stark zu belasten, wurden zum Bau gepanzerter Eisenbahnfahrzeuge neben den Stahlplatten in erster Linie erbeutete oder nur noch in Restbeständen vorhandene Loks, Wagen, Geschütze und Panzerkampfwagen freigegeben. Hierzu wurden meistens relativ leichte Bauarten ausgewählt, die auch mit der Panzerung nicht die Achslastgrenzen überschritten. Die Heeres- und Eisenbahnwerkstätten hinter der Front haben auf diesem Gebiet häufig improvisiert und nach eigenen Zeichnungen gearbeitet; zu größeren Serien kam es kaum. Schließlich wurden auch die unversehrt in deutsche Hände gefallenen Panzerzüge anderer Mächte weiterverwendet.

Hinsichtlich der Konstruktion unterscheidet man Panzerzüge, Panzerdraisinen und gepanzerte Eisenbahnwagen. Letztere dienen mehr dem Schutz der Insassen als einem Kampfzweck, sind allerdings bei den deutschen Truppen selten gewesen. „Eine Steigerung des Kampfwertes bedeutet schon die Aufstellung eines Buggeschützes im vordersten Wagen. Von der behelfsmäßigen Herrichtung sol-

---

[236] Robert Böhm: Das Geschütz „Karl". Ein 60-cm-Mörser auf Selbstfahrlafette. — In: Wehrtechnische Monatshefte 56 (1959), S. 198—208; v. Senger [35], S. 144.

[237] Heigl [17], S. 703.

cher Fahrzeuge bis zum allseitig gepanzerten Bug-
wagen mit Geschützturm sind viele Zwischenfor-
men möglich und tatsächlich verwendet worden.
Von einem neuzeitlichen Panzerzug verlangt man
die Ausstattung mit mindestens 4 Geschützen, die
alle möglichst 360° Richtfeld haben, mit Maschi-
nengewehren — zum Teil in ausschiebbaren Erkern
zur Längsbestreichung der Gleise entlang des Zu-
ges, mit Minenwerfern, großem Entfernungsmeßgerät und Funkstation. Meistens wird ein solcher
Zug aus zwei gegeneinander gekuppelten Halb-
zügen bestehen [. . .] Die gepanzerte Lokomotive
befindet sich dann in der Mitte. Bei kleineren
Zügen schiebt die Lokomotive den gefechtsberei-
ten Zug gegen den Feind, jederzeit bereit, das Ge-
fecht wieder abzubrechen. Der oder die Mannschaftswagen befinden sich in der Regel vor oder
hinter der Lokomotive. Stets müssen ein oder
mehrere Plattformwagen zur Zugsicherung gegen
Minen, ‚Brander‘ (entgegengestoßene Wagen mit
Sprengladung), ‚wilde Züge‘ (in höchster Geschwindigkeit entgegengelassene, unbesetzte Maschinen) und zur Beförderung von Streckenbau-
gerät vorangeschoben werden"[238].

„Der Zug-Typ EP 42 hatte eine gepanzerte Lokomotive, 6 bewaffnete und gepanzerte Infanterie-,
Artillerie- und Flak-Wagen. Die Bewaffnung bestand in der Regel aus zwei 10,5-cm-Kanonen
oder Haubitzen, einem 2-cm-Flak-Vierling, einer
7,62-cm-(r)-Kanone (Pak), zwei 8,1-cm-Granat-
werfern, einem schweren, 22 leichten MG's und
hatte eine Besatzung von 113 Köpfen"[239].

In der Sowjetunion wurden sie häufig bei Kri-
senlagen eingesetzt und deshalb dem General-
inspekteur der Panzertruppen unterstellt. Die Fertigung von Panzerzügen in einzelnen Ausbesserungswerken lief selbst bis Januar 1945 noch
weiter, ehe Speer die dort eingesetzten Arbeiter
und Werkstoffe dem Bau von Panzerkampfwagen
zuführte[240].

Die ursprünglich in schwerer und leichter Bauart
vorgesehenen Panzerdraisinen, also nach Trieb-
wagenart einzeln laufende gepanzerte und bewaffnete Fahrzeuge für Aufklärungs- und Sicherungs-
aufgaben, sind von der Wehrmacht nur in geringem Umfang benutzt worden. Die an der Ostfront eingesetzten Wagen waren deshalb keine
Neukonstruktionen, sondern Umbauten, etwa aus
beschädigten deutschen Kampfpanzern. Eine ver-
einheitlichte Serie dieser Fahrzeuge entstand, als

rund 40 Stück französischer Panzerspähwagen
P 204 (f) Panhard 38, von dem etwa 190 Einheiten vorgefunden worden waren, für den Bedarf
im Ostfeldzug umgebaut wurden, um Eisenbahn-
transporte in Partisanengebieten zu schützen. Der
8,5 t schwere Wagen besaß einen 105-PS-Motor,
mit dem er 80 km/h erreichte[241].

Daneben wurden in gewissen Serien die Lastwagen
der DR und von der Industrie eingezogene Lastwagen, so der 1,5-t-Steyr-Lkw, zu Draisinen für
den Baudienst umgearbeitet, ferner Volkswagen
mit Zusatz-Räderscheiben für Schienenfahrt ausgerüstet[242].

Eisenbahngeschütze
des Zweiten Weltkriegs

Bereits im Ersten Weltkrieg hatte die Fähigkeit
der Eisenbahn, auch sehr große Lasten vergleichsweise schnell befördern zu können und unabhängig vom Straßenzustand zu sein, zur Entwicklung
und zum Bau von Eisenbahngeschützen geführt.
Es hatte sich überwiegend um schwere Marinerohre
gehandelt, die im Küstenschutz und als schweres
Flachfeuer auf größere Entfernungen zum Einsatz
kamen. Wegen der hohen Entwicklungs- und Bau-
kosten konnten diese Waffen nur in kleiner Zahl
verwendet werden. Nach den Vorschriften des
Versailler Vertrages wurden sie verschrottet; die
Reichswehr wurde auf diesem Gebiet nicht aktiv.
Obwohl die strategische Bedeutung der Eisenbahngeschütze, die ihnen durch die Bedrohung des vom
Frontgeschehen unberührten Hinterlands innewohnte, in den folgenden Jahren durch die Entwicklung der Luftwaffe und den Bau schwerer
motorisierter Artillerie schon wieder zurückging,
entschloß sich der Generalstab aufgrund der Erfahrungen mit dem „Paris-Geschütz" von 1918
bereits im Jahre 1934, für diese Aufgabe wieder
modernere Waffen mit 21 cm und 28 cm Kaliber zu beschaffen. Da deren Entwicklung jedoch
einige Jahre zu dauern versprach, dem Heer aber
allgemein Geschütze für schweres Flachfeuer fehlten, wurde 1936 das „Sofort-Programm" zum
Aufbau der Eisenbahnartillerie eingeleitet. Es sah
die Verwendung vorhandener Kanonenrohre samt
Wiege und Rücklaufeinrichtung aus Marinebestän-
den vor, wo sie ausgemusterten Schiffen und der
Reserve entnommen wurden. Die Rohre wurden

[238]) Ebenda.

[239]) Lusar [21], S. 92.

[240]) Ebenda, S. 91.

[241]) Boelcke [8], S. 462.

[242]) Ebenda, S. 279.

der Firma Krupp zugestellt, welche die dazu passenden Lafetten-Tiefladewagen in herkömmlicher Nietenbauweise und die Hilfseinrichtungen baute. Entsprechend der geringen Stückzahl und der unterschiedlichen Herkunft der Rohre handelte es sich fast um individuelle Fertigung. So entstanden bis zum Ende der dreißiger Jahre verschiedene Typen, die sich nur im wagenbaulichen Teil ähnelten, mit Kalibern von 15 bis 28 cm. Ihre Konstruktion hatte sich nach bestimmten Eigenheiten des Eisenbahntransports auszurichten:

a) Das Geschütz muß profilgängig sein;

b) Das Rohr muß so hoch liegen, daß das Bodenstück entsprechend dem Schußwinkel nach unten ausschwenken kann;

c) Für den Rücklauf des Rohrs muß Raum vorgesehen werden;

d) Der Wagen muß die Reaktionskräfte beim Abschuß aufnehmen und an die Schiene weitergeben können;

e) Kleinere Geschütze müssen eine Rundumlafette erhalten, mittlere Kanonen eine eigene Drehscheibe, um die grobe Seitenrichtung herzustellen. Schwerste Eisenbahnartillerie benutzt eine Schießkurve.

Diese Regeln galten auch für die neueren Modelle, bei denen sich die geschweißte Bauart immer stärker durchsetzte. In ihrer Eigenschaft als Eisenbahnfahrzeuge waren die Kanonen vom Oberkommando des Heeres wie Privatwagen in den Park der Deutschen Reichsbahn eingestellt. Sie trugen Wagennummern der Gruppen 918 000 P und 919 000 P, ebenso ihre Richtdrehscheiben. Als Heimatbahnhof war Wustermark Vbf angeschrieben. In ihrer Eigenschaft als Kriegswaffen waren sie in der Regel paarweise Batterien der Heeresartillerie zugeteilt[243]. Als ihr Hauptaufgabengebiet bildete sich die Küstenverteidigung an der Westfront heraus, wo auch in größerem Umfang Tunnel, Gleisanlagen, Schutzkuppeln aus Beton und unterirdische Stollen zu ihrem Einsatz vorbereitet wurden. Trotz der engen Fesseln für die Konstruktion, und trotz der Abhängigkeit der Waffen von der Eisenbahn, die möglicherweise Luftangriffen und Anschlägen ausgesetzt sein konnte, besaß die Wehrmacht folgende Typen:

a) 15-cm-Kanone (E)

Profilgängiges Eisenbahngeschütz mit Rundumlafette auf zwei dreiachsigen Drehgestellen, beidsei-

tig je zwei absenkbare Stützen. Schiffskanone S. K. L/40[244].

b) 17-cm-Kanone (E)

Auf dem gleichen Fahrgestell wurden auch Rohr und Wiege der 17 cm S. K. L/40 aufgebaut. Beide Typen waren durch die seitliche Abstützung mit dem Nachteil behaftet, daß ein Stellungswechsel mehr Zeit benötigte als bei einer Waffe mit freiem Rücklauf auf dem Gleis. Insgesamt wurden 1938 zehn Stück der sechsachsigen Ausführungen hergestellt.

c) 20-cm-Kanone (E)

Profilgängige Eisenbahnkanone auf zwei vierachsigen Drehgestellen, auf jeder Seite zwei absenkbare Stützen. Aufgebaut wurde die 20,3 cm S. K. C/34, mit der die schweren Kreuzer der „Admiral Hipper"-Klasse armiert waren. Da das Marinekaliber 20,3 cm beim Heer nicht verwendet wurde, sollten später die ausgeschossenen Rohre gegen den Typ 21 cm K. 38 ausgetauscht werden. Von 1936 bis 1941 wurden acht Exemplare fertiggestellt. Zur Seitenrichtung wurde im Zuge eine Drehscheibe mitgeführt, die auf das Eisenbahngleis aufgesetzt werden konnte.

d) 24-cm-Kanonen „Theodor Bruno" (E) und „Theodor" (E)

Mit Rücksicht auf die Höhe des Rückstoßdrucks war beim 24-cm-Geschütz eine Rundumlafette nicht mehr möglich. In den auf zwei vierachsigen Drehgestellen laufenden Brückenrahmen wurden von den Linienschiffen der ehemaligen „Wittelsbach"-Klasse die 24 cm S. K. L/35 (1936 bis 1939 sechs Stück bei Krupp, Typ „Theodor Bruno") und von den Linienschiffen der „Deutschland"-Klasse die 24 cm S. K. L/40 (1936/37 drei Stück bei Krupp, Typ „Theodor") montiert, letztere mit längerem Rohr und größerer Schußweite.

e) 28-cm-Kanonen „Kurze Bruno" (E), „Lange Bruno" (E) und „Schwere Bruno" (E)

Für verschiedene Rohre der in den zwanziger Jahren abgewrackten Linienschiffe der „Deutschland"-Klasse sowie der Schlachtkreuzer „Moltke" und „Seydlitz" wurde im Sofortprogramm ein auf zwei fünfachsigen Drehgestellen laufendes Einheitsfahrgestell in 13 Exemplaren gebaut. Zwischen 1936 und 1938 kamen

8 Stück „Kurze Bruno" 28 cm S. K. L/40
3 Stück „Lange Bruno" 28 cm S. K. L/45
2 Stück „Schwere Bruno" 28 cm S. K. L/42

---

[243]) Die anschließende Darstellung folgt im wesentlichen Lusar [21] und [22], v. Senger [35]. Dipl.-Ing. Franz Kosar bin ich für seine Hilfe sehr verpflichtet.

[244]) Die Kanonen waren zum Teil mit einem kleinen Splitterschutz an der Stirnseite ausgerüstet, während das geschlossene Gehäuse ein Kennzeichen der Marine-Eisenbahnbatterie „Gneisenau" war. Die Angabe L/40 bezeichnet die sogenannte Kaliberlänge, also die Länge des gezogenen Rohrteils, ausgedrückt in Kalibern.

zur Lieferung, deren Daten in Abhängigkeit von den benutzten Rohren und Wiegen gewisse Unterschiede aufweisen.

f) 28-cm-Kanone „Neue Bruno" (E)

Während der Herstellung und Erprobung der drei vorangegangenen „Bruno"-Bauarten forderte das Heereswaffenamt bis zum Jahre 1939 eine erhebliche Vergrößerung der Schußweite bei den 28-cm-Eisenbahngeschützen. Obwohl gleichzeitig die Entwicklung der 28-cm-Waffe K 5 (E) ihrem Ende zuging, plante und baute Krupp ein modernes Rohr für das zehnachsige „Bruno"-Fahrgestell. Von dieser Übergangstype wurden nur noch drei Exemplare bestellt, deren Auslieferung erst zwischen Ende 1940 und Anfang 1942 erfolgte.

Mit dem Bau dieser Kanone war das Sofort-Programm von 1936 mit allen Folgen ausgelaufen. In den Kalibern von 21 cm und 28 cm erwartete man nach neueren ballistischen Grundsätzen entworfene Rohre von größerer Schußweite und Durchschlagskraft. Außerdem hatte sich das Oberkommando des Heeres entschlossen, auf schwerere Kaliber überzugehen und dazu mehrlastige Eisenbahngeschütze fertigen zu lassen, die in der Feuerstellung erst aus der Ladung mehrerer Züge zusammengebaut werden mußten.

g) 21-cm-Kanone K 12 L/196 (E)

Die Entwicklung des Typs K 12 begann bei Krupp bereits im Jahre 1934, um in Anlehnung an das 21/26-cm-„Paris-Geschütz" des Ersten Weltkriegs eine moderne Fernkanone zu erhalten. Bereits bei der Konstruktion wurden das 33,3 m lange Rohr und die Lafette aufeinander abgestimmt. Der Wagen besaß vorn ein Paar fünfachsiger und hinten ein Paar vierachsiger Drehgestelle, jeweils durch einen Brückenträger miteinander verbunden. Auf diesen Rahmen ruhte ein weiterer Träger mit der Rohrwiege, die zur Gewinnung der nötigen Bodenfreiheit für den Rohrrücklauf beim Schuß um 1,0 m hydraulisch angehoben werden mußte. 1937 wurde der erste Probeschuß durchgeführt, 1940 kam die Waffe K 12 zur Truppe. Sie wog 302 t, war einlastig und profilgängig. Die Schußweite mit 107-kg-Sprenggranaten betrug 115 km, mit unterkalibrierten Geschossen 140 km. Das Rohr sollte eine Lebensdauer zwischen 100 und 150 Schuß haben.

Ein solches Ferngeschütz war taktisch jedoch dadurch überholt, daß die „Beunruhigung des Hinterlandes" nach Kriegsbeginn fast ausschließlich Aufgabe der Luftwaffe geworden war. Die Entwicklung der K12 war daher eine Verschwendung von Material und Arbeit, die nur als Forschungsvorhaben gerechtfertigt werden konnte[245]. Auf

dieser Erkenntnis und auf die Bevorzugung stärkerer Kaliber ist es zurückzuführen, daß außer dem Muster Nr. 919 301 P bei der Heeres-Eisenbahn-Artl. Abt. 702, Batterie 701, weitere Geräte nicht gefertigt wurden. Die Abteilung, zu der noch die Batterien 710 und 713 mit jeweils zwei 28-cm-„Bruno"-Kanonen gehörten, stand zunächst im Raum Calais, wurde im September 1944 an die Scheldemündung verlegt und dort schließlich gesprengt.

h) 28-cm-Kanone K 5 (E)

Auch das Eisenbahngeschütz K 5 wurde ab 1934 in Essen entwickelt. Es handelte sich um ein profilgängiges Modell auf zwei sechsachsigen Drehgestellen, von dem 30 Stück bestellt waren, und das 1940 in acht Exemplaren, bis 1945 in 25 Exemplaren vorhanden war. Damit ist es das typische deutsche Eisenbahngeschütz des Zweiten Weltkriegs. Auf eine Batterie Heeresartillerie entfiel eine Kanone K 5, zu deren Transport zwei Eisenbahnzüge liefen. Der erste Zug, bespannt mit der Loktype WR 360 C 14, beförderte das Geschütz, die Mannschaftswagen sowie die Ausrüstungs- und Munitionswagen. Im zweiten Zug befanden sich weitere Munitionswagen (Ausstattung 113 Schuß) sowie die als ständiges Geschützzubehör beigegebene Drehscheibe für die grobe Seitenrichtung. Diese Scheibe hatte 29 464 mm Durchmesser, bestand aus einem zentralen Antriebsteil und 16 Kreisgleis-Segmenten und sollte den Zug von Schießkurven unabhängig machen. Daneben enthielt der Zug II einen Aufbaukran und einen dieselgetriebenen Spezialwagen zur Munitionierung[246].

Das Rohr als Neuentwicklung brachte zunächst einige Schwierigkeiten mit sich; es wurde als Tiefzug in zwei Varianten, als Vielzug mit konischer Bohrung und auch glatt eingebaut. Die Lebensdauer schwankte zwischen 240 und 550 Schuß. Bei einigen Ausführungen der Kanone K 5 wurden Versuche mit flügelstabilisierten und unterkalibrierten Geschossen (bis 160 km Schußweite) und mit Geschossen mit Raketen-Zusatzantrieb (bis 86,5 km) vorgenommen. 1943 forderte der Generalstab, wegen der zunehmenden Zerstörung der Bahnstrecken sei die K5 unabhängig von der Schiene zu machen und in drei Lasten auf Tiger-II-Fahrgestellen zu befördern, doch wurde diese Ausführung nicht mehr truppenreif. Zwei dieser Geschütze waren 1944 an der Anziofront eingesetzt und wurden amerikanische Beute, da die Bahnverbindungen einen Rücktransport nicht mehr zuließen. Ein Eisenbahngeschütz K 5 (E) wurde daraufhin nach dem Ordnance Museum, Aberdeen, Maryland, in den USA verbracht.

---

[245] Lusar [21], S. 44, und [22], S. 98; v. Senger [35], S. 158.

[246] v. Senger [35], S. 156.

Abb. 158: Die leichten deutschen Eisenbahnkanonen von 15 cm (vorn und Mitte) und 17 cm Kaliber (hinten) waren auf sechsachsigen Tiefladewagen aufgebaut, die mit Rundumlafette und seitlichen Stützen ausgerüstet waren. Die drei Kanonen waren zu einer Batterie zusammengefaßt; die Aufnahme entstand 1940 im Westen.
(Foto: Ullstein Bilderdienst)

Abb. 159: Die von der Marine aufgestellte Eisenbahnbatterie „Gneisenau" verfügte über vier neuere 15-cm-Kanonen L/45, die mit einem Gehäuse als Splitterschutz verkleidet waren.
(Foto: Ullstein Bilderdienst)

Abb. 160: Auf einem geräumten Rangierbahnhof an der Kanalküste haben zwei mittlere Eisenbahnbatterien, ausgerüstet mit der 24-cm-Kanone „Theodor Bruno", Stellung bezogen.
(Foto: Bundesarchiv Nr. PK 27/1471/32)

Abb. 161: Bei der 20-cm-Kanone war der Einbau in Rundumlafetten bereits nicht mehr möglich, so daß ihr eine eigene Drehscheibe beigegeben wurde. Deutlich ist die genietete Bauart des Brückenträgers zu erkennen.
(Foto: Bundesarchiv Nr. MW 6753/15)

Abb. 162: Auch die mittelschweren 28-cm-Kanonen aus der „Bruno"-Serie des Sofortprogramms der Jahre 1936 bis 1938 waren teilweise noch mit genieteten Brückenrahmen auf fünfachsigen Drehgestellen ausgestattet.
(Foto: Bundesarchiv Nr. PK 256/1224/3)

Abb. 163: Zum Transport über längere Strecken wurden die Eisenbahngeschütze mit einem Metallgerüst umgeben, über das Planen gedeckt wurden. Die abgebildete 28-cm-Kanone besitzt bereits einen geschweißten Rahmen und geschweißte fünfachsige Drehgestelle.
(Foto: Bilderdienst Süddeutscher Verlag)

Abb. 164: Das zweitschwerste deutsche Eisenbahngeschütz des Krieges war die 38-cm-Kanone „Siegfried", die 1943 erstmals fertiggestellt wurde. Sie besaß zwei achtachsige Drehgestelle; die Länge über Puffer betrug 31,32 m.

(Foto: Aus v. Senger u. Etterlin [35], S. 160)

Abb. 165: Die 21-cm-Kanone vom Typ K 12 (E), die für Schußweiten über 100 km entwickelt worden war, blieb ein Einzelstück. Zum Transport an ihre Einsatzstelle konnte der Brückenträger mit dem 33,3 m langen Rohr so weit abgesenkt werden, daß das Streckenprofil nicht überschritten wurde. Die Länge über Puffer betrug 41,36 m.

(Foto: Bundesarchiv Nr. MW/996/15)

Abb. 166: Zum Schuß wurde die Rohrwiege hydraulisch etwa um 1 Meter angehoben, um die für den Rohrrücklauf nötige Bodenfreiheit zu erhalten.

(Foto: Bundesarchiv Nr. MW 996/20)

Abb. 167: Die 21-cm-Eisenbahnkanone K 12 fertig zum Schuß. Das Rohr ist wegen seiner großen Länge gegen Verbiegungen besonders abgespannt.

(Foto: Bundesarchiv Nr. MW 996/32)

Abb. 168: Mit der Entwicklung der 28-cm-Kanone K 5 (E) war bereits 1934 begonnen worden. Wegen ihrer großen Stückzahl – bis Kriegsende wurden etwa 25 Einheiten gebaut – ist sie als die Standardausrüstung der deutschen Eisenbahnartillerie zu betrachten. Rohr, Wiege und Drehgestelle waren von neuester Konstruktion. (Foto: Bilderdienst Süddeutscher Verlag)

Abb.169: Das größte deutsche Eisenbahngeschütz, die 80-cm-Kanone „Dora", wog 1300 t. Sie mußte in ihrer Stellung erst mit besonderen Kränen aus der Ladung mehrerer Güterzüge zusammengebaut werden. Sie wurde nur bei der Belagerung von Sewastopol eingesetzt, erwies sich jedoch als viel zu unbeweglich und aufwendig. (Foto: Imperial War Museum, Nr. MH 865)

Abb. 170: Die Kanone „Dora" klar zum Schuß. Deutlich sind am Hinterende des Geschützes die beiden Munitionsaufzüge zu erkennen. (Foto: Imperial War Museum, Nr. MH 861)

i) 38-cm-Kanone „Siegfried" (E)

Um auf die Anforderung des OKH nach Verwendung der schwereren Kaliber möglichst rasch einzugehen, kam man bei Krupp wieder auf die Verwendung von Marinekanonen zurück, allerdings auf solche neuerer Bauart. Es sollten Rohre der 38 cm S. K. C/34 zur Anwendung kommen, wie sie auf den Schlachtschiffen „Bismarck" und „Tirpitz" benutzt wurden. 1939 wurden acht Einheiten bestellt, bis 1945 aber nur drei geliefert. Zwischen zwei achtachsigen Drehgestellen befand sich die Lafettenbrücke, auf der das Rohr zwischen der Feuerstellung (Raum für Bodenstück und Rohrrücklauf) und der profilfreien Transportstellung um 6,0 m verschoben werden konnte. Elektromotoren an zwei Achsen je Drehgestell ermöglichten der Kanone „Siegfried" in der Schießkurve Eigenverfahrbarkeit.

k) 40-cm-Kanone „Adolf" (E)

Eine sehr ähnliche sechzehnachsige Eisenbahnlafette wurde auch mit der 40,6-cm-Marinekanone S. K. C/34 bestückt, die wie der Typ „Siegfried" zunächst an der Kanalküste und später in Norwegen eingesetzt wurde. Die Rohre sollen später in feste Stellungen übernommen worden sein.

l) 80-cm-Kanone „Dora" (E)

1937 begann Krupp mit der Entwicklung dieses Spezial-Eisenbahngeschützes zur Bekämpfung stärkster Befestigungen, etwa der Maginotlinie oder von Gibraltar. Es sollte in der Lage sein, 7,0 m dicken Beton oder 1,0 m starken Panzerstahl zu durchschlagen. Die Berechnungen ergaben ein Geschütz von 80 cm Kaliber, das 43,0 m lang, 7,0 m breit und 11,6 m hoch werden mußte. Anfang 1942 war das Gerät feldeinsatzbereit; es wurde vom OKH auf Ziele in der Festung Sewastopol eingesetzt. Ehe das Geschütz dort eintraf, mußten Bautrupps eine zweigleisige Schießkurve, ferner zwei Parallelgleise für die Aufbaukräne, einen Erdwall zur Tarnung sowie eine Scheinstellung und zahlreiche Absperrungen errichten. Drei bis sechs Wochen nach Baubeginn rückte mit drei Sonderzügen das Geschütz selbst an. Innerhalb von drei Tagen wurden die rechte und linke Hälfte der Unterlafette (jeweils mit vier fünfachsigen Drehgestellen) aufgestellt, mit Querstücken zur zweigleisigen Einheit verbunden und mit dem Rohr sowie Plattformen, Leitern und den Munitionsaufzügen bestückt. In Feuerstellung wog die Kanone 1 350 t, was bei 40 Achsen einem Achsdruck von 33,75 t gleichkam. Die Bewegung in der Schießkurve wurde von den dieselelektrischen Doppellokomotiven (2 × 940 PS) durchgeführt. Mit 4,8-t-Sprenggranaten wurden 47 km Schußweite, mit 7,1-t-Panzergranaten noch 38 km

erreicht. Nach dem Angriff auf Sewastopol sollte die Kanone „Dora" auf Leningrad und London schießen. Die Entwicklung der Raketenwaffen sowie die Erkenntnis, daß diese überschwere Anlage zu viel Personal erforderte (zur Bedienung 450 Mann, darunter 20 Ingenieure von Krupp; zum Aufbau und zur Sicherung über 4000 Mann), um noch taktisch erfolgreich zu sein, verhinderten jedoch den weiteren Einsatz sowie den Bau von zwei weiteren Geräten. Diese wurden, da bereits ausgearbeitet, auf das Kaliber 53 cm umgestellt („Schwerer Gustav", „Langer Gustav"), um größere Schußweiten und eine kleinere Bedienungsmannschaft zu erreichen. Sie kamen jedoch nicht mehr zum Einsatz; das Geschütz „Dora" wurde gesprengt.

Daß der Entwurf und die Verwendung der allerschwersten Artillerie im Zweiten Weltkrieg taktisch überholt war, wird selbst von den konservativeren Sachkennern[247] nicht mehr bezweifelt. Wenn sie trotzdem den Geschützen K 12 und „Dora" als waffentechnischen Spitzenleistungen ihre Anerkennung nicht versagen können, so verschließen sie bewußt ihre Augen vor deren Aufgaben in einem Angriffskrieg. Schließlich wird man auch den Erbauern der 80-cm-Kanone den Hang zu Megalomanie, zur unglaublichen Vergrößerung der Dinge[248], nicht absprechen können.

m) Marine-Eisenbahnbatterie

Neben diesen Heeresverbänden muß hier noch die von der Marine aufgestellte Eisenbahnbatterie „Gneisenau" erwähnt werden. Diese Einheit verfügte über vier 15-cm-Kanonen L/45 neuerer Bauart (Reichweite bis 18 km) und konnte samt Leitstand mit Entfernungsmeßgerät, Entfernungsuhr, Scheinwerfern, Flugabwehr- und Landkampfwaffen in zwei Züge zu jeweils 25 Waggons verladen werden. Während der Eroberung Polens war sie taktisch dem Heer unterstellt, diente dann in Frankreich der Sicherung von Häfen, bis ortsfeste Küstenbatterien errichtet waren, und wurde schließlich 1944 an die französische Riviera verlegt, wo sie auch gesprengt wurde[249].

[247] v. Senger [35], S. 162. Vgl. hierzu ferner Robert Böhm: Die 80-cm-Eisenbahnkanone „Dora". — In: Wehrtechnische Monatshefte 56 (1959), S. 104; Karl Justrow: Die deutschen Wundergeschütze „Dora" und „Karl" im Blickfeld der obersten Führung. — In: Wehrtechnische Monatshefte 56 (1959), S. 291; Karl Witzell: Vorläufer des Dora-Geschützes. — In: Wehrtechnische Monatshefte 56 (1959), S. 236.

[248] Speer [36], S. 63.

[249] Wilhelm von Harnier: Artillerie im Küstenkampf. Wehrwissenschaftliche Berichte Bd. 7, hrsg. vom Arbeitskreis für Wehrforschung. — München 1969, S. 53.

Einige Daten der deutschen Eisenbahngeschütze:

Modell	15 cm K	17 cm K	20 cm K	24 cm K Th. Bruno	24 cm Theodor	28 cm K kz. Bruno	28 cm K lg. Bruno
Gewicht (t)	74,0	80,0	86,1	95,0	94,0	129,0	123,0
Länge über alles (mm)	20 100	20 100	18 445	20 700	18 450	22 800	22 800
Achszahl	2 × 3	2 × 3	2 × 4	2 × 4	2 × 4	2 × 5	2 × 5
Achsdruck (Mp)	12,8	13,3	10,8	11,8	11,7	12,9	14,1
Rohrlänge (mm)	5680	6900	12 150	8400	9550	11 200	12 735
V_0max (m/s)	805	875	925	675	810	820	875
Feuergeschwindigkeit (Schuß je Stunde)	20	20	20	15	15	10	10
Schußweite max (km)	22,5	26,8	36,4	20,2	26,7	29,5	36,1
Schußweite min (km)	11,3	13,3	13,7	10,3	13,7	14,3	16,8
Geschoßgewicht (kg)	43	62,7	112/122	150	148,5	240	284

Modell	28 cm K schw. Bruno	38 cm K Siegfried	40 cm K Adolf	28 cm K Neue Bruno	28 cm K 5	21 cm K 12	80 cm K Dora
Gewicht (t)	118,0	294,0	323,0	150,0	218,0	302,0	1350,0
Länge über alles (mm)	22 800	31 320	29 300	22 800	31 100	41 360	42 976
Achszahl	2 × 5	2 × 8	. . .	2 × 5	2 × 6	2×5+2×4	8 × 5
Achsdruck (Mp)	13,0	17,8	. . .	16,1	17,3	17,7	33,75
Rohrlänge (mm)	11 930	19 630	20 300	16 400	21 539	33 300	32 480
V_0max (m/s)	860	1050	850	955	1120	1625	820
Feuergeschwindigkeit (Schuß je Stunde)	10	10	8	8	8	6	3
Schußweite max (km)	37,8	55,7	45,0	46,6	59,0	115,0	47,0
Schußweite min (km)	16,8	. . .	. . .	. . .	. . .	45,0	. . .
Geschoßgewicht (kg)	284	495	960	255	255	107,5	7100

Eisenbahn-Flugabwehrwaffen

Bereits in den Abschnitten über den technischen Aufbau der Kriegslokomotiven wurde erwähnt, daß die Kessel der Maschinen von Jagdflugzeugen leicht durchschossen werden konnten, so daß man sich zur passiven Sicherung durch Teilpanzerung und Schutzkästen für das Personal entschließen mußte[250]. Daneben betrieb man den aktiven Schutz der Züge durch Flugabwehrkanonen. Leichte und mittlere Waffen wurden bei den Eisenbahn-Transportschutzbatterien benutzt, so der 2-cm-Flakvierling 38, der auch von Aufnahmen des Mussolini- und des Führerzuges bekannt ist. Gegen Ende des Krieges kamen außerdem das Maschinengewehr FF (Fabrikat Oerlikon, Kaliber 20 mm) in Behelfstürmen aus Beton und das MG 151 auf Drillingslafette in gewissem Umfang zur Anwendung[251].

Schwere Flugabwehrkanonen wurden bei besonderen Einheiten der Luftwaffe, der Eisenbahnflak, eingesetzt. Es handelte sich um Waffen, die zum Einbau in Befestigungsanlagen, zur Verwendung bei motorisierten Einheiten und auf Waggons gleichermaßen geeignet waren, wie etwa die 10,5-cm-Flak der Typen 38 und 39. Von letzterer besaß die Luftwaffe im August 1944 auf Plattform-

---

[250] Boelcke [8], S. 231, nennt den 6./7. Februar 1943 als Datum, an dem Hitler einen von Ganzenmüller vorbereiteten Erlaß über die Schutzpanzerung der Züge unterschrieb. Praktische Auswirkungen waren jedoch im 1. Halbjahr 1943 nicht festzustellen.

[251] Boelcke [8], S. 433; ferner H. A. Koch: Flak. — Bad Nauheim 1965, S. 260 und 297.

wagen 116 Stück, auf Betonsockel 877 Stück und auf Radlafette 1025 Stück. Im gleichen Monat liefen von der großen 12,8-cm-Flak 40 auf Schienen 201 Stück, auf Straßenrädern 6 Stück, 242 Geräte waren fest eingebaut. Auch hier ist jedoch anzumerken, daß ab Mitte 1943[252]) wegen der Abhängigkeit der Eisenbahnflak vom Zustand der Bahnstrecken und wegen anderweitigen Bedarfs an Tiefladewagen die Zahl dieser Fahrzeuge verringert werden sollte.

---

[251]) Boelcke [8], S. 257; v. Senger [35], S. 202.

Abkürzungsverzeichnis

AA	Arbeitsausschuß	KDL	Kriegs-Dampflokomotive
BLW	Borsig Lokomotiv-Werke (AEG)	LVA	Lokomotiv-Versuchsamt
BMAG	Berliner Maschinenbau-AG (Schwartzkopff)	MBA	Maschinenbau und Bahnbedarf AG
BR	Baureihe	OKH	Oberkommando des Heeres
Bw	Bahnbetriebswerk	RAW	Reichsbahn-Ausbesserungswerk
DLV	Deutsche Lokomotivbau-Vereinigung	RVM	Reichsverkehrsministerium
DR	Deutsche Reichsbahn	RZA	Reichsbahn-Zentralamt
DWM	Deutsche Waffen- und Munitionsfabriken	SAL	Sonderausschuß Lokomotiven
GGL	Gemeinschaft Großdeutscher Lokomotivfabriken	ÜK	Übergangs-Kriegslokomotive
HAS	Hauptausschuß Schienenfahrzeuge	VB	Vereinheitlichungsbüro der DLV
		WLF	Wiener Lokomotivfabrik AG

Alle technischen Abkürzungen sind nach dem Merkbuch für Dampflokomotiven und Tender [7] verwendet.

Quellen- und Literaturverzeichnis

I. Ungedrucktes Material:

Der relativ untergeordneten Stellung des Themas am Rande der politischen und militärischen Geschichte entsprechend, haben die ihr zugehörigen Quellen bisher keine angemessene Archivierung gefunden. Allein die wichtigsten Akten aus dem Ministerium Speer werden im Bestand R 3 des Bundesarchivs bereitgehalten; R 5 betrifft das Verkehrsministerium. Schon die Unterlagen des Hauptausschusses Schienenfahrzeuge, soweit sie nicht im Kriege überhaupt verlorengegangen sind, befinden sich aufgrund der früheren Stellung dieser Institution heute in privaten Händen, sind kaum systematisch erfaßt und nur fallweise zugänglich. Obwohl diese Aufzeichnungen, Rundschreiben, Denkschriften und Anordnungen, auf welche sich die vorliegende Arbeit in erster Linie stützt, mitunter in mehreren Stücken vervielfältigt und verteilt wurden, müssen sie als bisher unveröffentlicht gelten.

Hierzu gehören zunächst die ab Mitte 1942 von Professor Dr.-Ing. Gerhart Potthoff im Auftrag des Hauptausschusses gesammelten Kriegstagebücher des Sonderausschusses Lokomotiven, der Arbeitsausschüsse Auftragsregelung, Kontingente, Verlagerung, Arbeitseinsatz, Konstruktion, Rahmen, Kessel, Tender, Radsätze, Federn, Schmiedestücke, Energieversorgung, Werkzeugmaschinen und Ersatzteilfertigung, ferner die Tagebücher der Betreuungsstellen Ost, Süd und West sowie der meisten deutschen Lokomotivfabriken. Sie wurden mit dem Ziel geführt, die Grundlage für ein größeres Werk über die Anstrengungen der Industrie zu bilden, das nach dem Sieg Deutschlands herausgegeben werden sollte, und reichen deshalb zumeist nur bis Ende 1943. Demgegenüber wurden in Berlin die Mitteilungen des Hauptausschusses Degenkolb, welche alle wesentlichen Anordnungen der einzelnen Ausschüsse enthielten, noch bis zur 55. Ausgabe im Frühjahr 1945 gedruckt. Diese überaus umfangreiche Sammlung wird von der Vereinigung Deutscher Lokomotivfabriken (VDL) in Frankfurt a. M. aufbewahrt, für die Steinhauser einen ersten Versuch der Auswertung nach wirtschaftlich-organisatorischen Gesichtspunkten unternommen hat. Seine geringe Berücksichtigung der technischen Aspekte erforderte für diese Schrift jedoch eine von Grund auf neue Durchsicht. Als wichtigste Quelle für den Bereich der Technik müssen aber die Niederschriften über die etwa vierzig Sitzungen des Arbeitsausschusses Konstruktion angesehen werden, auf die im Detail verwiesen wurde, obwohl in öffentlicher Sammlung kein Exemplar bekannt ist.

II. Dienstliche Druckschriften:

Ähnlich ungünstig ist die Quellenlage in Bezug auf die frühere Deutsche Reichsbahn. Ein Teil ihrer politischen Akten liegt beim Zentralarchiv Potsdam; die weniger bedeutenden Schriftstücke wurden entweder vernichtet oder aber einfach aus der Hand gegeben, so daß auch hier der systematischen Erforschung große Hindernisse entgegenstehen. Nur wenige dienstliche Druckwerke kamen in den Bestand 151 des Verkehrsarchivs beim Verkehrsmuseum Nürnberg:

[1] Deutsche Reichsbahn, Reichsbahn-Zentralamt Berlin: Beschreibung der Güterzuglokomotive Reihe 50. — Berlin o. J. [um 1938].

[2] —: Beschreibung der Güterzuglokomotive Reihe 52. — Berlin o. J. [1942].

[3] —: Beschreibung der Güterzuglokomotive Reihe 42. — Berlin o. J. [1944].

[4] —: Kriegslok Reihe 52. Hilfsheft h 605. — Leipzig 1944.

[5] Friedrich Witte: Die Entwicklung der 1 E-h2 Kriegslokomotive Reihe 52 der Deutschen Reichsbahn. — o. O. u. J. [Denkschrift der DR, Berlin um 1942].

[6] Henschel & Sohn GmbH, Kassel: Beschreibung und Betriebsanweisung der 1'E-Henschel-Kondenslokomotive Baureihe 52 der Deutschen Reichsbahn. — Kassel 1944.

[7] Deutsche Bundesbahn, Zentralamt Minden/Westf. (Hrsg.): Merkbuch für Dampflokomotiven und Tender. Ausgabe 1953, mit 2 Nachträgen o. J. [1955] und 1960.

III. Veröffentlichungen der Nachkriegszeit:

[8] Willi A. Boelcke: Deutschlands Rüstung im Zweiten Weltkrieg. Hitlers Konferenzen mit Albert Speer 1942—1945. — Frankfurt a. M. 1969.

[9] Max Bork: Das deutsche Wehrmachttransportwesen — eine Vorstufe europäischer Verkehrsführung. — In: Wehrwissenschaftliche Rundschau 2 (1952), S. 50.

[10] Erhard Born: Die Regel-Dampflokomotiven der Deutschen Reichsbahn und der Deutschen Bundesbahn. — Die Fahrzeuge der Deutschen Eisenbahnen, Heft 1. Frankfurt a. M. 1953.

[11] A. E. Durrant: The Steam Locomotives of Eastern Europe. — Newton Abbot 1966.

[12] Dietrich Eichholtz: Geschichte der Deutschen Kriegswirtschaft. Band I, 1939—1941. — Ost-Berlin 1969.

[13] Johann Sebastian Geer: Der Markt der geschlossenen Nachfrage. Eine morphologische Studie über die Eisenkontingentierung in Deutschland 1937—1945. Nürnberger Abhandlungen zu den Wirtschafts- und Sozialwissenschaften, Bd. 14. — Berlin 1961.

[14] Helmut Griebl und Friedrich Schadow: Verzeichnis der deutschen Lokomotiven 1923—1963. — Berlin und Wien 1965, 2. Auflage 1967.

[15] Helmut Griebl und Hansjürgen Wenzel: Geschichte der deutschen Kriegslokomotiven. Reihe 52 und Reihe 42. — Wien 1971.

[16] Karl Eugen Hahn: Eisenbahner in Krieg und Frieden. Ein Lebensschicksal. — Frankfurt a. M. 1954.

[17] Fritz Heigl: Taschenbuch der Tanks. Neu bearbeitet von O. H. Hacker, R. J. Icks, O. Merker und G. P. von Zezschwitz. — 2 Bände München 1935 [Nachdruck München 1970].

[18] Henschel & Sohn GmbH (Hrsg.): Henschel-Lokomotiv-Taschenbuch. Bearbeitet von Kurt Ewald. — Kassel 1952.

[19] Henschel-Werke GmbH (Hrsg.): Henschel-Lokomotiv-Taschenbuch. Bearbeitet von Kurt Ewald. — 2. Ausgabe, Kassel 1960

[20] Gregor Janssen: Das Ministerium Speer. Deutschlands Rüstung im Krieg. — 2. Auflage Berlin 1969.

[21] Rudolf Lusar: Die deutschen Waffen und Geheimwaffen des Zweiten Weltkriegs und ihre Weiterentwicklung. — 6. Auflage München 1971.

[22] Rudolf Lusar: Riesengeschütze und schwere Brummer einst und jetzt. — München 1972.

[23] Alan S. Milward: Die deutsche Kriegswirtschaft 1939—1945. — Schriftenreihe der Vierteljahreshefte für Zeitgeschichte Nr. 12, Stuttgart 1966.

[24] Alan S. Milward: Hitlers Konzept des Blitzkrieges. — In: Probleme des Zweiten Weltkrieges. Herausgegeben von Andreas Hillgruber. Köln 1967, S. 19—40 (entspr. Teil I der Quelle [23]).

[25] Burkhart Müller-Hillebrand: Das Heer 1933—1945. Bd. III, Der Zweifrontenkrieg. Das Heer vom Beginn des Feldzuges gegen die Sowjetunion bis zum Kriegsende. — Frankfurt a. M. 1969.

[26] O. S. Nock: Britain's Railways at War 1939—1945. — London 1971.

[27] Johannes Pfeifer und Wolf Zickler: 50 Jahre VB — TGA — TGB. Überblick zur Entwicklung des Vereinheitlichungsbüros der Deutschen Lokomotivindustrie und seiner Nachfolge-Institutionen. — o. O. [Frankfurt a. M.] 1972.

[28] Henry Picker: Hitlers Tischgespräche im Führerhauptquartier 1941—1942. — München 1968.

[29] Oskar Pieper: Lokomotivverzeichnis der Deutschen Reichsbahn, DB und DR. Herausgegeben von Gustav Röhr. [Bisher] Bd. 1—4. — Krefeld 1968 ff.

[30] Hans Pottgießer: Die Reichsbahn im Ostfeldzug 1939—1944. — Neckargemünd 1960.

[31] Brian Reed: German Austerities, 2—10—0. — In: Loco-Profile 18 (1971), S. 121—144.

[32] Adolf Sarter: Landesverteidigung und Eisenbahn. — Bad Hersfeld 1955.

[33] Johannes Schwarze, Deinert u. a.: Die Dampflokomotive. — 2. Auflage Ost-Berlin 1965.

[34] Rüdiger Scotland: Die Rückwirkungen der Kriegszerstörungen und der Betriebseinschränkungen auf den Verkehr der Deutschen Reichsbahn in den Jahren 1945 und 1946. — Hannover (Dissertation, Technische Hochschule) 1949.

[35] Ferdinand Maria von Senger und Etterlin: Die deutschen Geschütze 1939—1945. — 2. Auflage München 1960.

[36] Albert Speer: Erinnerungen. — Berlin 1969.

[37] Hanns Stockklausner: Neue Dampflokomotiven in Europa. — Wien 1951.

[38] Hanns Stockklausner und Werner Weinstötter: 25 Jahre Deutsche Einheitslokomotive. — Nürnberg 1950.

[39] Herrmann Teske: Die silbernen Spiegel. Generalstabsdienst unter der Lupe. — Heidelberg 1952.

[40] Herrmann Teske: Die militärische Bedeutung des Verkehrswesens. — In: Bilanz des Zweiten Weltkrieges. Oldenburg und Hamburg 1953, S. 299—310.

[41] Herrmann Teske: Der Wert von Eisenbahnen im Zweiten Weltkrieg. — In: Wehrwissenschaftliche Rundschau 5 (1956).

[42] Georg Thomas: Geschichte der deutschen Wehr- und Rüstungswirtschaft (1918-1943/45). Herausgegeben von Wolfgang Birkenfeld. — Boppard 1966.

[43] Vereinigung Deutscher Lokomotivfabriken (Hrsg.): Die deutsche Lokomotiv-Industrie im Zweiten Weltkrieg. (Verf.: Steinhauser). — Frankfurt a. M. 1959.

[44] Rolf Wagenführ: Die deutsche Industrie im Kriege 1939—1945. — 2. Auflage Berlin 1963.

[45] Heinz Wehner: Der Einsatz der Eisenbahnen für die verbrecherischen Ziele des faschistischen deutschen Imperialismus im 2. Weltkrieg. — Dresden (Dissertation, Hochschule für Verkehrswesen) 1961.

[46] Friedrich Witte: Zehn Jahre Reichsbahn-Zentralamt und die Kriegslokomotiven 1935—1945. - In: LOK-MAGAZIN 40 (1970), S. 4—20.

LOK-BUCH-REIHE

Diese Reihe behandelt Themen aus Eisenbahntechnik und Eisenbahngeschichte, die im Rahmen des LOK-MAGAZINS nicht so ausführlich dargestellt werden können, wie das ihrer Bedeutung und dem Interesse der Eisenbahnfreunde entspricht.

Kohlenstaublokomotiven

Kurt Pierson

Nach kurzer Einführung in die Theorie der Kohlenstaublokomotive werden insbesondere die ausländischen Versuche bis 1925, dann die deutschen Versuche mit den Reihen 56 und 58 bis 1945 und später die Experimente der DR nach 1945 (Reihen 17, 44 und 52) sehr ausführlich mit Skizzen, Bildern und Tabellen beschrieben. Schließlich werden noch die stationären Anlagen und die Mahltender erläutert, an deren Entwicklung der Autor wesentlichen Anteil hatte.

96 Seiten mit 62 Zeichnungen und 59 Fotos.

Der rote Teppich

Paul Dost

Hofzüge und Salonwagen bilden auf Schienen die Heimat gekrönter Häupter ebenso wie der Repräsentanten einer Republik. Eine Plauderei über die Ansprüche beim Bau dieser Fahrzeuge, die Sicherheitsvorkehrungen beim Betrieb und ihre politische Bedeutung, über die persönlichen Anekdoten um ihre Benutzer in Vergangenheit und Gegenwart füllt das stattliche Buch. Es ist zugleich ein prachtvolles Panorama der vergangenen hundert Jahre.

308 Seiten mit 115 Fotos und 147 Zeichnungen.

1 C 1

Wolfgang Messerschmidt

Die Prärie-Gattungen gehören zu den seltenen Achsanordnungen, die allen Traktionsarten offensteht. Nach einem Abriß ihrer Verwendung in Afrika, Amerika, Asien und Australien im ersten Teil des Buches ist die zweite Hälfte den europäischen Prärie-Loks vorbehalten, die auf dem Kontinent ihre höchste konstruktive Reife erhielten. Wieder geben die abschließenden Tabellen und Bilder einen lexikalischen Überblick.

88 Seiten mit 48 Zeichnungen und 93 Fotos.

Schlaf- und Speisewagen der Eisenbahn

Walther Brandt

Komfort auf der Schiene haben die Bahnverwaltungen stets großgeschrieben. In rund 20 Abschnitten geht der Band darauf ein, wie zur Zeit der deutschen Länderbahnen die Fahrgäste versorgt wurden, welche luxuriösen Salonwagen, zum Essen und Schlafen während der Vorkriegszeit für die ISG und die Mitropa in den Zügen fuhren, und wie sich der Park moderner Schlaf- und Speisewagen bis heute weiterentwickelt hat.

80 Seiten mit 45 Textzeichnungen und 77 Fotos.

Dampfturbinen-lokomotiven

Rolf Ostendorf

In einer Reihe europäischer Länder sind Dampfturbinen-Lokomotiven erprobt worden. Die Entwicklung des völlig neuen Antriebssystems steckte voller technischer Probleme. Wie man sie in Deutschland mit den Typen T 18 und T 38 und in England, Schweden, Frankreich, Schweiz sowie den USA zu lösen versuchte, darüber gibt dieser Band mit seinen detaillierten Beschreibungen, Maßskizzen und Betriebsdaten einen abgeschlossenen Überblick.

108 Seiten mit 47 Zeichnungen und 48 Fotos.

2 C 1

Erhard Born

Die Pazifik-Bauart war die Dampflokomotive in ihrer elegantesten Form, sie war die Lokomotive der Schnellzüge und Expreßverbindungen. Die beiden größten Kapitel gelten den französischen und den deutschen 2 C 1-Maschinen. Ihre Stellung im Eisenbahnwesen der Welt wird durch Texte, Tabellen und Fotos von den Pazifiks in Nordamerika und den wichtigsten anderen Ländern verdeutlicht.

74 Seiten mit 41 Zeichnungen und 82 Fotos.

Erhältlich in jeder Buchhandlung!

Bitte fordern Sie die ausführliche Informationsschrift P 157 an.

Franckh'sche Verlagshandlung · 7 Stuttgart 1 · Postfach 640